1+X 职业技术·职业资格培训教材

SHIPINJIANYANYUAN

食品检验员（四级）

编写单位

上海市质量检测行业协会
上海质量教育培训中心

本书编委会

主　任　唐晓芬　周永清
副主任　朱　明　巢强国　周惠芬
委　员　忻元庆　张永富　王金德　薛　亮
　　　　郑冠树　曹程明　钟全斌　李　平
　　　　周荣英
主　编　郑吉园
副主编　周惠芬　巢强国　李　平
编　者　朱建新　沈　红　梅雯芳　张　敏
　　　　张清平　张伊青　周泽琳　张　辉
　　　　潘　盈　杨　跃
主　审　杨景贤　陈　敏

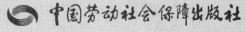

中国劳动社会保障出版社

图书在版编目(CIP)数据

食品检验员：四级/人力资源和社会保障部教材办公室等组织编写. —北京：中国劳动社会保障出版社，2015

1+X职业技术·职业资格培训教材

ISBN 978-7-5167-1690-8

Ⅰ．①食… Ⅱ．①人… Ⅲ．①食品检验-职业培训-教材 Ⅳ．①TS207.3

中国版本图书馆 CIP 数据核字(2015)第 079699 号

中国劳动社会保障出版社出版发行

(北京市惠新东街1号　邮政编码：100029)

*

北京市白帆印务有限公司印刷装订　新华书店经销

787 毫米×1040 毫米　16 开本　19.25 印张　360 千字

2015 年 5 月第 1 版　　2021 年 10 月第 2 次印刷

定价：**45.00** 元

读者服务部电话：(010)64929211/84209101/64921644

营销中心电话：(010)64962347

出版社网址：http://www.class.com.cn

内 容 简 介

本教材由人力资源和社会保障部教材办公室、中国就业培训技术指导中心上海分中心、上海市职业技能鉴定中心依据上海食品检验员（四级）职业技能鉴定细目组织编写。教材从强化培养操作技能，掌握实用技术的角度出发，较好地体现了当前最新的实用知识与操作技术，对于提高从业人员基本素质，掌握食品检验员的核心知识与技能有直接的帮助和指导作用。

本教材在编写中摒弃了传统教材注重系统性、理论性和完整性的编写方法，而是根据本职业的工作特点，以掌握实用操作技能和能力培养为根本出发点，采用模块化的编写方式。全书共分为 5 章，内容包括基础知识、常用器皿和仪器设备、理化检验技术、微生物检验技术、数据处理。书后附有知识考试模拟试卷和操作技能考核模拟试卷。

本教材可作为食品检验员（四级）职业技能培训与鉴定考核教材，也可供全国中、高等职业院校相关专业师生参考使用，以及本职业从业人员培训使用。

前　言

职业资格证书制度的推行，对广大劳动者系统地学习相关职业的知识和技能，提高就业能力、工作能力和职业转换能力有着重要的作用和意义，也为企业合理用工以及劳动者自主择业提供了依据。

随着我国科技进步、产业结构调整以及市场经济的不断发展，特别是加入世界贸易组织以后，各种新兴职业不断涌现，传统职业的知识和技术也愈来愈多地融进当代新知识、新技术、新工艺的内容。为适应新形势的发展，优化劳动力素质，上海市人力资源和社会保障局在提升职业标准、完善技能鉴定方面做了积极的探索和尝试，推出了1＋X的鉴定考核细目和题库。1＋X中的1代表国家职业标准和鉴定题库，X是为适应经济发展的需要，对职业标准和题库进行的提升，包括增加了职业标准未覆盖的职业，也包括对传统职业的知识和技能要求的提高。

上海市1＋X培训与鉴定模式，得到了国家人力资源和社会保障部领导的肯定。为配合1＋X鉴定考核与培训的需要，人力资源和社会保障部教材办公室、中国就业培训技术指导中心上海分中心、上海市职业技能鉴定中心联合组织有关方面的专家、技术人员共同编写了职业技术·职业资格培训系列教材。

职业技术·职业资格培训教材严格按照1＋X鉴定考核细目进行编写，教材内容充分反映了当前从事职业活动所需要的最新核心知识与技能，较好地体现了科学性、先进性与超前性。聘请编写1＋X鉴定考核细目的专家，以及相关行业的专家参与教材的编审工作，保证了教材与鉴定考核细目和题库的紧密衔接。

职业技术·职业资格培训教材突出了适应职业技能培训的特色，按等级、分模块单元的编写模式，使读者通过学习与培训，不仅能够有助于通过鉴定考核，而且能够有针对性地系统学习，真正掌握本职业的核心技术与操作技能，从而实现从懂得了什么到会做什么的飞跃。

　　职业技术、职业资格培训教材立足于国家职业标准，也可为全国其他省市开展新职业、新技术职业培训和鉴定考核提供借鉴或参考。

　　新教材的编写是一项探索性工作，由于时间紧迫，不足之处在所难免，欢迎各使用单位及个人对教材提出宝贵意见和建议，以便教材修订时补充更正。

人力资源和社会保障部教材办公室
中国就业培训技术指导中心上海分中心
上海市职业技能鉴定中心

目 录

1

第1章

基础知识

引 导 语

食品是指可供人类食用或饮用的物质（包括加工食品、半成品和未加工食品）。食品质量检验是研究和探讨食品品质、食品卫生及其变化的一门学科。

食品质量检验的任务是依据物理、化学、生物化学等学科的基础理论和国家食品卫生标准，运用现代科学技术和分析手段，对食品（包括原辅料、半成品及成品）的各类指标进行检测，以保证产品质量合格。

本章介绍食品质量检验的基础知识、相关法律法规、质量检验步骤和实验室安全操作的基本知识。

学 习 要 点

● 熟悉

食品质量检验的基本要点和主要功能。

● 掌握

实验室中的安全操作规程和计量法、标准化法等相关的法律法规。

● 熟练掌握

食品质量检验的步骤、食品质量检验的基础知识和常用的抽样方法。

第1节 质量检验概述

一、质量检验的定义

1. 质量

质量是指一组固有特性满足要求的程度。从质量的定义中可以看到：质量的内涵是由一组固有特性组成，并且这些固有特性是以满足顾客及其相关方所要求的能力加以表征。质量具有广义性、时效性和相对性。

2. 检验

检验是指通过观察和判断，适当时结合测量、试验所进行的符合性的评价。对产品而言，检验是指根据产品标准或检验规程对原材料、中间产品、成品进行观察，适当时进行测量或试验，并把所得到的特性值与规定值做比较，判定出各个物品或成批产品合格与不合格的技术性检查活动。

3. 质量检验

质量检验是指对产品的一个或多个质量特性进行观察、测量、试验，并将结果和规定的质量要求进行比较，以确定每项质量特性合格情况的技术性检查活动。

二、质量检验的基本要点

1. 质量特性

一种产品为满足顾客要求或预期的使用要求和政府法律、法规的强制性规定，都要对其性能（包括技术、安全和互换）及对环境和人身安全、健康影响的程度等多方面的要求做出规定，这些规定组成了产品相应的质量特性。不同的产品和具有不同用途的同一产品，其质量特性是有所不同的。

2. 技术要求

产品的质量特性一般都可以转化为具体的技术要求，并在产品的技术标准（国家标准、行业标准、企业标准）和其他相关的产品设计图样、作业文件或检验规程中明确规定，成为质量检验的技术依据和检验后比较检验结果的基础。

3. 质量特性的形成

产品质量特性是在产品实现过程中形成的，是由产品的原材料、构成产品的各个组成部分的质量决定的，并与产品实现过程的专业技术、人员水平、设备能力甚至环境条件密切相关。

4. 质量检验的目的

质量检验是对产品的一个或多个质量特性，通过物理的、化学的及其他科学技术手段和方法进行观察、试验、测量，取得证实产品质量的客观证据。

5. 质量检验的结果判定

质量检验的结果要依据产品技术标准和相关的产品图样、过程（工艺）文件或检验规程中的规定进行比较，确定每项质量特性是否合格，从而对单件产品或批产品质量做出判定。

三、质量检验的主要功能

1. 鉴别功能

鉴别是指根据技术标准、产品图样、作业（工艺）规程或订货合同的规定，采用相应的检测方法观察、试验、测量产品的质量特性，判定产品质量是否符合规定的要求。鉴别是"把关"的前提，只有通过鉴别才能判断产品质量是否合格。

2. "把关"功能

质量"把关"是质量检验最重要、最基本的功能。产品的实现过程是一个复杂过程，影响质量的各种因素都会在此过程中发生变化和波动，各个过程（工序）不可能始终处于等同的技术状态，质量波动是客观存在的。因此，必须通过严格的质量检验，使不合格的原材料不投产，不合格的中间产品不转序、不放行，不合格的成品不交付。

3. 预防功能

现代的质量检验不是单纯的事后"把关"，同时还起到了预防作用。主要体现在以下3个方面：

（1）通过过程（工序）能力的测定和控制图的使用起到预防作用。

（2）通过过程（工序）作业的首检与巡检起到预防作用。

（3）广义的预防作用。实际上，对原材料的进货检验，对中间过程转序或入库前的检验，既起到了把关作用，又起到了预防作用。前过程（工序）的把关，对后过程（工序）就是预防。

4. 报告功能

为了使相关的管理部门及时掌握产品实现过程中总的质量状况，评价和分析质量控制的有效性，把检验获取的数据和信息，经汇总、整理、分析后写成报告，为质量控制、质量改进、质量考核及管理层进行质量决策提供重要的信息和依据。

四、质量检验的步骤

质量检验的步骤一般分为检验的准备、测量或试验、记录、比较和判定、确认和处置5 个步骤。

1. 检验的准备

熟悉规定要求，确定检验方法，制定检验规范。

（1）熟悉检验标准和技术文件规定的质量特性和具体内容，确定测量的项目和量值。

（2）确定检验方法，选择精密度、准确度适合检验要求的计量器具。确定测量、试验的条件，确定检验实物的数量，对批量产品还需要确定批的抽样方案。

（3）将确定的检验方法和方案用技术文件形式做出书面规定，制定规范化的检验规程（作业指导书）。

2. 测量或试验

按已确定的检验方法和方案，对产品质量特性进行定量或定性的观察、测量、试验，得到需要的量值和结果。测量和试验前，检验人员要确认检验仪器设备和被检样品的状态是否正常，以保证测量和试验数据的准确、有效。

3. 记录

对测量的条件、测量得到的量值和观察得到的技术状态用规范化的格式和要求予以记录或描述，作为客观的质量证据保存下来。

4. 比较和判定

由检验人员将检验的结果与规定要求进行对照比较，确定每一项质量特性是否符合规定要求，从而判定被检验的产品是否合格。

5. 确认和处置

检验人员对检验的记录和判定的结果进行签字确认。对产品（单件或批）是否可以"接收""放行"做出处置。

第2节 食品质量检验概述

一、食品质量检验的标准

1. 标准定义与标准分类

（1）标准定义（GB/T 20000.1—2002）。标准就是为了在一定的范围内获得最佳秩序，经协商一致制定并由公认机构批准，共同使用和重复使用的一种规范性文件。

（2）标准分类。《中华人民共和国标准化法》将标准分为四种，即国家标准、行业标准、地方标准、企业标准。各层次之间有一定的依从关系和内在联系，形成一个覆盖全国又层次分明的标准体系。

1）国家标准——是指需要在全国范围内统一技术要求所制定的标准。由国务院标准化行政主管部门制定。国家标准代号为 GB 和 GB/T，其含义分别为强制性国家标准和推荐性国家标准。强制性标准是具有法律属性、在一定范围内通过法律、行政法规等手段强制执行的标准。推荐性标准是指在生产、交换、使用等方面，通过经济手段或市场调节而自愿采用的一类标准。这类标准不具有强制性，任何单位均有权决定是否采用，违反这类标准不构成经济或法律方面的责任。但推荐性标准一经接受并采用，或各方商定同意纳入商品经济合同中，就成为各方必须共同遵守的技术依据，具有法律上的约束性。

2）行业标准——是指对没有国家标准而又需要在全国某个行业范围内统一技术要求所制定的标准。行业标准是对国家标准的补充，是专业性、技术性较强的标准。

3）地方标准——是指对没有国家标准和行业标准而又需要在省、自治区、直辖市范围内统一产品的安全、卫生要求所制定的标准。国家标准、行业标准公布实施后，相应的地方标准即行废止。

4）企业标准——是指企业所制定的产品标准和在企业内需要协调、统一的技术要求和管理、工作要求所制定的标准。企业生产的产品没有国家标准和行业标准的，应当制定企业标准，作为组织生产的依据，并报有关部门备案。

2. 食品安全标准

食品安全标准依据食品安全风险评估结果，并充分考虑食用农产品质量安全风险评估结果，参照相关的国际标准和国际食品安全风险评估结果，广泛听取食品生产经营者和消费者的意见，需经食品安全国家标准审评委员会审查通过。由国务院卫生行政部门负责公布，国务院标准化行政部门提供国家标准编号。

食品安全标准是强制性标准，应当包括下列内容：

（1）食品、食品相关产品中的致病性微生物、农药残留、兽药残留、重金属、污染物质及其他危害人体健康物质的限量规定。

（2）食品添加剂的品种、使用范围、用量。

（3）专供婴幼儿和其他特定人群的主辅食品的营养成分要求。

（4）与食品安全、营养有关的标签、标识、说明书的要求。

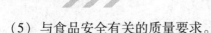

（5）与食品安全有关的质量要求。

（6）食品检验方法与规程。

（7）其他需要制定为食品安全标准的内容。

（8）食品生产经营过程的卫生要求。

常用的食品安全标准包括：《食品安全国家标准　食品添加剂使用标准》（GB 2760—2011）、《食品安全国家标准　食品中真菌毒素限量》（GB 2761—2011）、《食品安全国家标准　食品中污染物限量》（GB 2762—2012）、《食品安全国家标准　食品中农药最大残留限量》（GB 2763—2014）、《食品安全国家标准　预包装食品标签通则》（GB 7718—2011）、《食品安全国家标准　预包装食品营养标签通则》（GB 28050—2011）等。

3. 产品标准

产品标准是对产品结构、规格、质量和检验方法所做的技术规定。在一定时期和一定范围内具有约束力的产品技术准则，是产品生产、质量检验、选购验收、使用维护和洽谈贸易的技术依据。

4. 检验方法标准

检验方法标准是与检验方法有关的标准，有时附有与测试有关的其他条款，例如抽样、统计方法的应用、试验步骤。

常用的检验方法标准包括《生活饮用水标准检验方法》（GB/T 5750—2006）、《食品安全国家标准　食品微生物学检验》GB 4789 系列标准、《食品安全国家标准　理化部分》GB 5009 系列标准等。

5. 食品质量检验标准的选择

选择食品质量检验标准应遵循下列原则：

（1）应选择现行有效的标准方法。

（2）优先选择国家标准方法，其次是行业标准方法、地区标准方法或客户指定的方法。

（3）当食品理化检验同一标准中有几个不同的检验方法时，如果没有特别说明适用范围的，应首先选择第一法；有说明适用范围的，应根据产品来选择合适的方法。

（4）食品微生物检验方法标准中对同一检验项目有两个及两个以上定性检验方法时，应以常规培养方法为基准方法。

（5）食品微生物检验方法标准中对同一检验项目有两个及两个以上定量检验方法时，应以平板计数法为基准方法。

二、食品质量检验的方法

在食品质量检验过程中，由于各自的目的、被测组分和干扰成分的性质及其在食品中存在的数量的差异，所选择的检验方法也是各不相同的。常用的食品质量检验方法有感官检验法、物理化学分析法、仪器分析法、微生物分析法和生物分析法等，具体见表1—1。

表1—1 常用的食品质量检验方法

检验方法	原理
感官检验法	凭借人体自身的感觉器官（即通过视觉、听觉、味觉、嗅觉、触觉等），鉴定和评价食品的外观形态、色泽、气味、滋味、组织及状态
物理化学分析法	对产品的物理量及其在力、电、声、光、热的作用下所表现的物理性能和力学性能的检验或以物质的化学反应为基础，求出被测组分的含量
仪器分析法	以物质的物理或化学性质为基础（物质的结构、价态、状态等），借助精密的仪器对被测样品进行定性、定量分析
微生物分析法	应用微生物学的理论与方法，研究外界环境和食品中微生物的种类、数量、性质、活动规律及其对人和动物健康的影响
生物分析法	利用生物学原理进行物质的定性或定量分析

三、食品质量检验员的职责

食品质量检验员除执行基本的岗位职责外，还应遵守职业操守。

1. 科学求实，公平公正

根据科学求实原则，独立、公平公正地做出判断，数据真实准确，报告规范，保证工作质量。

2. 程序规范，注重时效

按照检验工作程序和标准进行检测，对检测过程实行有效的控制和管理，提供准确可靠的检测结果。

3. 秉公检测，严守秘密

严格按照规章制度实施检测工作，不受来自各方面的干扰和影响，按相关规定保守技术秘密和商业秘密。

4. 遵章守纪，廉洁自律

严格按照《中华人民共和国食品安全法》（以下简称《食品安全法》）及其相关法律法规进行检测。坚持原则，不徇私情，不谋私利，不受贿赂，遵守财经纪律。

第3节 检验样品的抽样

一、样品的定义

样品是指所取出的少量物料，其组成成分能代表全部物料的成分。

二、抽样的定义及特点

1. 抽样的定义

抽样就是从整批产品中抽取一定量具有代表性样品的过程。

2. 抽样的特点

（1）科学性。抽样检验以数理统计理论为基础，但不是所有的非全数检验都称为统计抽样检验，抽样检验只有严格按照抽样调查理论进行才具有科学性。

（2）经济性。抽样检验能在保证结果准确性的前提下使参与检验的样本量最少，只占检验批很少的一部分。

（3）随机性。随机性是抽样检验最基本和一定要保证的特性。随机性是指抽样时使总体中每一个体独立和等概率地被抽取。

（4）风险性。也正是由于随机性，抽样检验才具有一定的风险。但这种风险是可以预见、控制和避免的。

三、常用抽样方法

常用的抽样方法有纯随机抽样、类型抽样、等距抽样、整群抽样和等比例抽样等，见表1—2。

表1—2　　　　　　　　　常用的抽样方法

抽样方法	步　骤
纯随机抽样	用抽签的方法，在取得总体的个体数及分布图前先给每一个体编号，然后使用随机号码表，抽取样品
类型抽样	将总体中的个体按其属性特征分为若干类型或层，然后在各类型或各层中随机抽取样品
等距抽样	将总体中的个体按存放位置顺序编号，然后以等距离或等间距抽取样品
整群抽样	从总体中成群成组地抽取样品
等比例抽样	按产品批量定出抽样百分比

四、食品样品的采集

1. 采样要求

（1）抽样后对样品按要求进行采集。采样前，注意抽检样品的生产日期、批号、现场卫生状况、包装和包装容器的状况。

（2）采样用的工具、器具、包装纸和盛放样品的容器应清洁，不应含有干扰物质或被测组分。进行微生物检验用的样品，要严格遵守无菌操作规程。

（3）定型包装食品送检时，保持原包装的完整，并附上原包装上的一切商标及说明，供检验人员参考。

（4）采样后迅速检测，尽量避免样品在检验前发生变化，应使其保持原来的理化状态。检验前不应出现污染、变质、成分逸散、水分变化及酶影响等情况。

（5）填写采样记录，并在盛放样品的容器上贴上标签，注明样品的名称、采样的地点、日期、样品批号或编号、采样条件、包装情况、采样数量、检验项目及采样人等。

2. 采样步骤

原始样的采集→原始样的混合→缩分原始样至需要的量。

3. 采样的数量和方法

采样的数量和方法见表1—3。

表1—3　　　　　　　　　　　　　采样的数量和方法

样品类型		采样方法	采样数量
液体样品	大型桶装、罐装的样品（如大型发酵罐内的样品）	虹吸法分别吸取上、中、下层样品各0.5 L	混合均匀后取0.5～1.0 L
	液体、半流体饮用食品	按固形物含量的比例取样	0.5～1.0 L，分别盛放在3个干净的容器中
	罐装或瓶装	根据批号随机采样	容重≥250 g，至少抽取6瓶；容重<250 g，至少抽取10瓶
固体样品	散装	按每批食品的上、中、下三层中的不同部位分别用双套回转取样器采样	混合后按四分法对角取样，再进行几次混合，最后取有代表性的样品，一般为0.5～1.0 kg

	样品类型	采样方法	采样数量
固体样品	定型包装	$S = \sqrt{\dfrac{N}{2}}$ S——采样点数 N——检测对象的数目（件、袋、桶等）	每天每个品种取样数不得少于3袋
特殊样品	肉类	一般按动物结构、各部位具体情况合理采集 畜类：从颈背肌肉、大排、中方、前腿和后腿五部分采集 禽类：从颈部、腿和胸部三部分采集	一般为0.5~1.0 kg
	水产	除去外壳，取可食部分	贝类采集量：1 kg 大虾采集量：10 个 蟹采集量：10~30 个
	果蔬	采用等分取样法	一般为0.5~1.0 kg，体积较大者采集1~3 个

相关链接

四分法的操作步骤：

如图1—1所示，先将样品充分混匀后堆积成圆锥形，然后从圆锥的顶部向下压，将样品压成3 cm以内的厚度，然后从样品顶部中心按"十"字形均匀地划分成四部分，取对角的两部分样品混匀，如样品的量达到需要的量即可作为分析用样品。如样品的量仍大于需要量，则继续按上述方法进行缩分，一直缩分至样品需要量。

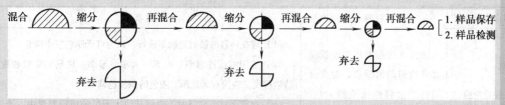

图1—1　四分法

第4节　食品质量感官检验

一、感官分析的定义

感官分析是用感觉器官检验产品感官存在的科学。

食品质量的优劣最直接地表现在它的感官性状上，通过感官指标来鉴别食品的优劣和真伪，不仅简便易行，而且灵敏度高，直观而实用，与使用各种理化、微生物的仪器进行分析相比，有很多优点，因而感官分析是食品的生产、销售、管理人员所必须掌握的一门技能。

二、感官检验的常用方法

食品的感官检验常用的方法可以分为三类：差别检验、标度和类别检验、描述性检验。感官检验常用方法和原理见表1—4。

表1—4　　　　　　　　　　　感官检验常用方法和原理

检验方法	原　　理
差别检验	确定产品间相似或差异的可能性
标度和类别检验	用于估计差异的次序或大小，或者样品应归属的类别或等级
描述性检验	识别存在于样品中的特殊感官特性

按检验所利用的感觉器官，食品质量感官检验可分为视觉检验、味觉检验、嗅觉检验和触觉检验。感官检验原理和注意事项见表1—5。

表1—5　　　　　　　　　　　感官检验原理和注意事项

感官检验类别	原理	注意事项
视觉检验	通过被检验物作用于视觉器官所引起的反应，对食品进行质量特性评价的方法，是判断食品质量的一个重要感官手段	（1）应在白昼的散射光线下进行，以免灯光隐色发生错觉 （2）鉴别时应注意整体外观、大小、形态、块形的完整程度、清洁程度，表面有无光泽、颜色的深浅色调等 （3）在鉴别液态食品时，要将其注入无色的玻璃器皿中，透过光线来观察；也可将瓶子颠倒过来，观察其中有无夹杂物下沉或絮状物悬浮

续表

感官检验类别	原理	注意事项
味觉检验	通过被检验物作用于味觉器官所引起的反应，对食品进行评价的方法	（1）在进行食品的滋味鉴别时，最好使食品处于20～45℃，以免温度的变化增强或减低对味觉器官的刺激 （2）在对几种不同味道的食品进行味觉检验时，应当按照刺激性由弱到强的顺序鉴别，最后鉴别味道强烈的食品 （3）在进行大量样品鉴别时，中间必须休息，每鉴别一种食品之后必须用温水漱口
嗅觉检验	通过被检验物作用于嗅觉器官所引起的反应，对食品进行评价的方法	（1）在进行嗅觉鉴别时常需对食品稍稍加热，最好是在15～25℃的常温下进行，因为食品中的气味挥发性物质常随温度的高低而增减 （2）在鉴别食品的异味时，液态食品可滴在清洁的手掌上摩擦，以增加气味的挥发 （3）食品气味鉴别的顺序应当是先鉴别气味淡的，后鉴别气味浓的，以免影响嗅觉的灵敏度 （4）在鉴别前禁止吸烟
触觉检验	通过被检验物作用于触觉器官所引起的反应，对食品进行评价的方法，是常用的感官鉴别方法之一	在感官测定食品的硬度（稠度）时，要求温度为15～20℃，因为温度的升降会影响食品状态的改变

三、食品质量感官检验的条件

1. 设立独立的检验室进行感官检验。
2. 检验室与样品准备室完全隔离，并保持舒适的温度和通风。
3. 配备合适的盛样容器。
4. 保证供水质量。为某种特殊目的，可使用蒸馏水、矿泉水、过滤水和凉开水等。
5. 用于感官检验的样品应保证足够的数量、适宜的温度和确定的编号。

四、对食品质量感官检验员的基本要求

食品质量感官检验员的任务是鉴定食品的质量，食品质量感官检验员需具备以下6个

基本条件：

1. 身体健康，不能有任何感官方面的缺陷。

2. 各检验员之间及检验员本人有一致和正常的敏感性。

3. 具有从事食品质量感官检验的兴趣。

4. 个人卫生条件较好，无明显个人气味。

5. 具有所检验产品的专业知识，并对所检验的产品无偏见。

6. 避免在饥饿或过饱的状态下、使用有气味的化妆品时和身体不适的情况下进行食品质量感官检验。

五、预包装食品的标签与净含量

1. 预包装食品的标签

（1）预包装食品。预包装食品是预先定量包装或者制作在包装材料和容器中的食品，并且在一定限量范围内具有统一的质量或体积标识的食品。

（2）食品标签。食品标签是指食品包装上的文字、图形、符号及一切说明物。它是向消费者传递产品信息的载体。

直接向消费者提供的预包装食品标签标示应包括食品名称、配料表、净含量和规格、生产者和（或）经销者的名称、地址和联系方式、生产日期和保质期、储存条件、食品生产许可证编号、产品标准代号及其他需要标示的内容。专供婴幼儿和其他特定人群的主辅食品，其标签还应当标明主要营养成分及其含量。

非直接向消费者提供的预包装食品标签上必须标示食品名称、规格、净含量、生产日期、保质期和储存条件，其他内容如未在标签上标注，则应在说明书或合同中注明。

对于酒精度大于等于10%的饮料酒、食醋、食用盐、固态食糖类、味精的预包装食品可以免除标示保质期；当预包装食品包装物或包装容器的最大表面积小于 $10 \ cm^2$ 时，可以只标示产品名称、净含量、生产者（或经销商）的名称和地址。

（3）食品营养标签。营养标签是预包装食品标签上向消费者提供食品营养信息和特性的说明，包括营养成分表、营养声称和营养成分功能声称，也是消费者直观了解食品营养组分、特征的有效方式。能量、核心营养素的含量值及其占营养素参考值（NRV）的百分比是所有预包装食品营养标签强制标示的内容。营养成分表的格式参见表1—6。

表 1—6　　　　　　　　　　　　　营养成分表

项目	每 100 克（g）或 100 毫升（mL）或每份	营养素参考值%或 NRV%
能量	千焦（kJ）	%
蛋白质	克（g）	%
脂肪	克（g）	%
碳水化合物	克（g）	%
钠	毫克（mg）	%

如需标示其他营养成分进行营养声称或营养成分功能声称时，在营养成分表中还应标示出该营养成分的含量及其占营养素参考值（NRV）的百分比。

使用了营养强化剂的预包装食品，在营养成分表中还应标示强化后食品中该营养成分的含量值及其占营养素参考值（NRV）的百分比。其格式参见表 1—7。

表 1—7　　　　　　　　　　　　　营养成分表

项目	每 100 克（g）或 100 毫升（mL）或每份	营养素参考值%或 NRV%
能量	千焦（kJ）	%
蛋白质	克（g）	%
脂肪	克（g）	%
——饱和脂肪	克（g）	%
胆固醇	毫克（mg）	%
碳水化合物	克（g）	%
——糖	克（g）	%
膳食纤维	克（g）	%
钠	毫克（mg）	%
维生素 A	微克视黄醇当量（μg RE）	%
钙	毫克（mg）	%

食品配料含有或生产过程中使用了氢化和（或）部分氢化油脂时，在营养成分表中还应标示出反式脂肪（酸）的含量。

国家标准《食品安全国家标准　预包装食品营养标签通则》（GB 28050—2011），于 2013 年 1 月 1 日起正式实施。预包装食品营养标签包括基本要求、强制标示的内容、可选择标示内容、营养成分的表达方式、豁免强制标示营养标签的预包装食品及食品标签营养素参考值（NRV）及其使用方法、营养标签格式、能量和营养成分含量声称和比较声称的要求、条件和同义语及能量和营养成分功能声称标准用语。

2. 净含量

净含量是指标签上注明容器或包装内食品的质量。净含量的标示应由净含量、数字和法定计量单位组成，并符合以下要求：

（1）净含量应与食品名称在包装物或容器的同一展示版面标示。

（2）容器中含有固、液两相物质的食品，且固相物质为主要食品配料时，除标示净含量外，还应以质量或质量分数的形式标示沥干物（固形物）的含量。例如：

糖水梨罐头

净含量（或净含量/规格）：425 克。

沥干物（或固形物或梨块）：不低于 255 克（或不低于 60%）。

（3）同一预包装内含有多个单件预包装食品时，大包装在标示净含量的同时还应标示规格。例如：

净含量（或净含量/规格）：200 克（5×40 克）。

（4）同一预包装内含有多件不同种类的预包装食品时，净含量和规格可以有如下标示形式：

净含量（或净含量/规格）：200 克（A 产品 40 克×3，B 产品 40 克×2）。

第 5 节 实验室安全知识

在实验室经常会使用有腐蚀性、有毒、易燃、易爆的各类试剂和易破损的玻璃仪器及各种电气设备等。为保证检验员的人身安全和实验室操作的正常进行，食品检验员应具备安全操作常识，遵守实验室的安全守则。

一、理化实验室安全知识

1. 实验室内禁止饮食和吸烟。

2. 使用有毒和有腐蚀性物品（如浓硝酸、浓硫酸等）时，应在通风橱中进行操作。

3. 剧毒物质（如氰化物、砷化物等）要由专人管理，并保存于专用柜中，使用时要采取必要的防护措施。

4. 易燃、易爆的试剂要远离火源，要由专人看管。易燃溶剂加热时应采用水浴或沙浴，并注意避免明火。高温物体（如灼热的坩埚等）应放在隔热材料上，不可随意放置。

5. 使用煤气灯时，应先将气流调小，然后开启煤气开关，点火并调节好火焰。

6. 使用电气设备时，要防止触电。切不可用湿手或湿物接触电闸和电气开关，试验结束后应及时切断电源。

7. 实验室应备有急救药品、防护用品和有效可靠的消防设施。

8. 实验室出现事故时，检验员应及时处理。精密仪器着火时，要用灭火器灭火。油类及可燃性液体着火时，可用砂、湿衣服等灭火。金属物和发烟硫酸着火时，最好使用黄沙灭火。由电路引起的火，应首先切断电源，再进行灭火。

二、微生物实验室安全知识

因为微生物实验的对象有可能是致病的病原微生物，如果发生意外，可能造成自身的污染，甚至造成病原微生物的传播，所以必须注意安全。

1. 无菌操作间应具备人净、物净的环境和设施，定期检测洁净度，使其环境符合洁净度的要求。与试验无关的物品勿带入实验室，实验室内禁止饮食、吸烟。进入实验室应穿工作服，进入无菌室则换专用的工作服和鞋帽。

2. 检验操作过程中，如操作台或地面污染（如菌液溢出，打破细菌器皿等），立即喷洒消毒液，待消毒液彻底浸泡 30 min 后，进行清理；如污染物溅落在身体表面，或有割伤、烧伤和烫伤等情况，应立即进行紧急处理：皮肤表面用消毒液清洗，伤口用碘酒或酒精消毒，眼睛用无菌生理盐水冲洗。

3. 每次操作结束后，立即清理工作台面（用消毒液或75%乙醇消毒）。操作时所用的带菌材料，如吸管、玻片等应放在消毒容器内，不得放在桌上或在水槽内冲洗。

4. 染菌后的吸管，使用后放入5%石炭酸液中，最少浸泡 24 h（消毒液面不得低于浸泡物的高度），再经高压灭菌。

5. 经微生物污染的培养物，必须经高压灭菌处理。

第 6 节　相关法律法规

食品检验员所从事的工作关系到每个食品消费者的健康与安全，作为食品检验员，应了解相关的法律法规知识，依法开展检验工作，以确保个人及他人的健康与安全。

一、《中华人民共和国计量法》

我国现行的计量法为《中华人民共和国计量法》，简称《计量法》。《计量法》的制定是为了加强计量监督管理，保障国家计量单位制的统一和量值的准确可靠，促进经济建设、科学技术和社会的发展，维护社会经济秩序和公民、法人或者其他组织的合法利益。

其内容主要包括总则、计量单位、计量基准、计量标准和标准物质、计量器具的制造、进口、销售、使用、修理、计量检定、计量校准、商贸计量、计量监督、法律责任和附则。

二、《中华人民共和国标准化法》

我国现行的标准化法为《中华人民共和国标准化法》，简称《标准化法》，为中华人民共和国主席令第 11 号，于 1988 年 12 月 29 日发布。主要内容包括总则、标准的制定、标准的实施、法律责任和附则，共五章二十六条，于 1989 年 4 月 1 日起正式施行。《标准化法》规定，企业必须按标准组织生产，对于那些涉及人民生命财产安全的产品，必须强制执行，违反者要追究其法律责任。《标准化法》的制定有利于维护国家、集体和个人三者的利益。

三、《中华人民共和国产品质量法》

我国现行的产品质量法为《中华人民共和国产品质量法》，简称《产品质量法》，主要内容包括总则，产品质量的监督，生产者、销售者的产品质量责任和义务，损害赔偿，罚则和附则，于 1993 年 9 月 1 日起正式施行。《产品质量法》的制定是为了加强对产品质量的监督管理、提高产品质量水平、明确产品质量责任、保护消费者的合法权益和更好地维护社会主义经济秩序。《产品质量法》规定了生产者、销售者的产品质量义务，包括产品内在质量要求及其制定依据、产品标识的规定，销售者进货检查验收、保持产品质量的规定，以及生产者、销售者在产品质量方面的若干禁止性行为规定等。《产品质量法》于 2000 年 7 月 8 日第九届全国人民代表大会常务委员会第十六次会议《关于修改〈中华人民共和国产品质量法〉的决定》第一次修订，于 2009 年 8 月 27 日第十一届全国人民代表大会常务委员会第十次会议《关于修改部分法律的决定》第二次修订。

四、《中华人民共和国食品安全法》

我国现行的食品法为《中华人民共和国食品安全法》，简称《食品安全法》。《食品安全法》是为了从制度上解决现实生活中存在的食品安全问题，更好地保证食品安全而制定的。它确立了以食品安全风险监测和评估为基础的科学管理制度，明确将食品安全风险评估结果作为制定、修订食品安全标准和对食品安全实施监督管理的科学依据。其主要内容包括总则、食品安全风险监测和评估、食品安全标准、食品生产经营、食品检验、食品进出口、食品安全事故处置、监督管理、法律责任等。《食品安全法》适用于食品生产和加工（简称食品生产）、食品流通和餐饮服务（简称食品经营）；食品添加剂的生产经营；食品的包装材料、容器、洗涤剂、消毒剂和用于食品生产经营的工具、设备（简称食品相关产品）的生产经营；食品生产经营者使用食品添加剂、食品相关产品；对食品、食品添加剂和食品相关产品的安全管理及供食用的源于农业的初级产品（简称食用农产品）的质量安全管理。

五、《中华人民共和国农产品质量安全法》

我国现行的农产品质量安全法为《中华人民共和国农产品质量安全法》，简称《农产品质量安全法》，主要内容包括总则、农产品质量安全标准、农产品产地、农产品生产、农产品包装和标识、监督检查、法律责任和附则，于 2006 年 11 月 1 日起正式施行。中国农产品质量安全状况总体水平较低，存在的问题依然不少，亟待依法规范，加强管理。《农产品质量安全法》适用于种植业、养殖业等农业生产活动和未经加工、制作的农业初级产品。《农产品质量安全法》的实施有利于从源头上保障农产品质量安全，维护公众的身体健康，促进农业和农村经济的发展。

职业技能鉴定要点

行为领域	鉴定范围	鉴定点	重要程度
理论准备	质量检验概述	质量检验的定义	★
		质量检验的基本要点	★
		质量检验的主要功能	★
		质量检验的步骤	★★
	食品质量检验概述	食品质量检验的标准	★★
		食品质量检验的方法	★★★
		食品质量检验员的职责	★
	检验样品的抽样	样品的定义	★
		抽样的定义及特点	★
		常用抽样方法	★★
		食品样品的采集	★★
	食品质量感官检验	食品质量感官检验的定义	★
		食品质量感官检验的分类	★★
		食品质量感官检验的条件	★
		对食品质量感官检验员的基本要求	★

行为领域	鉴定范围	鉴定点	重要程度
	实验室安全知识	理化实验室安全知识	★★
		微生物实验室安全知识	★★
	相关法律法规	《中华人民共和国计量法》	★
		《中华人民共和国标准化法》	★
		《中华人民共和国产品质量法》	★
		《中华人民共和国食品安全法》	★
		《中华人民共和国农产品质量安全法》	★

测 试 题

一、判断题（下列判断正确的请打"√"，错误的请打"×"）

1. 质量是一组赋予特性满足要求的程度。 （ ）
2. 鉴别功能是质量检验各项功能的基础。 （ ）
3. 抽样就是从整批产品中抽取样品的过程。 （ ）
4. 实验室内，发生由电路原因引起的火灾，应先灭火，再切断电源。 （ ）
5. 无菌室应经10 min以上紫外线灯照射，关闭10 min后方可进入。 （ ）

二、简答题

1. 质量检验有哪些主要功能？
2. 质量检验包括哪些步骤？
3. 食品检验中有哪些常用抽样方法？请简述各自的步骤。
4. 食品检验中采样的要求是什么？采样的步骤有哪些？
5. 请简述与食品检验相关的法律法规。

三、思考题

1. 标准如何分类？在食品检验中可能涉及哪些标准？
2. 食品质量检验有哪些方法？各种方法的原理是什么？

测试题答案

一、判断题

1. × 2. √ 3. × 4. × 5. ×

二、简答题

1. 答：质量检验的主要功能有鉴别功能、"把关"功能、预防功能和报告功能。

2. 答：质量检验的步骤包括检验的准备、测量或试验、记录、比较和判定、确认和处置。

3. 答：食品检验中常用的抽样方法和步骤见表1—2。

4. 答：食品检验中采样的要求为：

（1）抽样后对样品按要求进行采集。采样前，注意抽检样品的生产日期、批号、现场卫生状况、包装和包装容器的状况。

（2）采样用的工具、器具、包装纸和盛放样品的容器应清洁，不应含有干扰物质或被测组分。进行微生物检验用的样品，要严格遵守无菌操作规程。

（3）定型包装食品送检时，保持原包装的完整，并附上原包装上的一切商标及说明，供检验人员参考。

（4）采样后迅速检测，尽量避免样品在检验前发生变化，应使其保持原来的理化状态。检验前不应出现污染、变质、成分逸散、水分变化及酶影响等情况。

（5）填写采样记录，并在盛放样品的容器上贴上标签，注明样品的名称、采样的地点、日期、样品批号或编号、采样条件、包装情况、采样数量、检验项目及采样人。

采样步骤：原始样的采集→原始样的混合→缩分原始样至需要的量。

5. 答：与食品检验相关的法律法规主要有《中华人民共和国计量法》《中华人民共和国标准化法》《中华人民共和国产品质量法》《中华人民共和国食品安全法》和《中华人民共和国农产品质量安全法》。

三、思考题

答案略。

第 2 章

常用器皿和仪器设备

引　导　语

　　在食品检验过程中，选择合适的器皿和仪器设备是一项技术性的工作。器皿和仪器是否符合要求，对检验结果的准确度和精密度均有影响。不同的检验项目，对器皿和仪器设备有着不同的要求。同时，在食品检验中，需要使用各类仪器设备进行样品质量的称量、样液的浓缩、烘干、细菌的观察、微生物的培养等，只有熟练掌握这些仪器设备的使用技术，才能得到准确的检验结果。

　　本章中，不仅对常用器皿的分类、使用、洗涤、干燥和保管做了介绍，同时也对常用仪器设备的构造、使用方法和注意事项进行了阐述。

学 习 要 点

◎ **熟悉**
常用洗涤剂的配制方法。

◎ **掌握**
玻璃器皿洗涤、干燥和保管的方法。

◎ **熟练掌握**
常用器皿和仪器设备（电子天平、电热恒温水浴锅、电热恒温干燥箱、高温马弗炉、组织捣碎器、培养箱、杀菌锅和显微镜）的使用。

第1节 常 用 器 皿

一、常用玻璃器皿

1. 玻璃器皿的成分

在食品检验中大量使用玻璃器皿，是因为玻璃具有较高的化学稳定性和热稳定性、较好的透明度、一定的机械强度和良好的绝缘性能。玻璃的化学成分主要是 SiO_2、CaO、Na_2O 和 K_2O。

玻璃的化学稳定性较好，但并不是绝对不受侵蚀。浓的或热的碱液对玻璃有明显的腐蚀，储存碱液的玻璃器皿如果是磨口器皿还会使磨口与瓶塞粘在一起无法打开。因此，玻璃器皿不能长时间存放碱液。

石英玻璃属于特种玻璃，具有极其优良的化学稳定性和热稳定性，但价格较贵。

2. 玻璃器皿的分类

按照玻璃器皿的用途，可将玻璃器皿分为三类，见表2—1。

表2—1 玻璃器皿的分类

类 别	玻璃器皿的名称
容器类玻璃器皿	试剂瓶、烧杯、烧瓶、锥形瓶、碘量瓶、称量瓶等
量器类玻璃器皿	量筒、具塞量筒、容量瓶、滴定管、吸管等
其他类玻璃器皿	比色管、表面皿、冷凝管、漏斗、干燥器、培养皿、试管等

（1）容器类玻璃器皿的图示、规格、用途及注意事项见表2—2。

表2—2 容器类玻璃器皿的图示、规格、用途及注意事项

器皿图示	规格及种类	用途	注意事项
试剂瓶 	（1）规格以容量（mL）表示：有 30 mL、60 mL、125 mL、250 mL、500 mL、1 000 mL、2 000 mL、10 000 mL、20 000 mL 等	（1）广口瓶盛放固体试剂 （2）细口瓶盛放液体试剂或溶液	（1）不能加热 （2）盛放碱溶液的试剂瓶用胶塞或软木塞

器皿图示	规格及种类	用途	注意事项
试剂瓶	（2）种类：广口、细口；磨口、非磨口；无色、棕色等	（3）棕色瓶用于盛放见光易分解和不太稳定的试剂	（3）瓶上的标签要保持完好，倾倒液体试剂时，标签要对着手心
烧杯	规格以容量（mL）表示：有 10 mL、15 mL、25 mL、50 mL、100 mL、250 mL、500 mL、1 000 mL、2 000 mL等	配制溶液和溶解固体等	（1）加热时应置于石棉网上，使其受热均匀 （2）加热时，液体不超过容积的 1/3
烧瓶 a）平底　b）圆底	（1）规格以容量（mL）表示：有 250 mL、500 mL、1 000 mL等 （2）种类：平底、圆底两种	加热及蒸馏液体，平底的不耐压，圆底的耐压	（1）加热前，将外壁水擦干后，置于石棉网上，使其受热均匀 （2）所盛溶液不超过容积的 2/3
锥形瓶 a）具塞　b）不具塞	（1）规格以容量（mL）表示：有 50 mL、100 mL、250 mL、500 mL、1 000 mL等 （2）种类：具塞、不具塞两种	容量分析滴定中盛放基准物或待测液	（1）加热时应置于石棉网上，使其受热均匀 （2）所盛溶液不超过容积的 1/3
碘量瓶	规格以容量（mL）表示：有 50 mL、100 mL、250 mL、500 mL、1 000 mL等	碘量法或其他生成挥发性物质的定量分析	（1）加热时应置于石棉网上，使其受热均匀 （2）所盛溶液不超过容积的 1/3

器皿图示	规格及种类	用途	注意事项
称量瓶 a）扁形 b）高形	（1）种类：扁形、高形两种（2）规格以外径和瓶高表示。扁形有外径为 25 mm、瓶高为 25 mm 和外径为 50 mm、瓶高为 30 mm 两种；高形有外径为 25 mm、瓶高为 40 mm 和外径为 30 mm、瓶高为 50 mm 两种（3）称量瓶的材质除了玻璃外，还有铝制的	（1）扁形用于测定水分或在烘箱中烘干基准物（2）高形用于称量基准物和易吸湿的样品	（1）不能直接在电炉上加热（2）盖子是配套磨口的，不能互换

（2）量器类玻璃器皿的图示、规格、用途及注意事项见表2—3。

表2—3   量器类玻璃器皿的图示、规格、用途及注意事项

器皿图示	规格及种类	用途	注意事项
量筒	规格以容量（mL）表示：有 5 mL、10 mL、25 mL、50 mL、100 mL、250 mL、500 mL、1 000 mL、2 000 mL 等	量取一定体积的液体	（1）不能加热（2）读数时，视线与液面水平，读取与弯月面最低点相切的刻度
容量瓶	（1）规格以容量（mL）表示：有 5 mL、10 mL、25 mL、50 mL、100 mL、200 mL、250 mL、500 mL、1 000 mL等（2）种类：无色和棕色两种	配制准确浓度的溶液或定量稀释溶液	（1）不能用火直接加热，可水浴加热（2）塞子配套，不能互换（3）对于有腐蚀作用的溶液（如碱性溶液），不能在容量瓶中长久储存，配好后应转移到其他干燥容器中密闭存放

器皿图示	规格及种类	用途	注意事项
滴定管 a）酸式　b）碱式	（1）规格以容量（mL）表示：有 5 mL、10 mL、25 mL、50 mL、100 mL 等 （2）种类：酸式和碱式两种 （3）酸式滴定管用一玻璃活塞控制液体的流出 （4）碱式滴定管用一段橡胶管里的玻璃珠进行控制	容量分析滴定操作	（1）使用前应检查是否漏水 （2）使用后应立即洗净，不能放在烘箱中烘干
移液管 （吸管） a）肚型　b）直管型	（1）规格以容量（mL）表示：有 1 mL、2 mL、5 mL、10 mL、15 mL、20 mL、25 mL、50 mL、100 mL 等 （2）种类：单刻度线大肚型和分刻度线直管型两种	准确量取一定体积的液体	（1）用后需立即洗净 （2）具有准确刻度线的移液管不能放在烘箱中烘干 （3）使用移液管时，应在最高刻度线处调整零点

（3）其他玻璃器皿的图示、规格、用途及注意事项见表2—4。

表2—4　　　　　　　其他玻璃器皿的图示、规格、用途及注意事项

器皿图示	规格及种类	用途	注意事项
比色管	（1）规格以容量（mL）表示：有 5 mL、10 mL、25 mL、50 mL、100 mL 等 （2）种类：带刻度、不带刻度，具塞、不具塞等	光度分析	（1）不可直接加热 （2）保持管壁透明

器皿图示	规格及种类	用途	注意事项
表面皿	规格以直径（mm）表示：有 45 mm、50 mm、60 mm、70 mm、90 mm、100 mm、120 mm、150 mm、200 mm 等	盖烧杯及漏斗等	不可直接加热
冷凝管 a）直形 b）球形 c）蛇形	（1）规格以外套管长（mm）表示：有 300 mm、400 mm、500 mm 等 （2）种类：直形、球形、蛇形和标准磨口等多种	（1）在蒸馏和索氏提取器中用作冷凝装置 （2）球形的冷却面积大，加热回流最适用	（1）装配仪器时，先装配冷却水胶管，再装仪器 （2）从下口进水、从上口出水 （3）开始进水需缓慢，水流不能太大
漏斗 a）短颈 b）长颈	(1)规格以口径（mm）表示：有 50 mm、60 mm、70 mm 等 （2）种类：短颈和长颈两种	长颈漏斗一般用于定量分析；短颈漏斗一般用于过滤	不能用火直接加热
干燥器	规格以内径（mm）表示：有 150 mm、180 mm、210 mm 等	（1）存放试剂防止吸潮 （2）保持烘干或灼烧后样品的干燥	（1）放入干燥器的样品温度不能过高 （2）使用中要注意防止盖子滑落 （3）干燥剂变色后要及时更换
培养皿	规格以玻璃底盖外径表示，通常为 90 mm	用于微生物的培养繁殖	不能用火直接加热

器皿图示	规格及种类	用途	注意事项
试管	（1）规格：无刻度试管以直径 × 长度表示，有 15 mm × 100 mm、15 mm × 150 mm、18 mm × 180 mm 等；有刻度试管以容积（mL）表示，有 10 mL、20 mL 等规格 （2）种类：平口、翻口；具塞、无具塞；有刻度、无刻度等多种	用于少量试剂的反应，便于操作和观察	可直接用火加热，但不能骤冷

3. 洗涤剂的配制和玻璃器皿的洗涤方法

（1）针对各种器皿沾污物的性质，采用不同洗涤剂，通过化学或物理作用能有效地洗净器皿，常用洗涤剂的配制和使用方法见表2—5。

表2—5　　　　　　　　　　常用洗涤剂的配制和使用方法

洗涤剂名称	配制方法	使用方法
铬酸洗涤剂	将研细的重铬酸钾20 g，溶于40 mL水中，再慢慢加入360 mL浓硫酸	用于去除器皿壁残留油污，用少量洗涤剂刷洗或将器皿放在洗涤剂中浸泡一夜，而洗涤剂可重复使用
碱性洗涤剂	10%氢氧化钠水溶液或乙醇溶液	水溶液加热（可煮沸）使用，其去油效果较好注意：煮的时间太长会腐蚀玻璃
碱性高锰酸钾洗涤剂	将4 g高锰酸钾溶于水中，然后加入10 g氢氧化钠，用水稀释至100 mL	洗涤油污或其他有机物，洗后容器沾污处有褐色二氧化锰析出，再用浓盐酸或草酸洗涤剂、硫酸亚铁、亚硫酸钠等还原剂去除

相关链接

在选择洗涤剂时，应考虑能有效地除去污染物，而不引进新的干扰物质（特别是微量分析时）。

需要注意的是，在使用各种性质不同的洗涤剂时，一定要把上一种洗涤剂除去后再用另一种，以免相互作用，使生成的产物更难洗净。

（2）玻璃器皿的洗涤方法。洗涤玻璃器皿是食品检验前的准备工作，玻璃器皿洗涤是否符合要求，对检验结果的准确度和精确度均有影响。在洗涤时，应根据分析要求、玻璃器皿上污物的性质及沾污的程度来选择洗涤方法。洗净的标准是玻璃器皿内壁被水均匀地润湿，而无任何条纹和水珠存在，如图2—1所示。

洗净：水均匀分布（不挂水珠）　　未洗净：器皿壁附着水珠（挂水珠）

图2—1　洗净标准

1）若器皿上附着的污物为水溶性物质，可注入少量水，稍用力振荡后，把水倒掉，如此反复洗涤数次直至干净为止，操作方法如图2—2所示。

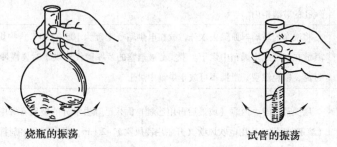

烧瓶的振荡　　　　　　　　　　　试管的振荡

图2—2　注水振荡洗涤器皿

2）沾有油污的玻璃器皿可用碱性洗涤剂刷洗，刷洗后，将废液倒掉，再注入水，连续振荡数次，操作方法如图2—3a、b所示。

3）内壁附有不溶性物质，可用毛刷刷洗，操作方法如图2—3c、d所示。

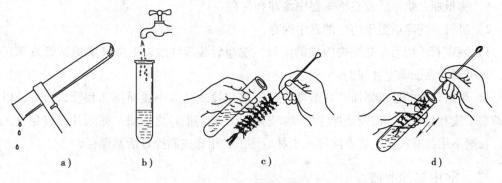

a）　　　　　b）　　　　　c）　　　　　d）

图2—3　用毛刷刷洗

a）倒废液　b）注入一半水　c）选好毛刷，确定手拿部位　d）来回柔力刷洗

4）沾有油污的玻璃量器，如滴定管、移液管、容量瓶等可用铬酸洗涤剂洗涤。步骤如下：

①先将器皿内的废液倒净。

②加入少量洗涤剂于器皿内，并慢慢倾斜转动器皿，使其内壁全部被洗液湿润。

③将器皿转动几圈后，将洗涤剂倒回洗液杯中。

④用自来水冲洗壁上残留的洗涤剂，再用蒸馏水冲洗 3～4 次。

4. 玻璃器皿的干燥和保管

（1）玻璃器皿的干燥。一般定量分析中所使用的烧杯、锥形瓶等玻璃器皿均须洗净、干燥后方可使用，常用的干燥方法有晾干、烘干及吹干等，见表2—6。

表2—6　　　　　　　　　　　　常用的干燥方法

方法名称	具体步骤
晾干	可将玻璃器皿放在无尘处倒置自然干燥；也可将其放置在装有斜木钉的架子上或带有透气孔的玻璃柜内
烘干	将洗净的玻璃器皿除去水分，放在电烘箱（温度为 105～120℃）中烘 1 h 左右；也可将其放在红外线干燥箱中烘干。带实心玻璃塞的及厚壁仪器烘干时要慢慢升温并且温度不可过高，以免烘裂，量器不可放于烘箱中烘干
热（冷）风吹干	用少量乙醇、丙酮（或最后再用乙醚）倒入已除去水分的玻璃器皿中，摇洗后除去溶剂（溶剂要回收），用电吹风吹（开始用冷风吹 1～2 min，当大部分溶剂挥发后吹入热风直至完全干燥，再用冷风吹残余的蒸汽）。此法要求通风良好，防止中毒，不可接触明火，以防有机溶剂爆炸。主要用于急于干燥的玻璃器皿或不适合放入烘箱的较大的玻璃器皿

（2）玻璃器皿的保管

1）称量瓶。烘干后放在干燥器中冷却和保存。

2）吸管。洗净后置于防尘的盒中保存。

3）滴定管。用后，先洗去内装的溶液，洗净后装满纯水，上盖玻璃短试管或塑料套管，也可倒置夹于滴定管架上。

4）带磨口塞的玻璃器皿。容量瓶在洗净前用橡皮筋或小线绳把塞和管口拴好，以免打破塞子或互相弄混。需长期保存的磨口器皿应在塞与磨口之间垫一张纸片，以免日久粘住。长期不用的酸式滴定管要除掉凡士林后垫纸，用橡皮筋拴好活塞保存。

二、常用其他器皿

常用其他器皿的图示、规格、用途及注意事项见表2—7。

表 2—7　　常用其他器皿的图示、规格、用途及注意事项

器皿图示	规格及种类	用途	注意事项
蒸发皿	（1）规格用直径（mm）×皿高（mm）表示：有 60 mm×30 mm，90 mm×40 mm，120 mm×45 mm 三种 （2）种类：瓷、石英、铂等材质制品	蒸发或浓缩溶液	（1）耐高温，但不宜骤冷 （2）放在铁环上直接用火加热，但须在预热后再提高加热强度
坩埚	（1）规格以容量（mL）表示：有 10 mL、15 mL、20 mL、25 mL、30 mL、40 mL、50 mL 等 （2）种类：瓷、石墨、铁、镍、铂等材质制品	熔融或灼烧固体	（1）根据灼烧物质的性质选用不同材质的坩埚 （2）耐高温，可直接用火加热，但不宜骤冷
坩埚钳	由铁或铜合金制成，表面镀铬	夹取高温下的坩埚或坩埚盖	先预热再夹取
研钵	（1）规格以直径（mm）表示：有 70 mm、90 mm、105 mm 等 （2）种类：玻璃、瓷和玛瑙等材质制品	混合、研磨固体物质	（1）放入物体积不超过容积的 1/3 （2）所研物质的硬度应小于研钵材料的硬度，且对研钵无腐蚀 （3）不能烘烤
石棉网	由铁线编成，涂上石棉层	承放受热容器，使加热均匀	不能浸水或扭拉，以免损坏石棉
铁架台	（1）规格以铁圈的直径（mm）表示：有 50 mm、70 mm、100 mm 等 （2）种类：根据铁夹的结构，有十字夹、双钳、三钳等种类	固定或放置器皿	（1）固定器皿时，应使装置的重心落在铁架台底座中部，保证稳定 （2）夹持器皿时以不转动为宜

续表

器皿图示		规格及种类	用途	注意事项
药匙		由骨、塑料或不锈钢等材料制成	取固体试剂或样品	（1）取量较少时，用小端 （2）每次用完后应洗净擦干

第2节 常用的仪器设备

一、天平

1. 托盘天平

托盘天平又称台天平、台秤，用于粗略的称量，精度为 0.1 g。

（1）构造。托盘天平主要由游码标尺、平衡调节螺钉、托盘、刻度盘、指针、横梁和游码组成，如图 2—4 所示。

（2）使用方法

1）零点调整。用托盘天平前把游码放在游码标尺的刻度零点。托盘中未放物体时，如指针不在刻度零点，可用平衡调节螺钉进行调节。

2）称量。称量物不能直接放在托盘上称量（避免天平盘受腐蚀），应放在已称重的纸或表面皿上，潮湿或有腐蚀性的药品则应放在玻璃容器内。天平不能称量热的物质。

称量物放在左盘，砝码放在右盘。添加砝码时应从大到小，在添加到游码标尺以内质量时（如 10 g 或 5 g），可移动标尺上的游码，直至指针指示的位置与零点重合（偏差不超过 1 格），记下砝码质量，并加上游码所示的质量，所得总质量即为称量物的质量。

3）称量完毕，应把砝码放回盒内，把游码标尺的游码移到刻度零点处，将托盘天平打扫干净。

（3）注意事项

1）被测物体的质量不能超过天平的测量范围。

2）取砝码要用镊子，不能用手。

3）潮湿样品和化学试剂不准直接放在托盘内。

2. 电子天平

电子天平（见图2—5）是定量分析中最重要的精密衡量仪器之一。了解电子天平的构造，正确地进行称量，是完成定量分析工作的基本保证。

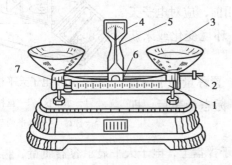

图2—4　托盘天平构造图　　　　　　　图2—5　电子天平

1—游码标尺　2—平衡调节螺钉　3—托盘

4—刻度盘　5—指针　6—横梁　7—游码

电子天平的特点是称量准确可靠、显示快速清晰，并且具有自动检测系统、简便的自动校准装置及超载保护装置等。按电子天平的精度可将其分为四类，见表2—8。

表2—8　　　　　　　　　　　　　　电子天平的分类

名　　称	最大称量（g）	分度值（mg）
超微量电子天平	2～5	0.1
微量天平	3～50	0.1
半微量天平	20～100	0.1
常量电子天平	100～200	1.0

（1）构造。电子天平主要由外框部分（外框和底脚）、称量部分（传感器、秤盘、盘托和水平仪）、键盘部分和电路部分（位移检测器、PID调节器、前置放大器、模数转换器、微机和显示器）组成，如图2—6所示。

（2）使用方法

1）水平调节。观察水平仪，如果水平仪中的水泡偏移，需调整水平调节脚，使水泡位于水平仪中心。

2）预热。接通电源，预热至规定时间后，开启显示器进行操作。

3）开启显示器。轻按ON键，显示器全亮，约2 s后，显示天平的型号，然后是称量模式 0.000 0 g。读数时应关上电子天平门。

4）电子天平基本模式的选定。电子天平默认为"通常情况"模式，并具有断电记忆功能。使用时若改为其他模式，使用后只要按 OFF 键，电子天平即恢复"通常情况"模式。

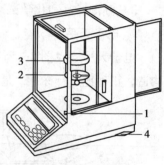

图2—6　电子天平构造
1—水平仪　2—盘托
3—秤盘　4—水平调节脚

5）校准。电子天平安装后，第一次使用前，应对电子天平进行校准。若存放时间较长、位置移动、环境变化或未获得精确测量，应重新对电子天平进行校准。

6）称量。按 TAR 键，显示为"0"后，置称量物于秤盘上，待数字稳定，即显示器左下角的"0"标志消失后，即可读出称量物的质量值。

7）去皮称量。按 TAR 键清零，置容器于秤盘上，电子天平显示容器质量，再按 TAR 键清零，即去除皮重。再置称量物于容器中，或将称量物（粉末状物或液体）逐步加入容器中直至达到所需质量，待显示器左下角的"0"消失，这时显示的是称量物的净质量。将秤盘上的所有物品拿开后，电子天平显示负值，按 TAR 键，电子天平显示 0.000 0 g。若称量过程中秤盘上的总质量超过了电子天平的额定最大载荷，电子天平仅显示上部线段，此时应立即减小载荷。

8）称量结束。称量结束后，关闭显示器，切断电源；若短时间（2 h）内还要使用电子天平，可不必切断电源，再用时可省去预热时间；若当天不再使用电子天平，应拔下电源插头。

（3）注意事项

1）将电子天平置于稳定的工作台上避免振动、气流及阳光照射。

2）在使用前调整水平仪气泡至中间位置，并按要求进行预热。

3）被称量的物体只能由边门取放，称量时要关好边门。

4）对于易挥发、易吸湿和具有腐蚀性的被称量物品，应盛于带盖称量瓶内称量，防止因物品的挥发和吸附而称量不准，或因腐蚀而损坏电子天平。

5）电子天平载物量不得超过其额定最大载荷。在同一次试验中，应使用同一台电子天平，称量数据应即时写在记录本上。

6）称量的物体与电子天平箱内的温度应一致。过冷、过热的物品应先放在干燥器中，待与室温一致后，再进行称量。

7）称量完毕后必须取出被称量的物品，切断电源，关好电子天平的门，保证电子天平内外清洁，最后罩上布罩。为了防潮，在电子天平箱里应放干燥剂（一般用变色硅胶），并应勤检查、勤更换。

8）如发现电子天平损坏或不正常，应立即停止使用，并送相关部门检修，检定合格后方可再用。

（4）称量方法。常用的称量方法有直接称量法、固定质量称量法和递减称量法，现分别介绍如下：

1）直接称量法。直接称量法是将称量物放在天平盘上直接称量物体的质量。例如，称量小烧杯的质量，容量器皿校正中称量某容量瓶的质量，质量分析试验中称量某坩埚的质量等，都使用这种称量法。

2）固定质量称量法。固定质量称量法用于称量某一固定质量的试剂（如基准物质）或试样。这种称量操作的速度很慢，适于称量不易吸潮、在空气中能稳定存在的粉末状或小颗粒（最大颗粒应小于 0.1 mg，以便容易调节其质量）样品。固定质量称量法如图 2—7 所示。

称好的试样必须定量地由表面皿直接转入接收容器中。若试样为可溶性盐类，沾在表面皿上的少量试样粉末可用蒸馏水冲洗入接收容器。

相关链接

若不慎加入的试剂超过指定质量，应用牛角匙取出多余试剂，直到合乎要求为止。

加样或取样时，牛角匙上的试样绝不能洒落在盘上。

取出的多余试剂应弃去，不要放回原试剂瓶中。

3）递减称量法（见图 2—8）。递减称量法用于称量一定质量范围的样品或试剂。在称量过程中样品易吸水、易氧化或易与 CO_2 等反应时，可选择此法。递减称量法简便、快速、准确，在分析检测中常用来称取待测样品和基准物，是最常用的一种称量方法。称量步骤如下：

①用手拿住表面皿的边沿，连同放在上面的称量瓶一起从干燥器里取出。用小纸片夹住称量瓶盖柄，打开瓶盖，将多于需要量的试样用牛角匙加入称量瓶，盖上瓶盖。用清洁的纸条叠成约 1 cm 宽的纸带套在称量瓶上（也可戴上纸制的指套或清洁的细纱手套拿取称量瓶），用手拿住纸带尾部，把秤量瓶放到天平秤盘的正中位置，称出称量瓶加试样的准确质量 m_1（准确到 0.1 mg），并记录。

②仍用原纸带将称量瓶从天平盘上取出，拿到接收容器的上方，用纸片夹住瓶盖柄打开瓶盖，但瓶盖绝不能离开接收容器的上方。将瓶身慢慢向下倾斜，一面用瓶盖轻轻敲击

瓶口内缘，一面转动称量瓶使试样缓缓接近需要量（通常从体积上估计或试重得知），继续用瓶盖轻敲瓶口，同时逐渐将瓶身竖直，使粘在瓶口附近的试样落入接收容器或称量瓶底部。

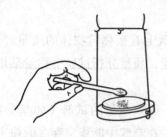
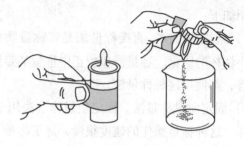

图 2—7　固定质量称量法　　　　　　　　图 2—8　递减称量法

③盖好瓶盖，把称量瓶放回天平秤盘，取出纸带，关好侧门准确称其质量 m_2（准确到 0.1 mg），并记录。两次称量读数之差（$m_1 - m_2$）即为倒入接收容器里的第一份试样质量。若称取三份试样，则连续称量四次即可。

相关链接

　　若倒入试样量不够，可重复上述操作，若倒入试样大大超过所需数量，则弃去重称。

　　盛有试样的称量瓶除放在表面皿和秤盘上或用纸带拿在手中外，不得放在其他地方。

　　套上或取出纸带时，不要碰着称量瓶口，纸带应放在清洁的地方。

　　粘在瓶口上的试样应尽量处理干净，以免粘到瓶盖上或丢失。

　　要在接收容器的上方打开瓶盖，以免可能黏附在瓶盖上的试样洒落他处。

二、电热恒温水浴锅

电热恒温水浴锅（见图 2—9）是用于蒸馏、浓缩干燥及恒温加热的设备。常用的电热恒温水浴锅有单孔、双孔、四孔、八孔等规格。

1. 构造

电热恒温水浴锅分为内外两层，内层用铝板制成，槽底安装铜管，内装电阻丝，用瓷接线柱连通双股导线

图 2—9　电热恒温水浴锅

至控制器，控制器由热开关及电路组成；外壳用薄钢板制成，表面烤漆覆盖，内壁用隔热材料制成。控制器的全部电气部件均装在电气箱内，控制器表面有电源开关、调温旋钮和指示灯。在水箱左下侧有放水阀门。

2. 使用方法

（1）关闭放水阀门，将水浴锅内注入清水至适当深度。

（2）安装地线，接电源线。

（3）顺时针调节调温旋钮到适当位置。

（4）开启电源，红灯亮表示电阻丝通电加热。

（5）当温度计的指示数上升到离预定温度约2℃时，应反向转动调温旋钮至红灯熄灭，此后红灯不断变亮，表示温控在起作用，这时再略微调节调温旋钮即可达到预定温度。

3. 注意事项

（1）水位应高于电热管，否则会烧坏电热管。

（2）控制箱内部不可受潮，以防漏电。

（3）使用时注意水箱是否有渗漏现象。

三、电热恒温干燥箱

电热恒温干燥箱（见图2—10a）主要用于烘干称量瓶、玻璃器皿、基准物、试样及沉淀等。根据烘干的对象不同，可以调节不同的温度。另外，在减压干燥法中使用了真空干燥箱（见图2—10b）。

a） b）

图2—10 干燥箱

a）电热恒温干燥箱 b）真空干燥箱

1. 构造

电热恒温干燥箱一般由箱体、电热系统和自动恒温控制系统三部分组成，其结构如图2—11所示。真空干燥箱除具有上述三部分外，还配有真空系统。

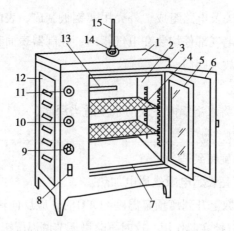

图 2—11 电热恒温干燥箱结构

1—箱外壳 2—工作室 3—保温层 4—搁板 5—玻璃门 6—箱门 7—散热板 8—鼓风开关

9—电源开关 10—指示灯 11—温控器旋钮 12—箱侧门 13—感温钢管 14—排气孔 15—温度计

箱体正面是开关面板及箱门。开关面板上装有控温仪，启动、停止按钮，功率开关及鼓风电动机开关，超温报警指示灯等，便于操作和观察工作室内情况。

箱内夹层以玻璃纤维作为保温层材料，箱门四周嵌槽内有石棉绳保证箱门与箱体的密封性，防止箱内热量外泄，箱门通过两个铰链和一个门钩手与箱体紧扣。

箱门内的玻璃门用于观察样品，玻璃门内即为工作室，工作室两侧有搁板支架，支架上有放置样品的搁板，工作室下部是可拉出的散热板，散热板下安装有电热丝盘、鼓风叶轮及进气孔。电热丝盘分为两组，即"加热1""加热2"，并有指示灯指示加热工作，灯亮表示电热器工作，灯灭表示加热停止。

箱体的顶上有排气阀，可通过旋转而改变阀门开启大小，另外阀门中心孔可供插入温度计用。

箱体左侧边门内为电气控制箱，箱内上部装有控温仪传感器及超温保护用的金属调节器，中部为电气控制板，下部是鼓风电动机及电加热盘引出线。

2. 使用方法

（1）将电热恒温干燥箱放在室内水平处。

（2）接通电源，将三芯插头插入电源插座，将开关面板左下方的电源开关置于"开"的位置，此时仪表出现数字显示，表示设备进入工作状态。

（3）把物品放进箱内后，将玻璃门与箱门关上，并将箱顶上的风顶活门适当旋开。

（4）开启鼓风机开关，鼓风机开始工作。

（5）通过操作开关面板上的温控器旋钮，设定所需的箱内温度（调节刻度盘上的刻度仅做参考），红色指示灯亮，表示加热，待红灯灭，绿灯亮时，表示加热停止。视箱顶温度计温度高低将调节器反复调整至所需温度。

（6）电热恒温干燥箱开始工作，箱内温度逐渐达到设定值，达到所需的干燥处理时间即可。

（7）当到达干燥处理时间时，开启箱门，取出物品（不能用手直接接触物品），放入干燥器中冷却备用。

（8）待箱温降至室温后，将温控器旋钮调至"0"位，关闭鼓风开关，切断电源。

3. 注意事项

（1）对于易燃、易爆等危险品及能产生腐蚀性气体的物质，不能放在恒温干燥箱内加热烘干。

（2）被烘干的物质不应撒落在箱内，防止腐蚀内壁及搁板。

（3）在使用过程中要经常检查箱内的温度是否在规定的范围内，温度控制是否良好，发现问题应及时检修。

（4）在使用过程中如出现异常、气味、烟雾等情况，应立即关闭电源，请专业人员查看并检修。

（5）每台电热恒温干燥箱均附有样品搁板两块。每块搁板平均负荷为 15 kg，放置样品时切勿过密与超载，以免影响热空气对流。不能将样品放在工作室底部散热板上，以防过热而损坏样品。

（6）每次使用完后，应将电源全部切断，经常保持箱内外清洁。

（7）电热恒温干燥箱长期不用时，应拔掉电源线。并定期（一般一季度）按使用条件运行 2～3 天，以驱除电气部分的潮气，避免损坏有关器件。

（8）真空干燥箱使用前，应开启抽气电磁阀，打开真空泵电源开关，真空箱即开始抽真空；使用后取出已干燥的物品时，先打开放气阀，逐渐放入空气以便开启箱门，防止压力表受冲击破坏。

四、高温马弗炉

高温马弗炉（见图 2—12）主要用于质量分析中灼烧沉淀、灰分测定等分析检验工作。其工作温度可达 1 000℃ 以上，配有自动控温仪，用来设定、控制、测量炉膛内的温度。

图 2—12　高温马弗炉

1. 构造

高温马弗炉一般由炉膛、自动温度控制器和热电耦组成。高温马弗炉的炉膛是由耐高温而无胀缩碎裂的氧化硅结合体制成。炉膛内外壁之间有空槽，电阻丝串在空槽中，炉膛四周都有电阻丝，通电后，整个炉膛周围被均匀加热而产生高温。

炉膛的外围包有耐火砖、耐火土、石棉板等，外壳包有带角铁的骨架和铁皮。炉门是用耐火砖制成，中间开一小孔，嵌一块透明的云母片，以观察炉内升温情况。

炉内用温度控制器控温，一般在灼烧前将控温指针拨到预定温度的位置，从到达预定温度开始计算灼烧时间。高温马弗炉自动温度控制器面板如图2—13所示。

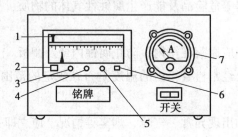

图2—13　高温马弗炉自动温度控制器面板

1—温度指示针　2—通电指示灯　3—灵敏度调节螺钉　4—温度调零螺钉

5—设定温度调节螺钉　6—恒温指示灯　7—电流表

2. 使用方法

（1）开启炉门，将样品放置于炉膛中。

（2）设定工作温度，接通电源。

3. 注意事项

（1）使用时要经常查看，防止温控失灵，造成电炉丝烧断等事故。

（2）炉内要保持清洁，炉子周围不要堆放易燃、易爆物品。

（3）高温马弗炉不用时，应切断电源，并将炉门关好，防止耐火材料受潮气侵蚀。

五、组织捣碎器和拍打器

目前，实验室主要采用组织捣碎器（见图2—14）和拍打器（见图2—15），将样品安全快速地捣碎和搅拌成匀浆，以利于提取其中成分。

1. 组织捣碎器

（1）构造。组织捣碎器主要由高速电动机、调速器、玻璃容器三大部分组成，电动机下端由联轴器连接不锈钢刀轴。

图2—14 组织捣碎器

图2—15 拍打器

（2）使用方法

1）将已去除果壳、果核、骨、筋膜等的样品用小刀或剪刀切碎并放入玻璃缸中，加入适量的水。

2）检查电动机转动轴的转动是否灵活，连接是否牢固可靠，转动轴和刀片不能与橡胶盖或玻璃缸接触。

3）接通电源，电动机轴和刀片转动时应该平稳无跳动现象。待捣碎 1 ~ 2 min 后，间歇 5 min，如果需要，再继续捣碎。

4）捣碎完毕，要切断电源，松开转动轴连接接头，取下玻璃缸，倒出匀浆，洗净、晾干玻璃缸和刀片，以备下次使用。

（3）注意事项。使用中切勿让电动机空转，否则容易烧毁电动机，每次旋转最多不得超过 5 min。若采用微机控制，可分别预设三种捣碎速率及时间。

2. 拍打器

（1）构造。拍打器主要由前部的混合均质拍击仓和后部的控制运动部件两部分组成，如图2—16所示。

（2）使用方法

1）将拍打器放置在牢固且水平的平面上，连接好电源线，打开电源开关。

2）将样品装入塑料袋内，平整地放入混合箱内。微生物样品称量后需加入稀释液一起拍打混匀。

3）用锁紧扳手将仓门定位锁紧。锁紧门的同时，电动机会自动启动，若发现异常情况，应及时开启仓门，电动机会自动停止。

4）旋转拍打器后部的行程调节旋钮，设定所需的均质行程。

5）运转过程中，可调节速度的快慢（建议提前设好）。

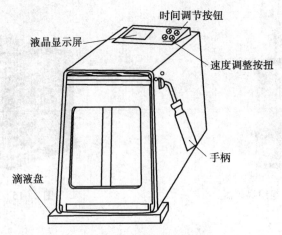

时间调节按钮

液晶显示屏

速度调整按扭

手柄

滴液盘

图2—16 拍打器的构造

6）可从窗口观察样品状态，待预定时间结束时取出样品即可。

（3）注意事项

1）每次使用后应及时清理仓内遗留物质。

2）透明窗应用细软的纯棉布擦拭干净。

3）滴液盘用来盛放均质袋破裂所漏出的溶液，应随时观察，及时清理。

4）通常，连续运转时间不超过20 min。

六、培养箱

常用的培养箱有电热恒温培养箱、多功能生化培养箱、厌氧培养箱等。

电热恒温培养箱设置温度通常高于环境温度时温度控制较为恒定，作为一般常温细菌的培养较好。

多功能生化培养箱设置温度既能高于环境温度，又能低于环境温度，通常可设置温度范围在5～70℃，有些多功能生化培养箱还具有补充水分、保持湿度的功能。霉菌培养多采用此类恒温恒湿培养箱。

厌氧培养箱是一种在无氧环境条件下进行细菌培养及操作的专用装置。它能提供严格的厌氧状态和恒定的温度培养条件，是一个系统化、科学化的工作区域。肉毒梭状芽孢杆菌和产气荚膜梭菌等专性厌氧微生物需采用厌氧培养箱。

培养箱是培养微生物的主要设备，如图2—17所示。

图2—17 培养箱

1. 构造

培养箱一般为方形或长方形，以铁皮喷漆制成外壳，铅板做内壁，夹层充以石棉或玻璃棉等隔热材料以防热量扩散。内层底部安装电阻丝用以加热，利用空气对流，使箱内温度均匀。箱内设有金属孔架数层，用以搁置培养材料。箱门为双重，内层为玻璃门，便于观看箱内样品，外层为金属门。每次取放培养物时，均应尽快进行，以免影响恒温。有的箱顶装有一支温度计，可以测量箱内温度。箱壁装有温度调节器可以调节温度。目前市场常见的培养箱多采用微机自动控制系统，可有效避免培养过程中打开箱门造成内腔温度的波动。

2. 使用方法

（1）培养箱应放置在清洁整齐、干燥通风的场所。

（2）仪器使用前，各控制开关均应处于非工作状态。

（3）在培养架上放置实验样品，放置时各培养皿之间应保持适当间隔，以利冷（热）空气的对流循环。

（4）接通外电源，将电源开关置于"开"的位置，指示灯亮。

（5）选择培养温度

1）将温度"设定—测量"选择开关拨向"设定"处，调节温控旋钮，数字显示所需的设定温度。

2）将温度"设定—测量"选择开关拨向"测量"处，数字显示工作腔内实际温度。

如果环境温度低于设定温度，则加热（红色指示灯亮）。

如果环境温度高于设定温度，则制冷（绿色指示灯亮）。

（6）每次停机前，各控制开关均应处于非工作状态，此时切断电源，停机。

3. 注意事项

（1）首次使用或长期搁置恢复使用时，应空载启动 6~8 h，期间启闭 2~3 次，以消除因运输或储存过程中可能发生的故障，然后再进行正常使用。

（2）箱内不应放入过热或过冷之物，以免箱内温度急剧变化，阻碍微生物的生长。取放物品时，应随手关闭箱门以保持恒温。

（3）箱内放置的培养物不应过挤，以免空气不能流通，而使箱内温度不匀。各层金属孔上放置物不应过重，以免将金属孔架压弯滑脱，打碎培养物。

（4）为防止污染，低温使用时应尽量避免在工作腔壁上凝结水珠。

（5）不适用于含有易挥发性化学试剂、低浓度爆炸气体、低着火点气体的物品及有毒物品的培养。

（6）电热恒温培养箱在培养霉菌时，箱内可放入装水容器一只，以维持箱内湿度和减少培养物中的水分大量蒸发。

（7）培养箱底部因接近电源，温度较高，因此培养物不宜放在底层，以免培养物周围的温度过高，从而影响微生物的生长繁殖。

（8）箱内要保持清洁，并经常用消毒剂消毒，再用干净抹布擦净。

七、高压蒸汽灭菌锅

高压蒸汽灭菌锅（见图2—18）是应用最广、效果最好的灭菌器，可用于培养基、生理盐水、废弃的培养物及耐高热药品、纱布、玻璃等实验材料的灭菌。其种类有卧式、直立式两种，其构造与灭菌原理基本相同。

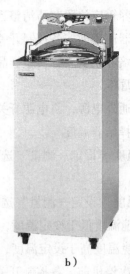

a）   b）

图2—18 高压蒸汽灭菌锅

a）卧式 b）直立式

1. 构造（见图2—19）

（1）高压蒸汽灭菌锅主体选用不锈钢材料，上部装有安全阀、放气阀。安全阀压力超过0.14 MPa后能自动起跳，释放过高的压力。

（2）锅体装有压力控制器，当锅内压力超过0.17 MPa时，控制器自动切断加热电源，确保安全。

（3）底部装有下排气阀，灭菌结束时使用下排气阀可使灭菌物品干燥更彻底。

（4）金属圆筒分为两层，隔层内盛水，有盖，可以旋紧，加热后产生蒸汽。锅外有压力表，当蒸汽压力升高时，温度也随之升高。

2. 使用方法

（1）加水。在灭菌锅主体内加水至水位线。

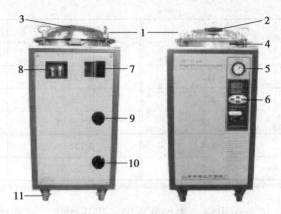

图 2—19　高压蒸汽灭菌锅的构造

1—吊紧螺栓　2—锅盖把手　3—锅盖　4—锅体　5—压力表　6—控制面板
7—加水阀　8—安全阀、放气阀　9—水阀门　10—排气排水总阀　11—脚轮

（2）装锅。将欲灭菌的物品包好后，放入灭菌桶内（灭菌物不能装得过满，以免影响灭菌效果），盖好锅盖，将螺旋柄拧紧（对角式均匀拧紧），打开排气阀。

（3）启动。开启电源或蒸汽阀。

（4）排放冷空气。锅内水沸腾后，蒸汽逐渐驱赶锅内冷空气，当温度计指针指向100℃时，证明锅内已充满蒸汽，冷空气被驱尽，此时，关闭排气阀。如果没有温度计，则在持续排气 5 min 之后，排气阀排出蒸汽相当猛烈时关闭排气阀。

（5）升压、保压与灭菌。关闭排气阀以后，锅内成为密闭系统，蒸汽压不断上升，压力计和温度计的指针也随之上升，当压力达到 0.1 MPa、温度为 121℃时，开始灭菌计时。控制热源，保持压力为 0.1 MPa、温度为 121℃的状态 30 min 即完成灭菌。灭菌的压力和时间的选择，视具体灭菌物品而定。饱和蒸汽压力与温度对照见表 2—9。

表 2—9　　　　　　　　　饱和蒸汽压力（表压）与温度对照

压力（MPa）	温度（℃）	压力（MPa）	温度（℃）
-0.003 56	99	0.073 30	116
0.000 00	100	0.079 04	117
0.007 45	102	0.084 92	118
0.015 35	104	0.090 98	119
0.023 12	106	0.097 18	120
0.032 56	108	0.103 54	121
0.037 17	109	0.110 06	122

压力（MPa）	温度（℃）	压力（MPa）	温度（℃）
0.041 92	110	0.116 77	123
0.046 81	111	0.123 65	124
0.051 82	112	0.130 72	125
0.056 99	113	0.137 95	126
0.062 28	114	0.152 96	128
0.067 71	115	0.168 74	130

（6）降压与排气。灭菌结束后，先切断电源，停止加热，使其自然冷却；待压力表回到零位再等数分钟后，将排气阀打开。切勿过早打开排气阀，否则因压力突降，形成压力差过大，灭菌物会剧烈沸腾冲出。

（7）出锅。打开锅盖，取出灭菌物。

3. 注意事项

（1）无菌包不宜过大（小于 50 cm×30 cm×30 cm），不宜过紧，各包裹间要有间隙，使蒸汽能对流，易传递到包裹中央。锅内的冷空气必须排尽，否则易形成"冷点"，影响灭菌效果。消毒前，打开储槽或盒的通气孔，有利于蒸汽流通。而且排气时使蒸汽能迅速排出，以保持物品干燥。消毒灭菌完毕，关闭储槽或盒的通气孔，以保持物品的无菌状态。

（2）布类物品应放在金属包装材料内，否则蒸汽遇冷凝聚成水珠，使包布受潮，阻碍蒸汽进入包裹中央，严重影响灭菌效果。

（3）定期检查灭菌效果。经高压蒸汽灭菌的无菌包、无菌容器有效期以 1 周为宜。

八、显微镜

1. 构造

普通光学显微镜如图 2—20 所示，可分为光学系统和机械装置两大部分，如图 2—21 所示。

（1）光学部分。普通光学显微镜利用目镜和物镜两组透镜系统来放大成像。主要由目镜、物镜、聚光器和反光镜组成。

1）目镜。目镜装在镜筒上端，其上刻有放大倍数，常用的有 5×、10× 及 15×。

2）物镜。物镜为显微镜最主要的光学装置，位于镜筒下端。一般显微镜均装有三个物镜，分为低倍镜（10×）、高倍镜（40×）和油镜（100×）。各物镜的放大倍数也可由

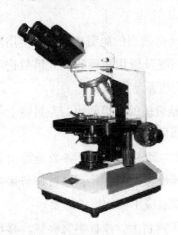

图2—20　普通光学显微镜

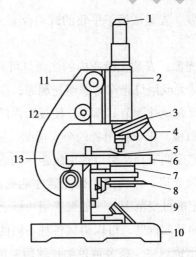

图2—21　普通光学显微镜的结构

1—目镜　2—镜筒　3—物镜转换器　4—物镜　5—标本夹

6—镜台　7—聚光镜　8—光圈　9—反光镜　10—镜座

11—粗调节器　12—细调节器　13—镜臂

外形辨认，镜头长度越长，放大倍数越大，反之放大倍数越小。另外，油镜上一般均刻有圈线作为标志。

3）聚光镜。聚光镜位于镜台下方，可上下移动，起调节和集中光线的作用。

4）反光镜。反光镜装在显微镜下方，有平、凹两面，用于将最佳光线反射至聚光器。

（2）机械部分。机械部分主要由镜筒、镜臂、镜座、物镜转换器、镜台、光圈组成。

1）镜筒。镜筒在显微镜前方，为一金属圆筒，光线从中通过。

2）镜臂。镜臂在镜筒后面，呈圆弧形，为显微镜的握持部。

3）镜座。镜座是显微镜的底部，呈马蹄形，用以支持全镜。

4）物镜转换器。物镜转换器在镜筒下端，上有3~4个圆孔。物镜装在其上，物镜转换器可以转动，用以调换各物镜。

5）镜台。镜台在镜筒下方，呈方形或圆形，用以放置被检物体。中央有孔可以透光。台上装有标本夹可固定被检标本。标本夹连接推进器，转动其上螺钉，能使标本前后、左右移动。

6）光圈。光圈在聚光镜下方，可以进行各种程度的开闭，用来调节射入聚光镜光线的强弱。

2. 显微镜的使用

显微镜的使用应按以下顺序进行：

安置→调光源→调目镜→调聚光镜→观察（低倍镜→高倍镜→油镜）→擦镜→复原

（1）安置。置显微镜于平整的试验台上，镜座距试验台边缘 10 cm 左右。镜检时姿势要端正。

（2）调光源。安装在镜座内的光源灯可通过调节电压获得适当的照明亮度，若使用反光镜采集自然光或用灯光作为照明光源时，应根据光源的强度及所用物镜的放大倍数选用凹面或平面反光镜并调节其角度，使视野内的光线均匀，亮度适宜。

（3）调目镜。根据使用者的个人情况，适当调节双筒显微镜的目镜间距，左目镜上一般还配有屈光度调节环，可以适应眼距不同或两眼视力有差异的不同观察者。

（4）调聚光镜。正确使用聚光镜才能提高镜检的效果。聚光镜的主要参数是数值孔径，它有一定的可变范围。一般聚光镜边框上的数字代表其最大数值孔径，通过调节聚光镜下面光圈的开放程度，可以得到各种不同的数值孔径，以适应不同物镜的需要。

（5）低倍镜观察。将金黄色葡萄球菌染色标本玻片置于镜台上，用标本夹夹住，移动推进器使观察对象处在物镜的正下方。下降 10 倍物镜，使其接近标本，用粗调节器慢慢升起镜筒，使标本在视野中初步聚焦，再用细调节器调节使物像清晰。通过推进器慢慢移动玻片，认真观察标本各部位，找到合适的目的物，仔细观察并记录所观察到的结果。

（6）高倍镜观察。在低倍镜下找到合适的观察目标，并将其移至视野中心后，将高倍镜移至工作位置。对聚光镜光圈及视野亮度进行适当调节后，微调细调节器使物像清晰，利用推进器移动标本找到需要观察的部位，并移至视野中心仔细观察或准备用油镜观察。

（7）油镜观察。在高倍镜或低倍镜下找到要观察的样品区域后，用粗调节器将镜筒升高，然后再将油镜转到工作位置。在待观察的样品区域加滴香柏油，从侧面注视，用粗调节器将镜筒小心地降下，使油镜浸在油中，并几乎与标本接触时停止（注意：切不可使油镜压到标本，否则不仅会压碎玻片，还会损坏镜头）。将聚光镜升至最高位置并开足光圈（若所用聚光镜的数值孔径值超过 1.0，还应在聚光镜与载玻片之间也加滴香柏油，保证其达到最大的效能），调节照明使视野的亮度合适，用粗调节器调节，将镜筒徐徐上升，直至视野中出现物像，并用细调节器调节使其清晰为止。

（8）观察完毕，上升镜筒。先用擦镜纸擦去镜头上的油，再用擦镜纸蘸取少许二甲苯擦去镜头上的残留油迹，然后用擦镜纸擦去残留的二甲苯。擦镜头时要顺着镜头直径方向擦，不能沿着圆周方向擦。随后再用绸布擦净显微镜的金属部件。

（9）清洁后，将物镜转成八字形，再向下旋至最低位置。同时将聚光镜降到最低位置，反光镜垂直于镜座。

（10）物像放大倍数计算。若镜筒长度不变（每架显微镜均有其规定光学筒长，常为160～170 mm），显微镜放大倍数为目镜和物镜单独放大倍数的乘积。如使用目镜为 10×，物镜为 100×，则物像放大倍数为 10×100＝1 000 倍。

相关链接

　　通常观察霉菌菌丝采用目镜为 $10\times$，物镜为 $10\times$；观察酵母菌个体形态采用目镜为 $10\times$，物镜为 $40\times$；观察细菌个体形态采用目镜为 $10\times$，物镜为 $100\times$。

3. 注意事项

（1）搬动显微镜时应右手握住镜臂，左手托住镜座，使镜身保持直立，并靠近身体。切忌单手拎提。

（2）切忌用手或非擦镜纸涂抹各个镜面，以免污染或损伤镜面。

（3）用油镜时应特别小心，切忌眼睛对着目镜边观察边下降镜筒。

（4）用二甲苯擦镜头时用量要少，且不宜久抹，以防黏合透镜的树脂溶解。切勿用酒精擦镜头和支架。

（5）显微镜放置的地方要干燥，以免镜片生霉；也要避免灰尘，在箱外暂时放置不用时，要用细布等盖住镜体。显微镜应避免阳光暴晒，且须远离热源。

【实训 2—1】　常用器皿的使用

1. 容量瓶的操作

（1）检查瓶口是否漏水。加水至刻度线，盖上瓶塞，颠倒 10 次（每次颠倒过程中需停留在倒置状态 10 s），不应有水渗出（可用滤纸片检查）。将瓶塞旋转 $180°$ 再检查一次，如图 2—22 所示。检查合格后用橡皮筋或塑料绳将瓶塞和瓶颈上端拴在一起，以防摔碎或与其他瓶塞混淆。

（2）洗涤

1）将容量瓶中的残留水倒尽，再倒入 1/10 体积左右的铬酸洗涤剂。

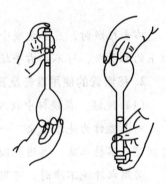

图 2—22　容量瓶试漏和摇匀

2）盖上容量瓶瓶塞，缓缓摇动并颠倒数次，让洗涤剂布满容量瓶内壁，浸泡一段时间。

3）将洗涤剂倒回废液缸，倒出时，边转动容量瓶边倒出洗涤剂。让洗涤剂布满瓶颈，同时用洗涤剂冲洗瓶塞。

4）用自来水将容量瓶冲洗干净，再用蒸馏水润洗备用。

（3）配制溶液。用固体物质配制溶液时，应先在烧杯中将固体物质完全溶解，然后再转移至容量瓶中。转移时要使溶液沿搅拌棒流入瓶中，其操作方法如图 2—23a 所示。将烧杯中的溶液倒尽后，不要使烧杯直接离开搅拌棒，而应在烧杯扶正的同时使杯嘴沿搅拌棒上提 1~2 cm，随后使烧杯离开搅拌棒，这样可避免杯嘴与搅拌棒之间的溶液流到烧杯外面。再用少量水（或其他溶剂）涮洗烧杯 3~4 次，每次用洗瓶或滴管冲洗杯壁和搅拌棒，按同样的方法移入瓶中。当溶液达到 2/3 容量时，应将容量瓶沿水平方向轻轻摆动几圈以使溶液初步混匀。加水至距离刻度线约 1 cm 处，等待 1~2 min，用滴管从距刻度线以上 1 cm 以内的一点沿颈壁缓缓加水至弯液面最低点与刻度线边缘水平相切，随即盖紧瓶塞，左手捏住瓶颈上端，食指压住瓶塞，右手三指托住瓶底（见图 2—23b），将容量瓶颠倒 15 次以上，每次颠倒时都应使瓶内气泡升到顶部，倒置时应水平摇动几周（见图 2—23c），如此重复操作，可使瓶内溶液充分混匀。

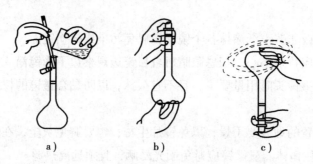

图 2—23　容量瓶的使用

a）步骤一　b）步骤二　c）步骤三

右手托瓶时，应尽量减小与瓶身的接触面积，以避免体温对溶液温度的影响。100 mL 以下的容量瓶，可不用右手托瓶，只用一只手抓住瓶颈及瓶塞颠倒和摇动即可。

2. 移液管的使用准备及其操作

（1）洗涤。在烧杯中放入自来水，如图 2—24 所示依次进行移液管的洗涤操作。

以上操作为洗涤 1 次，一般洗涤 3 次，洗净的移液管应为内壁和下部外壁能够被水均匀润湿而不挂水珠。再用蒸馏水冲洗 3 次，然后将其置于洁净的移液管架上备用。

若用水冲洗不净时，可用铬酸洗涤剂洗涤。但必须注意以下两点：

1）在移液管插入铬酸洗涤剂之前，应将管尖贴在滤纸上，用洗耳球吹去残留在管内的水。

2）吸取铬酸洗涤剂的量应超过上部环形刻度线或最高刻度线，稍等一会儿再将洗涤剂从管的下端出口处放回原瓶。然后用自来水冲洗 3 次，再用蒸馏水冲洗 3 次，最后将其置于洁净的移液管架上备用。

（2）吸取溶液

1）用滤纸片将流液口内外残留的水擦掉。

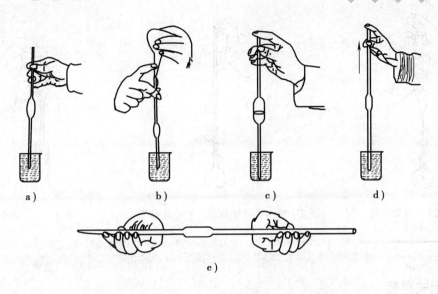

图 2—24　移液管的洗涤

a）将移液管下端插入水中　　b）将排除空气的洗耳球接到移液管上管口

c）移去洗耳球　　d）从烧杯中取出移液管　　e）水布满移液管内壁

2）移取溶液之前，先用欲移取的溶液涮洗三次。涮洗方法如下：吸入溶液刚至膨大部位时，立即用右手食指按住管口（尽量勿使溶液回流，以免稀释），将管横过来，用两手的拇指及食指分别拿住移液管的两端，转动移液管并使溶液布满全管内壁，当溶液流至距上口 2~3 cm 时，将管直立，使溶液从流液口流出，弃去。

3）用移液管自容量瓶中移取溶液时，右手拇指及中指拿住管颈刻度线以上的地方（后面两指依次靠拢中指），将移液管插入容量瓶内液面以下 1~2 cm 深度，如图 2—25 所示。不要插入太深，以免外壁粘带溶液过多；也不要插入太浅，以免液面下降时吸空。左手拿洗耳球，排除空气后紧按在移液管口上，借吸力使液面慢慢上升，移液管应随容量瓶中液面的下降而下降。

（3）调节液面。当管中液面上升至刻度线以上时，迅速用右手食指堵住管口，如图 2—26 所示。用滤纸擦去管尖外部的溶液，将移液管的流液口靠着容量瓶颈的内壁，左手拿容量瓶，并使其倾斜约 30°。稍松食指，用拇指及中指轻轻转动移液管，使液面缓慢下降，至溶液弯月面最低处与刻度线相切时，立即用食指压紧管口，如图 2—27 所示。

（4）放出溶液。按紧食指，使溶液不再流出，将移液管移入准备接收溶液的容器中，仍使其流液口接触倾斜的器壁。松开食指，使溶液自由地沿壁流下（见图 2—28），待下降的液面静止后，再等待 15 s，然后拿出移液管。

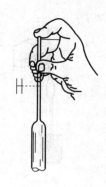

图2—25　吸取溶液　　　　图2—26　移去洗耳球，食指按住管口　　　　图2—27　调节液面

相关链接

　　在调节液面和放出溶液过程中，移液管都要保持竖直，其流液口要接触倾斜的器壁（不可接触下面的溶液）并保持不动，等待15 s。

　　流液口内残留的溶液绝对不可用外力使其被震出或吹出。

　　移液管用完后应放在管架上，不要随便放在试验台上，尤其要防止管颈下端被沾污。

3. 滴定管的准备及其操作

（1）检漏。使用滴定管前应检查其是否漏水，活塞转动是否灵活，如图2—29所示。

若酸式滴定管漏水或活塞转动不灵，就应给活塞重新涂凡士林。涂凡士林的方法：将滴定管平放，取出活塞，用滤纸条将活塞和塞槽擦干净（见图2—30），在活塞粗的一端和塞槽小口端，全圈均匀地涂上一薄层凡士林。为了避免凡士林堵住塞孔，油层要尽量薄，尤其是小孔附近（见图2—31）；然后，将活塞插入槽内时，活塞孔要与滴定管平行，转动活塞，直至活塞与塞槽接触的地方呈透明状态，即表明凡士林已均匀（见图2—32）；用滤纸在活塞周围和滴定管尖检查有无水渗出（见图2—33）。

若碱式滴定管漏水，则需要更换橡胶管或换个稍大的玻璃珠。

（2）洗涤。根据滴定管的沾污情况，采用相应的洗涤方法（见图2—34），为了使滴定管中溶液的浓度与原来的相同，最后还应该用滴定用的溶液润洗三次（每次溶液用量约为滴定管容积的1/5），润洗液由滴定管下端放出。

图2—28　放出溶液

图2—29　旋转活塞，检查活塞与
活塞槽是否配套吻合

图2—30　用干净的滤纸擦干
净活塞及活塞槽

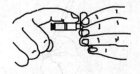

图2—31　在活塞的粗端及活塞槽
的细端内壁涂上凡士林

图2—32　活塞平行插入活塞槽后，向一
个方向转动，直至凡士林均匀

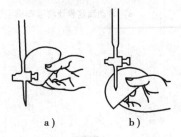

a)　　　　　　b)

图2—33　用滤纸检查是否漏水
a) 检查活塞周围　b) 检查管尖

（3）装液。将溶液加入滴定管时，要注意使下端出口管也充满溶液。如果是碱式滴定管，其下端的橡胶管内的气泡不易被察觉，这样，就会造成读数误差，可向上弯曲橡胶管，使玻璃尖嘴斜向上方（见图2—35a），向一边挤动玻璃珠，使溶液从尖嘴喷出，气泡便随之除去。如果是酸式滴定管，可迅速旋转活塞，让溶液急骤流出，以带走气泡（见图2—35b）。

排除气泡后，继续加入溶液到刻度"0"以上，放出多余的溶液，调整液面在"0.00"刻度处。

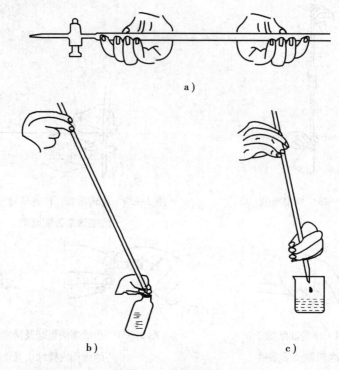

图2—34　滴定管的洗涤

a）转动滴定管让洗液布满全管　b）让洗液从下口流回原洗瓶内　c）用自来水冲洗

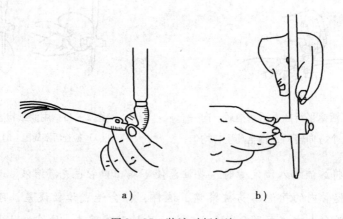

图2—35　装液时赶气泡

a）碱式滴定管赶气泡　b）酸式滴定管赶气泡

（4）读数。注入或放出溶液后应稍等片刻，待附着在内壁的溶液完全流下后再读数。读数时，滴定管必须保持竖直状态，视线必须与液面在同一水平面上。对于无色或浅色溶液，读弯月面实线最低点的刻度（见图2—36a）。对于深色溶液，如高锰酸钾溶液、碘水等，弯月面不易看清，则读液面的最高点（见图2—36b）。若滴定管背后有一条蓝线（或蓝带），无色溶液就形成了两个弯月面，并且相交于蓝线的中线上，读数时就读此交点的刻度。

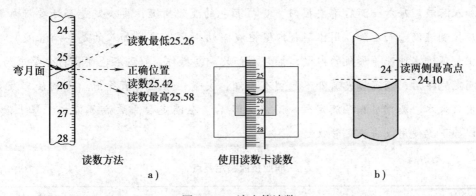

图2—36 滴定管读数

a）无色或浅色溶液 b）深色溶液

滴定时，最好每次都从0.00 mL开始，这样读数方便，且可以消除由于滴定管上下粗细不均匀而带来的误差。

（5）滴定。使用酸式滴定管时，必须用左手的拇指、食指及中指控制活塞，旋转活塞的同时稍稍向内（左方）扣住（见图2—37a），这样可避免将活塞顶松而漏液。

使用碱式滴定管时，应该用左手的拇指及食指在玻璃珠所在部位稍偏上处，轻轻地往一边挤压橡胶管，使橡胶管和玻璃珠之间形成一条缝隙，溶液即可流出（见图2—37b）。要能通过掌握手指用力的轻重来控制缝隙的大小，从而控制溶液的流出速度。

滴定时，将滴定管竖直地夹在滴定管架上，下端伸入锥形瓶口约1 cm。左手按上述方法操纵滴定管，右手的拇指、食指和中指拿住锥形瓶的瓶颈，沿同一方向旋转锥形瓶，使溶液混合均匀，如图2—38所示，不要前后、左右摇动。开始滴定时，无明显变化，滴液

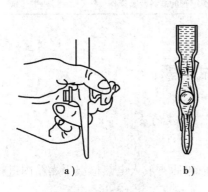

图2—37 滴定管的使用

a）酸式滴定管的使用 b）碱式滴定管的使用

图2—38 滴定

流出的速度可以快一些，但必须成滴而不是成股流下。随后，滴落点周围出现暂时性的颜色变化，但随着锥形瓶的旋转，颜色很快消失。当接近终点时，颜色消失较慢，这时就应逐滴加入溶液。每加一滴后都要摇匀，观察颜色的变化情况，再决定是否还要滴加溶液。最后应控制液滴悬而不落，用锥形瓶内壁把液滴沾下来（这样加入的是半滴溶液），用洗瓶以少量蒸馏水冲洗锥形瓶的内壁，摇匀。如此重复操作，直到颜色变化符合要求为止。

滴定完毕后，滴定管尖嘴外不应留有液滴，尖嘴内不应留有气泡。将剩余溶液弃去，依次用自来水、蒸馏水洗涤滴定管。洗涤完毕后，在滴定管中装满蒸馏水，罩上滴定管盖，以备下次使用或将滴定管收起。

职业技能鉴定要点

行为领域	鉴定范围	鉴定点	重要程度
理论准备	常用器皿	常用玻璃器皿	★
		常用其他器皿	★
	常用的仪器设备	天平	★★
		电热恒温水浴	★
		电热恒温干燥箱	★
		高温马弗炉	★
		组织捣碎器和拍打器	★
		培养箱	★
		高压蒸汽灭菌锅	★★
		显微镜	★★
技能训练	常用器皿的使用	容量瓶的操作	★★★
		移液管的使用准备及其操作	★★★
		滴定管的准备及其操作	★★★

测 试 题

一、**判断题**（下列判断正确的请打"√"，错误的请打"×"）

1. 滴定管使用前应检查是否漏水。　　　　　　　　　　　　　　　（　　）

2. 带磨口活塞的玻璃仪器，必须将活塞取出后再放入电热恒温干燥箱内进行干燥。

　　　　　　　　　　　　　　　　　　　　　　　　　　　　　（　　）

3. 坩埚灼烧完毕后，可从炉内直接取出放在工作台上进行冷却。　（　　）

4. 烘箱正常工作过程中，可随意开启箱门。 （　　）

5. 天平、滴定管等计量仪器，使用前不必经过计量检定就可使用。 （　　）

6. 加减砝码必须关闭天平，取放称量物可不关闭。 （　　）

7. 铬酸洗涤剂可以重复使用。 （　　）

8. 玻璃器皿可以长时间存放碱液。 （　　）

9. 干燥器中干燥剂变色后要及时更换。 （　　）

10. 高压蒸汽灭菌适用于所有培养基和物品的消毒。 （　　）

二、简答题

1. 玻璃器皿的化学成分主要是什么？

2. 如何洗涤沾有油污的玻璃量器？

3. 常用玻璃器皿的干燥方法是什么？

4. 实验室常用的其他器皿有哪些？

5. 实验室常用的称量方法有哪些？各适用于什么情况？

6. 简述电子天平的使用步骤。

7. 在进行高压蒸汽灭菌锅操作时应注意哪些问题？

8. 在使用油镜时应注意哪些问题？

9. 按照玻璃器皿的用途可将玻璃器皿分为哪些类别？

10. 简述培养箱的使用步骤。

三、思考题

1. 如需对食品进行微生物项目的检测，你认为应配置哪些仪器设备？

2. 常用量器类玻璃器皿（容量瓶、滴定管和吸管）的使用过程中应注意哪些事项？

测试题答案

一、判断题

1. √　2. ×　3. ×　4. ×　5. ×　6. ×　7. √　8. ×　9. √　10. ×

二、简答题

1. 答：玻璃器皿的化学成分主要是 SiO_2、CaO、Na_2O 和 K_2O。

2. 答：沾有油污的玻璃量器的洗涤方法是先用碱性洗涤剂洗涤刷洗，刷洗后，将废液倒掉，然后再注入水连续振荡数次。

3. 答：常用的干燥方法有晾干、烘干及热（冷）风吹干等。

4. 答：实验室常用的其他器皿有蒸发皿、坩埚、坩埚钳、研钵、石棉网、铁架台和药匙。

5. 答：实验室常用的称量方法和适用情况如下：

（1）直接称量法。直接称量法是将称量物放在天平盘上直接称量物体的质量。适用于称量小烧杯的质量，容量器皿校正中称量某容量瓶的质量，质量分析实验中称量某坩埚的质量等。

（2）固定质量称量法。固定质量称量法用于称量某一固定质量的试剂（如基准物质）或试样。适用于称量不易吸潮、在空气中能稳定存在的粉末状或小颗粒（最大颗粒应小于0.1 mg，以便容易调节其质量）样品。

（3）递减称量法。递减称量法用于称量一定质量范围的样品或试剂。适用于易吸水、易氧化或易与 CO_2 等反应的样品。

6. 答：电子天平的使用步骤为水平调节、预热、开启显示器、电子天平基本模式的选定、校准、称量、去皮称量和称量结束。

7. 答：在进行高压蒸汽灭菌锅操作时，应注意以下问题：

（1）无菌包不宜过大（小于 50 cm×30 cm×30 cm），不宜过紧，各包裹间要有间隙，使蒸汽能对流，易传递到包裹中央。消毒前，打开储槽或盒的通气孔，有利于蒸汽流通。而且排气时使蒸汽能迅速排出，以保持物品干燥。消毒灭菌完毕，关闭储槽或盒的通气孔，以保持物品的无菌状态。

（2）布类物品应放在金属包装材料内，否则蒸汽遇冷凝聚成水珠，使包布受潮，阻碍蒸汽进入包裹中央，严重影响灭菌效果。

（3）定期检查灭菌效果。经高压蒸汽灭菌的无菌包、无菌容器有效期以 1 周为宜。

8. 答：在使用油镜时，应注意不可使油镜压到标本，否则不仅会压碎玻片，还会损坏镜头；切忌眼睛对着目镜边观察边下降镜筒。

9. 答：按照玻璃器皿的用途，可将玻璃器皿分为容器类玻璃器皿、量器类玻璃器皿和其他类玻璃器皿。

10. 答：培养箱的使用步骤如下：

（1）培养箱应放置在清洁整齐、干燥通风的场所。

（2）仪器使用前，各控制开关均应处于非工作状态。

（3）在培养架上放置实验样品，放置时各培养皿之间应保持适当间隔，以利冷（热）空气的对流循环。

（4）接通外电源，将电源开关置于"开"的位置，指示灯亮。

（5）选择培养温度

1）将温度"设定—测量"选择开关拨向"设定"处，调节温控旋钮，数字显示所需的设定温度。

2）将温度"设定—测量"选择开关拨向"测量"处，数字显示工作腔内实际温度。

如果环境温度低于设定温度，则加热（红色指示灯亮）。

如果环境温度高于设定温度，则制冷（绿色指示灯亮）。

（6）每次停机前，各控制开关均应处于非工作状态，此时切断电源，停机。

三、思考题

答案略。

第 3 章

理化检验技术

引 导 语

　　食品检验技术的任务是运用物理、化学、生物化学等学科的基本理论及各种科学技术，对食品生产中的原料、辅料、半成品、成品等的主要成分及其含量进行检测。其作用有两种：一是控制和管理生产，保证和监督食品的质量；二是为食品新资源和新产品的开发、新技术和新工艺的探索提供可靠的依据。

　　食品检验技术的内容包括食品的感官检验技术、理化检验技术、微生物检验技术等。

　　在本章中，主要介绍理化检验技术中样品的制备及处理、溶液的配制及浓度表示方法、容量分析法、质量分析法和电化学分析法的基础知识及食品的常规检验项目和方法。

学 习 要 点

● 熟悉
常用检验样品的处理方法。

● 掌握
检验样品的制备方法和溶液浓度的表示形式及计算。

● 熟练掌握
容量分析法、质量分析法和电化学分析法的基本原理及在食品分析中的应用。

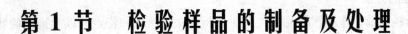

第1节 检验样品的制备及处理

一、检验样品的制备

样品的制备是指将采集的样品进行分取、粉碎、混匀、缩分等过程。样品制备的目的是保证样品十分均匀，使其在分析时取其任何部分都能代表全部样品的成分。

1. 样品的制备方法

样品的制备方法因产品类型不同而异，主要有搅匀、粉碎及捣碎等方法，见表3—1。

表3—1 样品的制备方法

产品类型		样品的制备方法
液体	浆体或悬浮	摇匀或充分搅拌（用玻璃棒或电动搅拌器）
	互不相溶	将不相溶的成分分离→分别采集制备
固体	水分含量少、硬度大，如谷类	粉碎（用粉碎机）
	水分含量高、质地软，如水果、蔬菜类	捣碎（用组织捣碎机）
	韧性较强，如肉类	先切成小块，再捣碎（用组织捣碎机）
罐头	水果类	清除果核→捣碎（用组织捣碎机）
	肉禽类	清除骨头→捣碎（用组织捣碎机）
	鱼类	将调味品（葱、辣椒及其他）除去→捣碎（用组织捣碎机）

2. 制备样品的保存

（1）制备完毕的样品应尽快检验，如果不能立即检验，则应妥善保存（将样品装入密封洁净的容器内，并置于阴暗处；易腐败变质的样品，一般保存于0~5℃的冰箱；有冷冻要求的样品应冷冻保存），避免样品变质影响检验结果。

（2）检验结束的样品应保留一定时间，以备需要时复查，易变质食品不予保留。

（3）存放的样品应按日期、批号、编号摆放，以便查找。

二、检验样品的处理

1. 处理的目的

（1）大部分的食品样品不能直接进行检验，必须经过处理后才可以进行检验。

（2）在食品样品的检验中常存在干扰物质，经处理后可排除干扰因素。

2. 处理的方法

在分析检验前，应根据样品的性质、分析方法的原理和特点，以及被检验物和干扰物性质的差异，使用不同的方法把被检验物与干扰物分离（或分解除去），从而使分析测定得到理想的结果。常用的样品处理方法有有机物破坏法（干法灰化、湿法消化）和蒸馏法等。

第2节 溶液的制备及其浓度表示

一、实验室用水

水是最常用的溶剂，在食品分析检验中离不开蒸馏水或特殊用途的去离子水。在未特殊注明的情况下，无论配制试剂用水，还是分析检验操作过程中加入的水，均为纯度能满足分析要求的蒸馏水或去离子水。

1. 实验室用水的级别

我国实验室用水国家标准《分析实验室用水规格和实验方法》（GB 6682—2008）将实验室用水分为3个级别：一级水、二级水和三级水，其规格和主要指标见表3—2。

表3—2　　　　　　　　　　　实验室用水的规格和主要指标

项目	一级水	二级水	三级水
pH 值范围（25℃）	—	—	5.0~7.5
电导率（25℃）（mS/m）	≤0.01	≤0.10	≤0.50
可氧化物质含量［以（O）计］（mg/L）	—	≤0.08	≤0.4
吸光度（254 nm，1 cm 光程）	≤0.001	≤0.01	—
蒸发残渣（105℃±2℃）含量（mg/L）	—	≤1.0	≤2.0
可溶性硅（以 SiO_2 计）含量（mg/L）	≤0.01	≤0.02	—

2. 实验室用水的适用范围和储存方式

经过纯化制得的各种级别的实验室用水，纯度越高，要求储存的条件越严格，在实际的分析工作中应根据不同分析方法的要求合理选用，各级别的实验室用水的适用范围和储存方式见表3—3。

表 3—3   实验室用水的适用范围及储存方式

级别	适用范围	储存方式
一级水	有严格要求的分析实验（如高压液相色谱分析）	储存于密闭的、专用聚乙烯（或玻璃）容器中
二级水	无机痕量分析（如原子吸收光谱分析、电化学分析）	储存于密闭的、专用聚乙烯容器中
三级水	一般的化学分析	储存于密闭的容器中

3. 实验室用水的质量检验

为保证实验室用水的质量能符合分析工作的要求，必须对其主要指标（pH 值、电导率、蒸发残渣）进行质量检验。

（1）酸度呈中性或弱酸性，pH 值为 5.0 ~ 7.5（25℃）。可用精密 pH 试纸、酸度计测定，也可用如下指示剂法测定：在 10 mL 水中加入 2 ~ 3 滴 1 g/L 甲基红指示剂，摇匀呈黄色且不带红色，则说明水的酸度合格，呈中性；或在 10 mL 水中加入 4 ~ 5 滴 1 g/L 溴百里酚蓝指示剂，摇匀不呈蓝色，则说明水的酸度合格，呈中性。

（2）电导率（25℃）≤0.50 mS/m，可用电导率仪测定。

（3）蒸发残渣的检测方法

1）量取 1 000 mL 二级水（三级水取 500 mL）。将水样分几次加入旋转蒸发器的蒸馏瓶中，于水浴上减压蒸发（避免蒸干）。待水样蒸至约 50 mL 时，停止加热。

2）将上述预浓集的水样，转移至一个已于（105 ± 2）℃的电热烘箱中干燥至恒重的玻璃蒸发皿中。并用 5 ~ 10 mL 水样分 2 ~ 3 次冲洗蒸馏瓶，将洗液与预浓集水样合并，于水浴上蒸干，并在（105 ± 2）℃的电热烘箱中干燥至恒重。残渣质量不得大于 1.0 mg。

3）计算。计算公式如下：

$$x = \frac{m_2 - m_1}{V} \times 1\,000 \times 1\,000$$

式中 x——水样中蒸发残渣的质量浓度，mg/L；

m_1——蒸发皿质量，g；

m_2——蒸发皿和残渣的质量，g；

V——水样体积，mL。

（4）可氧化物质含量的检测方法

1）量取 1 000 mL 二级水，注入烧杯中，加入 5.0 mL 硫酸溶液（20%），混匀。

2）量取 200 mL 三级水，注入烧杯中，加入 1.0 mL 硫酸溶液（20%），混匀。

3）在上述已酸化的试液中，分别加入 1.00 mL 高锰酸钾标准滴定溶液 [c（1/5$KMnO_4$）=0.01 mol/L]，混匀，盖上表面皿，加热至沸并保持 5 min。溶液的粉红色不得完全消失。

（5）吸光度的检测方法

1）将水样分别注入 1 cm 及 2 cm 吸收池中，于 254 nm 处，以 1 cm 吸收池中水样为参比，测定 2 cm 吸收池中水样的吸光度。

2）若仪器的灵敏度不够时，可适当增加测量吸收池的厚度。

（6）可溶性硅（以 SiO_2 计）含量的检测方法

1）量取 520 mL 一级水（二级水取 270 mL），注入铂皿中，在防尘条件下，亚沸蒸发至约 20 mL，停止加热，冷却至室温，加 1.0 mL 钼酸铵溶液（50 g/L），摇匀，放置 5 min 后，加 1.0 mL 草酸溶液（50 g/L），摇匀，放置 1 min 后，加 1.0 mL 对氨基酚硫酸盐溶液（2 g/L），摇匀。移入比色管中，稀释至 25 mL，摇匀，于 60℃ 水浴中保温 10 min。溶液所呈蓝色不得深于标准比色溶液。

2）标准比色溶液的制备是取 0.50 mL 二氧化硅标准溶液（0.01 mg/mL），用水样稀释至 20 mL 后，与同体积试液同时同样处理。

二、实验室用化学试剂

实验室用化学试剂是指符合一定质量标准的纯度较高的化学物质，它是分析工作的物质基础。试剂的纯度对食品分析检验很重要，会影响到结果的准确性。能否正确选择、正确使用实验室用化学试剂，将直接影响食品分析检验工作的准确度及检验成本。

1. 化学试剂的种类

根据国家标准《化学试剂包装及标志》（GB 15346—2012）规定，化学试剂可分为 5 个等级，其等级、适用范围、符号及标签颜色见表 3—4。

表 3—4　　　　　　化学试剂的等级、适用范围、符号及标签颜色

等级	适用范围	符号	标签颜色
标准试剂（基准试剂）	用于衡量其他物质化学量的标准物质，其特点是主体成分含量高，且准确可靠	PT	浅绿色
优级纯试剂	精密科学研究和测定工作分析	GR	绿色
分析纯试剂	常用分析试剂	AR	红色
化学纯试剂	分析要求较低时，例如，厂矿日常分析、学校试验等	CP	蓝色
专用试剂	在特定的用途中，干扰杂质成分只需控制在不致产生明显干扰的限度以下	SP：光谱纯试剂　GC：色谱纯试剂　BR：生物试剂	无统一规定

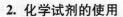

2. 化学试剂的使用

各种实验室用化学试剂要根据检验项目的要求和检验方法的规定，合理、正确地选择使用，不要盲目地追求高纯度。例如，配制铬酸洗涤剂时，仅需工业用的 $K_2Cr_2O_7$ 和工业硫酸即可，若用 AR 级的 $K_2Cr_2O_7$ 必定造成浪费。食品检验通常使用分析纯试剂（AR）；对于容量分析常用的标准溶液，应先用分析纯试剂配制，再用标准试剂标定；对于酶试剂应根据其纯度、活性和保存的条件及有效期限正确地选择使用。

三、溶液的配制

1. 标准溶液

用来测定物质含量的具有准确浓度的溶液为标准溶液。

2. 一般溶液

用来控制化学反应的条件，在样品处理、萃取、分离、净化等操作中使用，其浓度要求不必准确到四位有效数字的溶液为一般溶液。

3. 一般溶液的配制步骤

（1）计算。计算所需溶质的量。

（2）称量。固体用天平，液体用量筒（或滴定管、移液管）量取。

（3）溶解或稀释。

（4）转移。把烧杯中的液体转入容量瓶，洗涤烧杯和玻璃棒 2~3 次，洗涤液一并移入容量瓶，振荡摇匀。

（5）定容。向容量瓶中注入蒸馏水至距离刻度线 2~3 cm 处，改用滴管滴蒸馏水至溶液凹液面与刻度线正好相切。

（6）盖好瓶塞，上下反复颠倒，摇匀。

4. 配制过程中的注意事项

（1）容量瓶使用之前一定要检查瓶塞是否漏水。

（2）配制一定体积的溶液时，容量瓶的规格必须与要配制的溶液的体积相同。

（3）不能把溶质直接放入容量瓶中溶解或稀释。

（4）溶解时产生放热反应的必须冷却至室温后才能移液。

（5）定容后，经反复颠倒、摇匀后会出现容量瓶中的液面低于容量瓶刻度线的情况，这时不能再向容量瓶中加入蒸馏水。因为定容后液体的体积刚好为容量瓶标定的容积。

（6）如果加水定容时超过了刻度线，不能将超出部分再吸走，必须重新配制。

（7）检验方法中所使用的水，未注明其他要求时，均指蒸馏水或去离子水，未指明溶液用何种溶剂配制时，均指水溶液。

（8）检验方法中未指明具体浓度的硫酸、硝酸、盐酸、氨水时，均指市售试剂规格的浓度。

（9）一般试剂用硬质玻璃瓶存放，碱液和金属溶液用聚乙烯瓶存放，需避光试剂储存于棕色瓶中。

四、溶液的浓度表示

在食品检验中，随时都要用到各种浓度的溶液，溶液浓度通常是指在一定量的溶液中所含溶质的量。在国际标准和国家标准中，溶剂用 A 表示，溶质用 B 表示。

1. B 的质量分数（w_B）

（1）定义。B 的质量分数是指 B 的质量与混合物的质量之比。

（2）公式

$$w_B = \frac{m_B}{m} \times 100\%$$

式中　w_B——溶质 B 的质量分数，%；

　　　m_B——溶质 B 的质量，g；

　　　m——混合物的质量，g。

【例 3—1】　将 35 g 葡萄糖溶于 65 g 水中，求该溶液中葡萄糖的质量分数。

解：$w_B = \dfrac{m_B}{m} \times 100\% = \dfrac{35}{35+65} \times 100\% = 35\%$

答：该溶液中葡萄糖的质量分数为 35%。

2. B 的质量浓度（ρ_B）

（1）定义。B 的质量浓度是指单位体积溶液中所含溶质 B 的质量。

（2）公式

$$\rho_B = \frac{m_B}{V}$$

式中　ρ_B——溶质 B 的质量浓度，g/L；

　　　m_B——溶质 B 的质量，g；

　　　V——溶液的体积，L。

【例 3—2】　将 3 g 氯化钠溶于 100 mL 蒸馏水中，求该溶液中氯化钠的质量浓度。

解：$\rho_B = \dfrac{m_B}{V} = \dfrac{3}{\dfrac{100}{1\,000}} = 30 \text{ g/L}$

答：该溶液中氯化钠的质量浓度为 30 g/L。

3. B 的体积分数（φ_B）

（1）定义。B 的体积分数是指混合前 B 的体积与混合物的体积之比。

（2）公式

$$\varphi_B = \frac{V_B}{V} \times 100\%$$

式中　φ_B——溶质 B 的体积分数，%；

　　　V_B——溶质 B 的体积，mL；

　　　V——混合物的体积，mL。

【例 3—3】　将 500 mL 乙醇溶于 500 mL 蒸馏水中，求该溶液中乙醇的体积分数。

解：$\varphi_B = \dfrac{V_B}{V} = \dfrac{500}{500+500} \times 100\% = 50\%$

答：该溶液中乙醇的体积分数为 50%。

4. B 的物质的量浓度（c_B）

（1）定义。B 的物质的量浓度是指单位体积溶液中所含 B 的物质的量。

（2）公式

$$c_B = \frac{n_B}{V}$$

式中　c_B——溶质 B 的物质的量浓度，mol/L；

　　　n_B——溶质 B 的物质的量，mol；

　　　V——溶液的体积，L。

【例 3—4】　4 g 氢氧化钠用蒸馏水溶解成 500 mL 溶液，求溶液中氢氧化钠的物质的量浓度。

解：$c_B = \dfrac{n_B}{V} = \dfrac{\frac{4}{40}}{\frac{500}{1\,000}} = 0.2$ mol/L

答：该溶液的物质的量浓度为 0.2 mol/L。

5. 比例浓度

比例浓度是指溶质（或浓溶液）体积与溶剂体积之比。比例浓度包括容量比浓度和质量比浓度。容量比浓度是指液体试剂相互混合或用溶剂稀释时的表示方法。质量比浓度是指两种固体试剂相互混合的表示方法。

【例 3—5】　欲配制（2+3）冰乙酸溶液 1 L，如何配制？

解：$V_B = V \times \dfrac{B}{A+B} = 1\,000 \times \dfrac{2}{2+3} = 400$ mL

$$V_A = 1\ 000 - 400 = 600\ \text{mL}$$

答：配制方法为量取冰乙酸 400 mL，加水 600 mL，混匀。

6. 溶液的稀释和溶液浓度的换算

（1）溶液的稀释。在溶液中加入溶剂后，溶液的体积增大而浓度变小的过程，称为溶液的稀释。由于稀释时只加入溶剂而不加入溶质，所以溶液在稀释前后，溶质的量不变。即稀释前溶质的量 = 稀释后溶质的量。

$$c_1 V_1 = c_2 V_2$$

式中　c_1——稀释前的溶液的浓度，mol/L；

　　　V_1——稀释前溶液的体积，L；

　　　c_2——稀释后的溶液的浓度，mol/L；

　　　V_2——稀释后溶液的体积，L。

【例 3—6】　现有 10 mol/L 浓盐酸 20 mL，可以配制 0.2 mol/L 盐酸多少毫升？

解：$c_1 V_1 = c_2 V_2$ 　　$V_2 = \dfrac{c_1 V_1}{c_2} = \dfrac{10 \times 20}{0.2} = 1\ 000\ \text{mL}$

答：可以配制 0.2 mol/L 盐酸 1 000 mL。

（2）溶液浓度的换算

1）质量分数与物质的量浓度的换算

$$c_B = \frac{\rho \times 1\ 000 \times w_B}{M_B}$$

式中　c_B——溶质 B 的物质的量浓度，mol/L；

　　　ρ——物质的密度，g/cm^3；

　　　w_B——溶质 B 的质量分数，%；

　　　M_B——溶质 B 的摩尔质量，g/mol。

2）质量浓度与物质的量浓度的换算

$$c_B = \frac{\rho_B}{M_B}$$

式中　c_B——溶质 B 的物质的量浓度，mol/L；

　　　ρ_B——溶质 B 的质量浓度，g/L；

　　　M_B——溶质 B 的摩尔质量，g/mol。

7. 溶液浓度表示方法

（1）标准滴定溶液用物质的量浓度表示，如 $c(H_2SO_4) = 0.1$ mol/L，$c(KMnO_4) = 0.05$ mol/L。

（2）几种固体试剂的混合质量份数或液体试剂的混合体积份数可表示为（1＋1），（4＋2＋1）等。

（3）如果溶液的浓度是以质量比或体积比为基础给出，则可用质量分数或体积分数表示。如 $w_B = 0.1 = 10\%$ 表示物质 B 的质量与混合物的质量之比为 10%；$\varphi_B = 0.1 = 10\%$ 表示物质 B 的体积与混合物体积之比为 10%。

（4）溶液浓度以质量、容量单位表示，可表示为 g/L 或以其适当分倍数表示（mg/L 等）。

（5）如果溶液由另一种等量溶液稀释配制，应按照下列惯例表示："稀释 $V_1 \to V_2$"，表示将体积为 V_1 的特定溶液以某种方式稀释，最终混合物的总体积为 V_2；"稀释 $V_1 + V_2$"，表示将体积为 V_1 的特定溶液加到体积为 V_2 的溶液中，如（1＋1），（2＋1）等。

第3节　容量分析法

一、概述

容量分析法是根据标准溶液和被测定物质完全作用时所消耗的体积来计算被测物质含量的方法。通过滴定管将标准溶液滴入被测溶液的过程称为滴定。滴定时，常在溶液中加入一种指示剂，由其颜色变化作为等当点到达的标志。而指示剂变色的这一点称为滴定终点。

容量分析法具有加入标准溶液的物质的量与被测物质的量恰好是化学计量关系的特点，适于质量分数（或体积分数）在 1% 以上各种物质的测定，并具有快速、准确、仪器设备简单、操作简便和用途广泛等特点。

容量分析法中的滴定反应应符合以下条件：反应要完全（即反应按一定的反应方程式进行，而且进行得完全，不能有副反应发生）；反应要迅速（如反应速度太慢，要通过加热或加入催化剂来加快反应速度）；必须有适当的方法确定滴定终点（选择合适的指示剂）；溶液中不能有干扰性的杂质存在（如有干扰性杂质存在，必须设法消除）。

根据反应的类型，可将容量分析法分为酸碱滴定法、氧化还原滴定法、络合滴定法和沉淀滴定法四类。以下只介绍前三种。

二、酸碱滴定法

1. 原理

酸碱滴定法（又称中和法）是以酸碱中和反应为基础的容量分析方法。凡酸、碱或能够与酸、碱起中和反应的物质，都可以利用酸碱滴定法测定其含量。在食品检验中许多含有酸、碱的物质都可用酸碱滴定法测定，如食品中总酸含量的测定、食品中蛋白质含量的测定等，因此，酸碱滴定法在食品检验中应用十分广泛。

中和反应的实质是酸中的氢离子和碱中的氢氧根离子生成难电离的水分子的反应。

$$H^+ + OH^- \rightleftharpoons H_2O$$

一般强酸和弱酸、强碱和弱碱及能直接与酸或碱起反应的弱酸强碱盐或弱碱强酸盐，都可用酸碱滴定法测定其含量。测定酸和酸性物质时，必须用强碱（如 NaOH、KOH 等）做标准溶液，测定碱或碱性物质时，必须用强酸（如 HCl、H_2SO_4 等）做标准溶液。

2. 酸碱指示剂

在酸碱滴定分析中，酸碱指示剂作为确定酸与碱反应达到完全的试剂，通常是根据其颜色的变化来确定终点。为了正确地选用指示剂，必须了解指示剂的变色原理、各种指示剂的变色范围及如何选择指示剂。

（1）指示剂的变色原理。酸碱指示剂一般是有颜色的有机物质，随溶液 pH 值的不同呈现不同颜色，颜色与结构相互关联。

例如，甲基橙是一种有机弱碱，在水溶液中有如下的离解平衡和颜色变化：

甲基橙（MO）

红色（醌式）

黄色（偶氮式）

（2）指示剂的变色范围。指示剂颜色变化的 pH 值的范围，称为指示剂的变色范围。在任何溶液中，指示剂的两种颜色必定同时存在，即溶液中指示剂的颜色应当是两种不同颜色的混合色。但人们观察颜色的敏感有一定的限度，只有当两种颜色的浓度之比在 10 倍或 10 倍以上时，可以看到浓度较大的一种颜色，而另一种颜色就看不出。

指示剂的变色范围越窄越好，在等当点时 pH 值稍有改变，指示剂应可立即由一种颜色变为另一种颜色。常用的酸碱指示剂的变色范围见表3—5。

表 3—5   常用的酸碱指示剂的变色范围

指示剂	变色范围 （以 pH 值的大小表示）	颜色	
		酸色	碱色
甲基橙	3.1~4.4	红	黄
溴甲酚绿	4.0~5.6	黄	蓝
甲基红	4.4~6.2	红	黄
酚酞	8.0~10.0	无	红
百里酚酞	9.4~10.6	无	蓝

（3）指示剂的选择

1）强酸强碱相互滴定，生成的盐不水解，溶液显中性，可选择酚酞或甲基橙做指示剂。

酚酞：酸滴定碱——颜色由红刚好褪色；碱滴定酸——颜色由无色到浅红色。

甲基橙：酸滴定碱——颜色由黄色到橙色；碱滴定酸——颜色由红色到橙色。

2）强酸弱碱相互滴定时，由于生成强酸弱碱盐使溶液显酸性，应选用偏酸性溶液中变色的指示剂，如甲基橙、甲基红等。

3）强碱弱酸相互滴定时，由于生成强碱弱酸盐，溶液显碱性，一般应选用在偏碱性溶液中变色的指示剂，如酚酞、百里酚酞等。

三、氧化还原滴定法

1. 原理

氧化还原滴定法是以氧化还原反应为基础的一种容量分析法。该方法是以氧化剂或还原剂做标准溶液来测定还原性或氧化性物质含量的方法，如食品中总糖和过氧化值的测定等。

氧化还原反应很多，但并不是都能用于容量分析。能用于容量分析的氧化还原反应必须符合下列条件：

（1）反应必须能实际上进行完全。

（2）反应的速度必须足够快。氧化还原反应的速度一般都较慢，常用增加反应物的浓度、升高温度及添加催化剂等方法来加快反应速度。

（3）不能有副反应。氧化还原反应常有副反应发生，除非能找到抑制副反应的方法，否则不能用于容量分析。

2. 氧化还原滴定法

按照氧化剂标准溶液的不同，氧化还原滴定法可分为高锰酸钾法、碘量法、重铬酸钾法、溴酸盐法、铈量法等。常用的氧化还原滴定法的原理、特点和应用见表3—6。

表3—6   常用的氧化还原滴定法的原理、特点和应用

名称	原 理	特 点	应用
高锰酸钾法	高锰酸钾法是利用 $KMnO_4$ 做标准滴定溶液的滴定分析方法。$KMnO_4$ 是一种强氧化剂，其氧化能力及还原产物与溶液的酸度有关 在强酸性溶液中，$KMnO_4$ 被还原为 Mn^{2+}： $MnO_4^- + 8H^+ + 5e^- \rightleftharpoons Mn^{2+} + 4H_2O$ 在弱酸性、中性或碱性溶液中，$KMnO_4$ 被还原为 MnO_2： $MnO_4^- + 2H_2O + 3e^- \rightleftharpoons MnO_2 + 4OH^-$	（1）$KMnO_4$ 氧化能力强，可以直接或间接地氧化许多无机物和有机物 （2）$KMnO_4$ 溶液为紫红色，在强酸性溶液中还原产物为 Mn^{2+}，几乎是无色，在滴定无色或浅色溶液时，自身可做指示剂 （3）选择性差，标准溶液不稳定	水中化学耗氧量（COD）的测定
碘量法	（1）利用 I_2 的氧化性和 I^- 的还原性进行滴定的分析方法 $I_2 + 2e^- \rightleftharpoons 2I^-$ （2）碘量法可分为直接法和间接法 1）直接法：利用 I_2 的弱氧化性滴定还原物质 2）间接法：利用 I^- 的中等强度还原性滴定氧化性物质	（1）直接法：滴定前加入指示剂，终点时为无色到深蓝色 （2）间接法：近终点加入指示剂，终点时深蓝色消失 （3）淀粉指示剂要求：室温、弱酸性、新鲜配制	食品中过氧化值的测定；白酒中总醛量和曲的糖化力的测定

3. 氧化还原滴定指示剂

在氧化还原滴定过程中，通常利用某种物质在等当点附近时颜色的改变来指示滴定终点，这种物质称为氧化还原滴定指示剂。常用的氧化还原滴定指示剂见表3—7。

表3—7   常用的氧化还原滴定指示剂

氧化还原滴定指示剂	定 义	应 用
自身指示剂	有些滴定剂或被测物有颜色，滴定产物无色或颜色很浅，则滴定时无须再滴加指示剂。本身的颜色变化起着指示剂的作用，称为自身指示剂	用 $KMnO_4$ 标准溶液滴定 Fe^{2+} 溶液时，反应产物 Mn^{2+}、Fe^{3+} 颜色较浅或无色，滴定至等当点后，稍微过量，$KMnO_4$ 就能使溶液呈粉红色，指示到达滴定终点

氧化还原滴定 指示剂	定　义	应　用
特殊指示剂	这类指示剂不具有氧化还原性，但能与滴定剂或被测物质发生显色反应，而且显色反应是可逆的，因此可以指示滴定的终点	可溶性淀粉与游离碘生成深蓝色化合物，一旦 I_2 被还原为 I^- 时，蓝色即消失。所以淀粉是碘量法的专属指示剂，根据蓝色的出现或消失来指示滴定终点
氧化还原指示剂	这类指示剂是具有氧化性或还原性的有机化合物，其氧化态和还原态的颜色不同，氧化还原滴定中由于电位的改变而发生颜色改变，从而指示终点	次甲基蓝做指示剂，其氧化态呈蓝色，还原态为无色。用还原糖滴定费林氏液中的 Cu^{2+} 时，常用它作为指示剂，当滴定至等当点时，稍过量的还原糖就可使次甲基蓝由蓝色变为无色，指示到达滴定终点

四、络合滴定法

1. 原理

络合滴定法是以络合反应为基础的一种容量分析法。即将络合剂配制成为标准溶液直接或间接滴定被测物质，并选用适当的指示剂来指示滴定终点。

用于络合滴定的络合剂（能与金属离子形成络合物的物质）有无机络合剂和有机络合剂两类。许多无机络合剂都不稳定、反应过程复杂，很难确定其化学反应式。因此，无机络合物能用于容量分析的并不多，而有许多有机络合剂（如 EDTA）能满足上述络合滴定反应的要求而被广泛地使用，例如，在食品生产过程中，对原料水的总硬度的测定等。

2. 常用有机氨羧络合剂——乙二胺四乙酸（EDTA）

（1）结构

$$\begin{array}{ccc} HOOCCH_2 & & CH_2COOH \\ & N-CH_2-CH_2-N & \\ HOOCCH_2 & & CH_2COOH \end{array}$$

（2）物理性质

1）水中溶解度小，难溶于酸和有机溶剂。

2）易溶于 NaOH 或 NH_3 溶液。

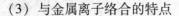

（3）与金属离子络合的特点

1）广泛配位性，五元环螯合物，稳定、完全、迅速。

2）具有 6 个络合原子，与金属离子多形成 1:1 络合物。

3）与无色金属离子形成的络合物呈无色，利于指示终点；与有色金属离子形成的络合物颜色较深。

3. 常用的金属离子指示剂

在络合滴定中，常用一种能与金属离子生成有色络合物的显色剂来指示滴定过程中金属离子浓度的变化，这种显色剂称为金属离子指示剂。常用的金属离子指示剂的终点颜色、适宜的 pH 值和适用范围，见表 3—8。

表 3—8　　　　常用金属离子指示剂的终点颜色、适宜的 pH 值和适用范围

指 示 剂	铬黑 T（EBT）	二甲酚橙（XO）	钙指示剂（NN）
终点颜色	酒红→纯蓝	紫红→亮黄	红色→蓝色
适宜的 pH 值	7.0~11.0（碱性区）	<6.0（酸性区）	8.0~13.7
适用范围	Mg^{2+}、Zn^{2+}、Pb^{2+}、Mn^{2+}、Cd^{2+}、Hg^{2+}	pH 值为 1~3 时，Bi^{3+}；pH 值为 5~6 时，Zn^{2+}、Pb^{2+}、Cd^{2+}、Hg^{2+}	Ca^{2+}、Mg^{2+}

五、糖的测定

糖类化合物也称碳水化合物，是自然界中分布极广的一类有机物质，与人类生活密切相关，是人体热能的重要来源，人体活动热能的 60%~70% 由它提供。糖类化合物除了牛乳中的乳糖外几乎都来自植物，其在食品中存在的形式主要有三类，见表 3—9。

表 3—9　　　　　　糖类化合物的存在形式

存在形式	定 义
单糖	单糖是含有 6 个碳原子的多羟基醛或多羟基酮的糖，主要有葡萄糖、果糖和半乳糖
双糖	双糖是由 2 个分子的单糖缩合而成的糖，主要有乳糖、蔗糖和麦芽糖
多糖	多糖是由多个单糖缩合而成的高分子化合物，主要有淀粉、纤维素、果胶等

食品中的糖类对改变食品的形态、组织结构、物化性质及色、香、味等感官指标起着十分重要的作用，因此，糖类的测定是食品的主要分析项目之一。目前，主要以测定食品中的还原糖、总糖和蔗糖的质量分数为主。

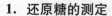

1. 还原糖的测定

还原糖是指具有还原性的糖类。在糖类中，分子中含有游离醛基或酮基的单糖和含有游离醛基的双糖都具有还原性。本节主要介绍使用氧化还原滴定法测定食品中还原糖的质量分数，即含量。

（1）直接滴定法

1）原理。样品经除去蛋白质后，在加热条件下，直接滴定标定过的碱性酒石酸铜溶液，以次甲基蓝做指示剂，根据消耗的样品液体积，计算还原糖质量分数。

将一定量的碱性酒石酸铜甲、乙液等量混合，立即生成天蓝色的氢氧化铜沉淀，这种沉淀很快与酒石酸钾钠反应，生成深蓝色的可溶性酒石酸钾钠铜络合物。在加热条件下，以次甲基蓝作为指示剂，用样液滴定，样液中的还原糖与酒石酸钾钠铜反应，生成红色的氧化亚铜沉淀，待二价铜全部被还原后，稍过量的还原糖把次甲基蓝还原，溶液由蓝色变为无色，即为滴定终点。根据样液消耗量可计算样品中还原糖的质量分数。

2）试剂

①碱性酒石酸铜甲液。称取 15 g 硫酸铜（$CuSO_4 \cdot 5H_2O$）及 0.05 g 次甲基蓝，溶于水中并稀释至 1 000 mL。

②碱性酒石酸铜乙液。称取 50 g 酒石酸钾钠及 75 g 氢氧化钠，溶于水中，再加入 4 g 亚铁氰化钾，完全溶解后，用水稀释至 1 000 mL，储存于橡胶塞玻璃瓶内。

③乙酸锌溶液（21.9 g/L）。称取 21.9 g 乙酸锌［$Zn（CH_3COO）_2 \cdot 2H_2O$］，加 3 mL 冰乙酸，加水溶解并稀释至 100 mL。

④亚铁氰化钾溶液（106 g/L）。称取 10.6 g 亚铁氰化钾［$K_4Fe（CN）_6 \cdot 3H_2O$］，加水溶解并稀释至 100 mL。

⑤氢氧化钠（40 g/L）溶液。称取 4.0 g 氢氧化钠（NaOH），加水溶解并稀释至 100 mL。

⑥盐酸。

⑦葡萄糖标准溶液（1.000 0 g/L）。精密称取 1.000 0 g 经过 98～100℃ 干燥至恒量的纯葡萄糖，加水溶解后加入 5 mL 盐酸，并用水稀释至 1 000 mL。

3）仪器

①电热恒温干燥箱。

②调温电炉。

4）操作步骤

①样品处理，见表3—10。

表 3—10　　　　　　　　　　　　　　　　样品处理

样品	处理方法
乳类、乳制品及含蛋白质的冷食类	称取 2.50～5.00 g 固体样品（吸取 25.00～50.00 mL 液体样品），置于 250 mL 容量瓶中，加 50 mL 水，摇匀后慢慢加入 5 mL 乙酸锌溶液及 10.6% 亚铁氰化钾溶液 5 mL，加水至刻度，混匀。静置 30 min，用干燥滤纸过滤，弃去初滤液，滤液备用
酒精性饮料	吸取 100.0 mL 样品，置于蒸发皿中，用氢氧化钠（40 g/L）溶液中和至中性，在水浴上蒸至原体积的 1/4 后，移入 250 mL 容量瓶中。加 50 mL 水，混匀备用
含大量淀粉的食品	称取 10.00～20.00 g 样品，置于 250 mL 容量瓶中，加 200 mL 水，在 45℃ 水浴中加热 1 h，并时时振摇。冷却后加水至刻度，混匀，静置。吸取 200 mL 上清液于另一 250 mL 容量瓶中，慢慢加入 5 mL 乙酸锌溶液及 5 mL、106 g/L 亚铁氰化钾溶液，加水至刻度，混匀。静置 30 min，用干燥滤纸过滤，弃去初滤液，滤液备用
汽水等含有二氧化碳的饮料	吸取 100.0 mL 样品置于蒸发皿中，在水浴中除去二氧化碳后，移入 250 mL 容量瓶中，并用水洗涤蒸发皿，洗液并入容量瓶中，再加水至刻度，混匀后备用

②标定碱性酒石酸铜溶液。吸取 5.0 mL 碱性酒石酸铜甲液及 5.0 mL 碱性酒石酸铜乙液，置于 150 mL 锥形瓶中，加水 10 mL，加入玻璃珠 2 粒，从滴定管滴加约 9 mL 葡萄糖标准溶液，控制在 2 min 内加热至沸，趁沸以每 2 s 1 滴的速度继续滴加葡萄糖标准溶液，直至溶液蓝色刚好褪去为止，记录消耗葡萄糖标准溶液的总体积。同样的方法平行操作 3 份，取其平均值，计算与 10 mL（甲、乙液各 5 mL）碱性酒石酸铜溶液相当的葡萄糖的质量（mg）。

③样品溶液预测。吸取 5.0 mL 碱性酒石酸铜甲液及 5.0 mL 碱性酒石酸铜乙液，置于 150 mL 锥形瓶中，加水 10 mL，加入玻璃珠 2 粒，控制在 2 min 内加热至沸，趁沸以先快后慢的速度，用滴定管滴加样品溶液，并保持溶液沸腾状态，待溶液颜色变浅时，以每 2 s 1 滴的速度滴定，直至溶液蓝色刚好褪去为止，记录样液消耗体积。

④样品溶液测定。吸取 5.0 mL 碱性酒石酸铜甲液及 5.0 mL 碱性酒石酸铜乙液，置于 150 mL 锥形瓶中，加水 10 mL，加入玻璃珠 2 粒，用滴定管滴加比预测体积少 1 mL 的样品溶液，使其在 2 min 内加热至沸，趁沸继续以每 2 s 1 滴的速度滴定，直至蓝色刚好褪去为止，记录样液消耗体积，同样的方法平行操作 2 份，得出平均消耗体积。

⑤计算。计算公式如下：

$$w = \frac{F}{m \times \frac{V}{250} \times 1\,000} \times 100\%$$

式中　w——样品中还原糖的质量分数（以葡萄糖计），%；

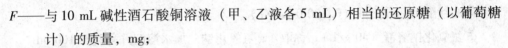

F——与 10 mL 碱性酒石酸铜溶液（甲、乙液各 5 mL）相当的还原糖（以葡萄糖计）的质量，mg；

m——样品质量，g；

V——测定时平均消耗样品溶液体积，mL；

250——样品处理后的总体积，mL。

5）精密度。在重复性条件下两次独立测定结果的绝对差值不得超过算术平均值的 10%。

6）注意事项

①此法所用碱性酒石酸铜的氧化能力较强，醛糖和酮糖都可被氧化，所以测得的是总还原糖的量。

②本法是根据一定量的碱性酒石酸铜溶液所消耗的样液来计算样液中还原糖的质量分数，反应体系中 Cu^{2+} 的质量分数是定量的基础，所以在样品处理时，不能用铜盐作为澄清剂，以免样液中引入 Cu^{2+} 而得到错误的结果。

③在滴定过程中保持反应液沸腾，不能随意摇动锥形瓶，更不能把锥形瓶从热源上取下来滴定，以免空气进入，使次甲基蓝和氧化亚铜被氧化而增加耗糖量。

④必须进行预测，通过预测可知道样液大概消耗量，以便在正式测定时，预先加入比实际用量少 1 mL 左右的样液，只留下 1 mL 左右样液在继续滴定时加入，以保证在 1 min 内完成继续滴定工作，提高测定的准确度。

（2）高锰酸钾滴定法

1）原理。样品经除去蛋白质后，其中还原糖把铜盐还原为氧化亚铜，加硫酸铁后，氧化亚铜被氧化为铜盐，以高锰酸钾溶液滴定氧化作用后生成的亚铁盐，根据高锰酸钾消耗量，计算氧化亚铜质量，再查附录"相当于氧化亚铜质量的葡萄糖、果糖、乳糖、转化糖的质量表"，得出还原糖质量。

2）试剂

①碱性酒石酸铜甲液。称取 34.639 g 硫酸铜（$CuSO_4 \cdot 5H_2O$），加适量水溶解，加 0.5 mL 硫酸，再加水稀释至 500 mL，用精制石棉过滤。

②碱性酒石酸铜乙液。称取 173 g 酒石酸钾钠与 50 g 氢氧化钠，加适量水溶解，并稀释至 500 mL，用精制石棉过滤，储存于橡胶塞玻璃瓶内。

③精制石棉。取石棉，先用 3 mol/L 盐酸浸泡 2~3 天，用水洗净，再用 10% 氢氧化钠溶液浸泡 2~3 天，倾去溶液，再用热碱性酒石酸铜乙液浸泡数小时，用水洗净。再以 3 mol/L 盐酸浸泡数小时，用水洗至不呈酸性。然后加水振摇，使之成微细的浆状软纤维，用水浸泡并储存于玻璃瓶中，即可用作填充古氏坩埚。

④高锰酸钾标准溶液（0.100 0 mol/L）。

⑤氢氧化钠溶液（40 g/L）。称取 4 g 氢氧化钠，加水溶解并稀释至 100 mL。

⑥硫酸铁溶液。称取 50 g 硫酸铁，加入 200 mL 水，溶解后，慢慢加入 100 mL 硫酸，冷却后加水稀释至 1 000 mL。

⑦盐酸（3 mol/L）。量取 30 mL 盐酸，加水稀释至 120 mL。

3）仪器

①25 mL 古氏坩埚或 G4 垂融坩埚。

②真空泵或水泵。

③调温电炉。

4）操作步骤

①样品处理，见表3—11。

表3—11　　　　　　　　　　　　样品处理

样品	处理方法
乳类、乳制品及含蛋白质的冷食类	称取 2.50～5.00 g 固体样品（吸取 25.00～50.00 mL 液体样品），置于 250 mL 容量瓶中，加 50 mL 水，摇匀后慢慢加 10 mL 碱性酒石酸铜甲液及 4 mL 氢氧化钠溶液（40 g/L），加水至刻度，混匀。静置 30 min，用干燥滤纸过滤，弃去初滤液，滤液备用
酒精性饮料	吸取 100.0 mL 样品，置于蒸发皿中，用氢氧化钠溶液（40 g/L）中和至中性，在水浴上蒸发至原体积的 1/4 后，移入 250 mL 容量瓶中。加 50 mL 水，摇匀后加 10 mL 碱性酒石酸铜甲液及 4 mL 氢氧化钠溶液（40 g/L），加水至刻度，混匀。静置 30 min，用干燥滤纸过滤，弃去初滤液，滤液备用
含大量淀粉的食品	称取 10.00～20.00 g 样品，置于 250 mL 容量瓶中，加 200 mL 水，在 45℃ 水浴中加热 1 h，并时时振摇。冷却后加水至刻度，混匀，静置。吸取 200 mL 上清液于另一 250 mL 容量瓶中，慢慢加 10 mL 碱性酒石酸铜甲液及 4 mL 氢氧化钠溶液（40 g/L），加水至刻度，混匀。静置 30 min，用干燥滤纸过滤，弃去初滤液，滤液备用
汽水等含有二氧化碳的饮料	吸取 100.0 mL 样品置于蒸发皿中，在水浴中除去二氧化碳后，移入 250 mL 容量瓶中，并用水洗涤蒸发皿，洗液并入容量瓶中，再加至刻度，混匀后备用

②测定。吸取 50.00 mL 处理后的样品溶液，于 400 mL 烧杯内，加入 25 mL 碱性酒石酸铜甲液及 25 mL 碱性酒石酸铜乙液，于烧杯上盖一表面皿，加热，控制在 4 min 内沸腾，再准确煮沸 2 min，趁热用铺好石棉的古氏坩埚或 G4 垂融坩埚抽滤，并用 60℃ 热水洗涤烧杯及沉淀，至洗液不呈碱性为止。将古氏坩埚或垂融坩埚放回原 400 mL 烧杯中，加

25 mL 硫酸铁溶液及 25 mL 水，用玻璃棒搅拌使氧化亚铜完全溶解，以 0.100 0 mol/L 高锰酸钾标准液滴定至微红色为终点。

同时吸取 50 mL 水，加入与测定样品时相同量的碱性酒石酸铜甲液、碱性酒石酸铜乙液、硫酸铁溶液及水，按同一方法做试剂空白试验。

③计算。计算公式如下：

$$m_1 = (V_1 - V_0) \times c \times 71.54$$

式中　m_1——与样品中还原糖质量相当的氧化亚铜的质量，mg；

　　　V_1——测定用样品液消耗高锰酸钾标准溶液的体积，mL；

　　　V_0——试剂空白试验消耗高锰酸钾标准溶液的体积，mL；

　　　c——高锰酸钾标准溶液的浓度，mol/L；

　　　71.54——与 1 mL 高锰酸钾溶液 $[c (1/5 KMnO_4) = 1.000 \text{ mol/L}]$ 相当的氧化亚铜的质量，mg。

根据上式中计算所得的氧化亚铜质量，查附录"相当于氧化亚铜质量的葡萄糖、果糖、乳糖、转化糖的质量表"，得出还原糖的质量，然后再计算出样品中还原糖的质量分数。

$$w = \frac{m_1}{m \times \frac{V}{250} \times 1\,000} \times 100\%$$

式中　w——样品中还原糖的质量分数，%；

　　　m_1——还原糖质量，mg；

　　　m——样品质量，g；

　　　V——测定用样品溶液的体积，mL；

　　　250——样品处理后的总体积，单位为 mL。

5）精密度。在重复性条件下两次独立测定结果的绝对差值不得超过算术平均值的 10%。

6）注意事项

①测定用样液含糖浓度应调整到 0.01% ~ 0.45%，浓度过大或过小都会带来误差。通常先进行预测，确定样液的稀释倍数后再进行正式测定。

②本法是以测定反应过程中产生的 Fe^{2+} 量作为计算依据，所以在样品处理时，不能用乙酸锌和亚铁氰化钾作为澄清剂，以免样液中引入 Fe^{2+} 而得到错误的结果。

③测定必须严格按规定的操作条件进行，需控制好热源强度，保证在 4 min 内加热至沸，否则误差较大。

④在过滤及洗涤氧化亚铜沉淀的过程中，应使沉淀始终处于液面以下，避免氧化亚铜暴露于空气中而被氧化。

2. 总糖的测定

食品中的总糖通常是指具有还原性的糖（葡萄糖、果糖、乳糖、麦芽糖等）和在测定条件下能水解为还原性单糖的蔗糖的总量。作为食品生产中的常规分析项目，总糖反映的是食品中可溶性单糖和低聚糖的总量，其含量高低对食品的色、香、味、组织形态、营养价值、成本等有一定影响。总糖的测定以还原糖测定方法为基础。

（1）原理。样品经处理除去蛋白质等杂质后，加入盐酸，在加热条件下使蔗糖水解为还原性单糖，以直接滴定法测定水解后样品中的还原糖总质量。

（2）试剂

1）6 mol/L 盐酸。量取 50 mL 盐酸加水稀释至 100 mL。

2）甲基红指示液（1 g/L）。称取 0.10 g 甲基红，用少量乙醇溶解，并稀释至 100 mL。

3）氢氧化钠溶液（200 g/L）。称取 20.0 g 氢氧化钠，加水溶解，并稀释至 100 mL。其余试剂与还原糖测定中直接滴定法相同。

（3）仪器

1）电热恒温干燥箱。

2）调温电炉。

3）电热恒温水浴锅。

（4）操作步骤

1）样品处理。同直接滴定法测定还原糖。

2）测定

①按表3—10 中所列的方法进行样品处理，吸取 50.00 mL 样品处理液，置于 100 mL 容量瓶中，加入 5 mL（6 mol/L）盐酸，在 68～70℃水浴中加热 15 min，冷却后加 2 滴甲基红指示液，用氢氧化钠溶液（200 g/L）中和至中性（溶液由红棕色变为淡黄色），加水至刻度，混匀。

②再按直接滴定法测定转化糖。

3）计算。计算公式如下：

$$w = \frac{F}{m \times \frac{50}{250} \times \frac{V}{100} \times 1\,000} \times 100\%$$

式中　w——样品中总糖（以转化糖计）的质量分数，%；

m——样品质量，g；

V——测定时消耗样品溶液的体积，mL；

F——与 10 mL 碱性酒石酸铜溶液（甲、乙液各 5 mL）相当的转化糖的质量，mg。

（5）精密度。在重复性条件下两次独立测定结果的绝对差值不得超过算术平均值的 10%。

（6）注意事项。总糖的测定一般以转化糖或葡萄糖计，要根据产品的质量指标来定。如用葡萄糖计，应该用葡萄糖的标准溶液来标定碱性酒石酸铜的溶液。

3．蔗糖的测定

在食品生产过程中，测定蔗糖含量可以判断食品加工原料的成熟度，鉴别白糖、蜂蜜等食品原料的品质，以及控制糖果、果脯等产品的质量指标。

蔗糖是葡萄糖和果糖组成的双糖，没有还原性，不能用碱性铜盐试剂直接测定，但在一定条件下，蔗糖可水解为具有还原性的葡萄糖和果糖，因此，可以用测定还原糖的方法来测定蔗糖含量。

（1）原理。样品经处理除去蛋白质等杂质后，再用盐酸进行水解，使蔗糖转化为还原糖。再按还原糖测定方法分别测定水解前后样品溶液中还原糖含量，两者差值乘以 0.95 即为蔗糖含量。

（2）试剂

1）6 mol/L 的盐酸。量取 50 mL 盐酸加水稀释至 100 mL。

2）甲基红指示液（1 g/L）。称取 0.10 g 甲基红，用少量乙醇溶解，并稀释至 100 mL。

3）氢氧化钠溶液（200 g/L）。称取 20.0 g 氢氧化钠，加水溶解，并稀释至 100 mL。其余试剂与还原糖测定中的直接滴定法相同。

（3）仪器

1）电热恒温干燥箱。

2）调温电炉。

3）电热恒温水浴锅。

（4）操作步骤。按表 3—10 中所列的方法进行样品处理，吸取 2 份 50.00 mL 样品处理液，置于 100 mL 容量瓶中。一份加 5 mL、6 mol/L 盐酸，在 68 ~ 70℃水浴中加热 15 min，冷却后加入 2 滴甲基红指示液，用氢氧化钠溶液（200 g/L）中和至中性，加水至刻度，混匀；另一份直接加水稀释至 100 mL，按直接滴定法测定还原糖的步骤分别测定还原糖。

（5）计算。计算公式如下：

$$X = (R_2 - R_1) \times 0.95$$

式中　X——样品中蔗糖的质量分数或质量浓度，% 或 g/100 mL；

　　　R_2——水解处理后还原糖的质量分数或质量浓度，% 或 g/100 mL；

　　　R_1——水解处理前还原糖的质量分数或质量浓度，% 或 g/100 mL；

　　　0.95——还原糖（以葡萄糖计）换算为蔗糖的系数。

（6）精密度。在重复性条件下两次独立测定结果的绝对差值不得超过算术平均值的 10%。

（7）注意事项。为获得准确的结果，必须严格控制水解条件。样品溶液体积、酸的浓度及用量、水解温度和时间都不能随意改动，到达规定时间后应迅速冷却，以防止果糖分解。

4. 乳制品中蔗糖的测定

乳制品中的蔗糖一般是在加工过程中添加的，蔗糖在酸的作用下易被水解，生成等量的葡萄糖和果糖而具有还原能力。蔗糖转化后化学相对分子质量从 342 增加到 360（葡萄糖和果糖），因此，在计算蔗糖质量分数或质量浓度时，需要乘以系数 0.95。

（1）原理。样品除去蛋白质后，其中的蔗糖经盐酸水解转化为具有还原能力的葡萄糖和果糖，再按还原糖测定。将水解前后转化糖的差值乘以相应的系数即为蔗糖含量。

（2）试剂。所有试剂，如未注明规格，均指分析纯试剂；所有试验用水，如未注明其他要求，均指三级水。

1）费林氏液（甲液和乙液）

①甲液。取 34.639 g 硫酸铜，溶于水中，加入 0.5 mL 浓硫酸，加水至 500 mL。

②乙液。取 173 g 酒石酸钾钠及 50 g 氢氧化钠溶解于水中，稀释至 500 mL，静置两天后过滤。

2）次甲基蓝溶液（10 g/L）。

3）盐酸溶液。体积比为 1:1。

4）酚酞溶液。将 0.5 g 酚酞溶液加入 75 mL 体积分数为 95% 的乙醇中，并加入 20 mL 水，然后再加入约 0.1 mol/L 的氢氧化钠溶液，直到加入一滴立即变成粉红色，再加入水定容至 100 mL。

5）氢氧化钠溶液（300 g/L）。取 300 g 氢氧化钠，溶于 1 000 mL 水中。

6）乙酸铅溶液（200 g/L）。取 20 g 乙酸铅，溶解于 100 mL 水中。

7）草酸钾-磷酸氢二钠溶液。取草酸钾 3 g、磷酸氢二钠 7 g，溶解于 100 mL 水中。

（3）仪器

1）分析天平。

2）电热恒温干燥箱。

3）电热恒温水浴锅。

4）可调式电炉。

（4）操作步骤

1）费林氏液的标定

①称取在105℃烘箱中干燥2 h的蔗糖约0.2 g（准确到0.2 mg），用50 mL水溶解，并洗入100 mL容量瓶中，加水10 mL，再加入10 mL盐酸，置于75℃水浴锅中，时时摇动2.5~2.75 min，使瓶内温度升至67℃。然后继续在水浴中保持5 min，使瓶内温度升至69.5℃，取出，用冷水冷却，当瓶内温度冷却至35℃时，加2滴酚酞指示剂，用300 g/L的氢氧化钠中和至中性。冷却至20℃，用水稀释至刻度，摇匀。将此溶液注入一个50 mL滴定管中，待滴定。

②预滴定。取10 mL费林氏液（甲、乙液各5 mL）于250 mL三角烧瓶中。加入20 mL蒸馏水，从滴定管中放出15 mL蔗糖溶液于三角烧瓶中，并将其置于电炉上加热，使其在2 min内沸腾，沸腾后关小火焰，保持沸腾状态15 s，加入3滴次甲基蓝溶液，继续滴入蔗糖溶液至蓝色完全褪尽为止，读取所用蔗糖的体积，单位为mL。

③精确滴定。另取10 mL费林氏液（甲、乙液各5 mL）于250 mL三角烧瓶中，再加入20 mL蒸馏水，一次加入比预备滴定量少0.5~1.0 mL的蔗糖溶液，置于电炉上，使其在2 min内沸腾，沸腾后关小火焰，维持沸腾状态2 min，加入3滴次甲基蓝溶液，然后继续徐徐滴入蔗糖溶液，待蓝色完全褪尽即为终点，读取所用蔗糖的体积，单位为mL。

④计算。计算费林氏液的蔗糖校正值（f_2），公式如下：

$$f_2 = \frac{10.526\ 3 \times V \times m_2}{AL}$$

式中　f_2——费林氏液的蔗糖校正值；

　　　V——滴定时消耗的蔗糖溶液量，mL；

　　　m_2——蔗糖的质量，g；

　　　AL——由蔗糖溶液滴定量查表3—12所得的转化糖质量，mg。

表3—12　　　　　　　　乳糖及转化糖因数表（10 mL 费林氏液）

滴定量（mL）	乳糖（mg）	转化糖（mg）	滴定量（mL）	乳糖（mg）	转化糖（mg）
15	68.3	50.5	33	67.8	51.7
16	68.2	50.6	34	67.9	51.7
17	68.2	50.7	35	67.9	51.8
18	68.1	50.8	36	67.9	51.8
19	68.1	50.8	37	67.9	51.9
20	68.0	50.9	38	67.9	51.9
21	68.0	51.0	39	67.9	52.0
22	68.0	51.0	40	67.9	52.0
23	67.9	51.1	41	68.0	52.1
24	67.9	51.2	42	68.0	52.1
25	67.9	51.2	43	68.0	52.2
26	67.9	51.3	44	68.0	52.2
27	67.8	51.4	45	68.1	52.3
28	67.8	51.4	46	68.1	52.3
29	67.8	51.5	47	68.2	52.4
30	67.8	51.5	48	68.2	52.4
31	67.8	51.6	49	68.2	52.5
32	67.8	51.6	50	68.3	52.5

2）样品处理

①样液制备。准确称取样品（固体 2~3 g，液体 10~13 g），用 100 mL 水分数次溶解，并洗入 250 mL 容量瓶中。加 4 mL 乙酸铅溶液、4 mL 草酸钾－磷酸氢二钠溶液，每次加入试剂时都要徐徐加入，并摇动容量瓶，用水稀释至刻度。静置数分钟，用干燥滤纸过滤，弃去最初 25 mL 滤液后，所得滤液备用。

②样液转化。吸取 50 mL 样液于 100 mL 容量瓶中，加水 10 mL，再加入 10 mL 的盐酸，置于 75℃水浴锅中，时时摇动 2.5~2.75 min，使瓶内温度升至 67℃。然后继续在水浴中保持 5 min，使瓶内温度升至 69.5℃，取出，用冷水冷却，当瓶内温度冷却至 35℃时，加 2 滴酚酞指示剂，用氢氧化钠中和至呈中性（溶液由无色到淡粉红色），冷却至 20℃，用水稀释至刻度，摇匀。

3）样品测定

①将滤液装入滴定管，按费林氏液的标定方法，进行预滴定和精确滴定，得到转化前消耗体积 V_1。

②将样品转化液装入滴定管，按上述方法进行预滴定和精确滴定，得到转化后消耗体

积 V_2。

4）计算

①转化前转化糖质量分数

$$w_2 = \frac{F_2 \times f_2 \times 0.25 \times 100\%}{m \times V_1}$$

式中　w_2——转化前转化糖的质量分数，%；

　　　F_2——由测定样液时消耗的体积（mL）查表3—12所得转化糖质量，mg；

　　　f_2——费林氏液蔗糖校正值；

　　　V_1——滴定所消耗滤液的体积，mL；

　　　m——样品的质量，g。

②转化后转化糖质量分数

$$w_1 = \frac{F_3 \times f_2 \times 0.50 \times 100\%}{m \times V_2}$$

式中　w_1——转化后转化糖的质量分数，%；

　　　F_3——由测定转化液时消耗的体积（以 mL 计）查表3—12所得转化糖质量，mg；

　　　f_2——费林氏液蔗糖校正值；

　　　m——样品的质量，g；

　　　V_2——滴定消耗转化溶液量，mL。

③样品中蔗糖的质量分数

$$w = (w_1 - w_2) \times 0.95$$

式中　w——样品中蔗糖的质量分数，%；

　　　w_1——转化后转化糖的质量分数，%；

　　　w_2——转化前转化糖的质量分数，%。

（5）精密度。在重复性条件下两次独立测定结果的绝对差值不得超过算术平均值的1.5%。

（6）注意事项

1）费林氏液必须经过标定。

2）样品经处理后的滤液必须透明。

3）样液转化要完全，必须按标准要求规定的时间、温度进行转化。

4）加入指示剂的量要正确。

【实训 3—1】 糕点中总糖的测定

1. 目的

熟悉并掌握直接滴定法测定总糖的方法。

2. 仪器设备及器皿

所用仪器设备及器皿见表 3—13。

表 3—13 仪器设备及器皿

名 称	规 格	数 量
分析天平	精度 ±0.1 mg	1
电热恒温水浴锅	—	1
可调式电炉	1 500 W	1
滴定管	50 mL	1
容量瓶	250 mL	2
烧杯	100 mL	2
三角烧瓶	150 mL	6
玻璃棒	10～12 cm	2
三角漏斗	φ75 mm	2
移液管	5 mL	5
	50 mL	1
不锈钢角匙		1

3. 操作步骤

（1）样品处理。准确称取样品 1.5～2.5 g，放入 100 mL 烧杯中，用 50 mL 蒸馏水浸泡 30 min（浸泡时多次搅拌），慢慢加入 5 mL 乙酸锌溶液及 10.6% 亚铁氰化钾溶液 5 mL，用快速滤纸过滤，并置于 250 mL 容量瓶中，用少量蒸馏水冲洗烧杯并经过滤后加入容量瓶，加 10 mL、6 mol/L 盐酸，置于 70℃ 水浴中水解 10 min。取出，迅速冷却后加入 1 滴酚酞指示剂，用 200 g/L 氢氧化钠溶液中和至溶液呈微红色，加水至刻度，摇匀备用。

（2）样品测定

1）预滴定。吸取 5.0 mL 费林氏液甲液及 5.0 mL 费林氏液乙液，置于 150 mL 锥形瓶中，加水 20 mL，加入玻璃珠 3 粒，在电炉上加热至沸；趁沸以先快后慢的速度，从滴定管中滴加样品溶液，并保持溶液沸腾状态；待溶液变成红色时，加入次甲基蓝指示剂 1 滴，继续滴定至蓝色消失呈鲜红色即为终点，记录样液消耗体积。

2）精确滴定。吸取 5.0 mL 费林氏液甲液及 5.0 mL 费林氏液乙液，置于 150 mL 锥形瓶中，加水 20 mL，加入玻璃珠 3 粒，从滴定管滴加比预测体积少 1 mL 的样品溶液，置电炉上加热煮沸 2 min，加入次甲基蓝指示剂 1 滴，趁沸继续滴定至蓝色消失呈鲜红色为止，

记录样液消耗体积。用同样的方法平行操作 2 份，得出平均消耗体积。

4. 计算

计算公式如下：

$$w = \frac{A \times 250}{m \times V} \times 100\%$$

式中　w——样品中总糖的质量分数，%；

A——与 10 mL 费林氏溶液（甲、乙液各 5 mL）相当的葡萄糖的质量，g；

m——样品质量，g；

V——测定时平均消耗样品溶液的体积，mL。

5. 允许差

两次测得结果的最大偏差不得超过 0.4%。

6. 填写原始记录

总糖测定原始记录见表 3—14。

表 3—14　　　　　　　　　　　总糖测定原始记录

项目名称		取样/检测日期	
样品名称		检验依据	
仪器名称		仪器编号	
标准溶液名称		标准溶液浓度	
环境温度/湿度（℃/%）		检测地点	
平行试验		1	2
样品质量 m（g）			
样液消耗量 V（mL）	初滴		
	精滴 1		
	精滴 2		
	精滴平均		
计算公式及计算：$w = \dfrac{A \times 250}{m \times V} \times 100\%$			
测定值 w（%）			
平均值（%）			
两次测定值之差（%）			结果判断：

备注：

检测人：　　　　　　　　　　　　　　　　　　　　检验日期：

六、蛋白质的测定

1. 概述

蛋白质是食品中的三大营养素之一，是食品的重要营养指标。蛋白质是复杂的含氮有机化合物，其相对分子质量很大，大部分高达 5 000 ~ 1 000 000。蛋白质占人体质量的16.3%，人体内蛋白质的种类很多，性质、功能各异，但都是由 20 多种氨基酸按不同比例组合而成的，并在体内不断进行代谢与更新。

2. 测定

蛋白质的测定分为两大类：一类是利用蛋白质的共性，即含氮量，先测定含氮量后再乘以系数计算出蛋白质的含量；另一类是利用蛋白质中特定氨基酸残基、酸性、碱性和芳香基团等测定蛋白质的含量。

食品的种类繁多，其蛋白质含量各异，特别是其他干扰成分，如碳水化合物、脂肪和维生素等很多，因此，测定方法也各不相同，本节主要介绍使用酸碱滴定法（凯氏定氮法）测定食品中的蛋白质含量。

（1）原理。蛋白质是含氮的有机化合物，取含蛋白质的试样与硫酸及催化剂一同加热消化，使蛋白质分解。分解出来的氨态氮与过量的硫酸结合生成硫酸铵，然后碱化蒸馏使氨游离，用硼酸吸收后再以硫酸或盐酸标准溶液滴定，根据酸溶液的消耗量乘以换算系数，即为蛋白质含量。

（2）试剂

1）硫酸铜。

2）硫酸钾。

3）硫酸。

4）硼酸溶液（20 g/L）。

5）盐酸标准滴定溶液 $[c(HCl) = 0.050\ 0\ mol/L]$。

6）混合指示剂。1 份甲基红乙醇溶液（1 g/L）与 5 份溴甲酚绿乙醇溶液（1 g/L）临用时混合；也可用 2 份甲基红乙醇溶液（1 g/L）与 1 份亚甲基蓝乙醇溶液（1 g/L）临用时混合。

（3）仪器

1）凯氏烧瓶。

2）调温电炉。

3）定氮蒸馏装置，如图 3—1 所示。

（4）操作步骤

1）凯式定氮法

①样品处理。精确称取样品（固体 0.5 ~ 5 g、液体 10.00 ~ 25.00 mL），移入干燥的 500 mL 凯氏烧瓶中，加入 0.2 g 硫酸铜，6 g 硫酸钾及 20 mL 硫酸。

②样品消化。将烧瓶置于电炉上小心加热，待内容物全部碳化，泡沫完全消失后，加大火力，并保持瓶内液体微沸，至液体呈绿色澄清透明后，再继续加热 0.5 h，取下冷却，小心加 20 mL 水，冷却后，移入 100 mL 容量瓶中，并用少量水冲洗烧瓶，洗液并入容量瓶中，再加水定容至刻度，摇匀备用。

③蒸馏。如图 3—1 所示搭好装置，在水蒸气发生器内装 2/3 的水，加入数粒玻璃珠、数滴甲基红指示剂及数毫升硫酸，以保持水呈酸性，

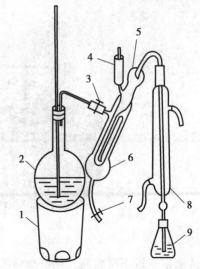

图 3—1　定氮蒸馏装置

1—电炉　2—水蒸气发生器（2 L 平底烧瓶）
3—螺旋夹　4—小漏斗及棒状玻璃塞
5—反应室　6—反应室外层　7—橡胶管及螺旋夹
8—冷凝管　9—蒸馏液接收瓶

加热煮沸水蒸气发生器内的水。向蒸馏液接收瓶内加入 10 mL 硼酸溶液及 1 ~ 2 滴混合指示剂，并使冷凝管下端插入液面下，准确吸取 10 mL 试样，由小漏斗加入反应室，并用 10 mL 水洗涤小漏斗使其流入反应室。将 10 mL 氢氧化钠溶液倒入小漏斗，提起玻璃塞使其缓慢流入反应室后，立即将玻璃塞盖紧，并加水于小漏斗内以防漏气。开始蒸馏，蒸馏 5 min 后，移动接收瓶使冷凝管下端离开液面，再蒸馏 1 min，停止蒸馏，用少量水冲洗冷凝管下端外部。

④滴定。取下接收瓶，用盐酸标准滴定溶液滴定至灰色或蓝紫色即为终点。同时做空白试验。

2）自动凯氏定氮仪法

①样品处理。称取固体样品 0.2 ~ 2 g、半固体样品 2 ~ 5 g 或液体样品 10 ~ 25 g（相当于 30 ~ 40 mg 氮），精确至 0.001 g，置于消化管中，加入 0.2 g 硫酸铜，6 g 硫酸钾及 20 mL 硫酸。

②样品消化。将消化管置于消化炉（见图 3—2）中按照仪器说明书的要求进行消化。

③蒸馏。按照定氮仪（见图 3—3）说明书的要求进行蒸馏。

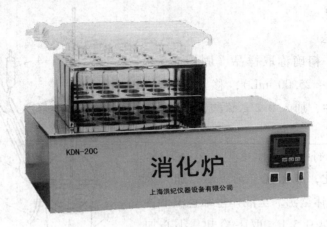

图3—2　消化炉

④滴定。取下接收瓶，用盐酸标准滴定溶液滴定至灰色或蓝紫色即为终点。如果采用自动定氮仪（见图3—4），则不需要滴定，可以直接读出消耗盐酸标准滴定溶液的体积。同时做空白试验。

图3—3　定氮仪

图3—4　自动定氮仪

（5）计算。计算公式如下：

$$X = \frac{(V_1 - V_2) \times c \times 0.014}{m \times \dfrac{V_3}{100}} \times F \times 100$$

式中　X——样品中蛋白质的含量，g/100 g；

　　　V_1——试样消耗盐酸标准滴定溶液的体积，mL；

V_2——试剂空白试验消耗盐酸标准滴定溶液的体积，mL；

V_3——吸收消化液的体积，mL；

c——盐酸标准滴定溶液的浓度，mol/L；

m——试样的质量，g；

F——氮换算为蛋白质的系数，一般情况下，食物为6.25；乳制品为6.38；面粉为
　　5.70；玉米、高粱为6.24；花生为5.46；大米为5.95；大豆及其制品为
　　5.71；肉与肉制品为6.25；芝麻、向日葵为5.30；

0.014——与1.0 mL盐酸 [c（HCl）= 1.000 mol/L] 标准滴定溶液相当的氮的质
　　　　量，g。

（6）精密度。在重复性条件下两次独立测定结果的绝对差值不得超过算术平均值的10%。

（7）注意事项

1）所用试剂溶液应用无氨蒸馏水配制。

2）硫酸钾不宜加得过多，过多的硫酸钾会使沸点变高，使生成的硫酸氢铵分解，放出氨而造成损失。

3）消化时，先低温加热（约20 min），待泡沫减少和烟雾变白后再增加温度到最高温度的一半（约15 min），再升至最高温度，消化至液体呈蓝绿色澄清透明后，再继续加热0.5 h，取下，冷却至室温。

4）蒸馏时，要注意蒸馏情况，避免瓶中的液体发泡冲出，进入接收瓶。另外，火力太弱，蒸馏瓶中压力减低，则接收瓶内液体会倒流，造成试验失败。

5）硼酸吸收液的温度不应超过40℃，否则对氨的吸收作用会减弱而造成损失。

6）所用盐酸可以用高浓度的盐酸稀释来减少系统误差。浓度最好为（0.1 ± 0.000 5）mol/L，浓度高会减少每种样品的总滴定体积，滴定管读数的可读性及不确定性将会变大，重复性变差。

【实训3—2】　大米中蛋白质的测定

1. 目的

熟悉和掌握酸碱滴定法测定蛋白质的方法。

2. 仪器设备及器皿

所用仪器设备及器皿见表3—15。

表 3—15   仪器设备及器皿

名　称	规　格	数　量
分析天平	精度 ±0.1 mg	1
凯氏烧瓶	500 mL	3
定氮蒸馏装置	—	1
容量瓶	100 mL	3
接收瓶	250 mL	3
移液管	10 mL	5
酸式滴定管	50 mL	1
不锈钢角匙	—	1

3. 操作步骤

（1）样品处理。精确称取样品 2 g，移入干燥的 500 mL 凯氏烧瓶中，加入 0.2 g 硫酸铜，6 g 硫酸钾及 20 mL 硫酸。

（2）样品消化。将烧瓶置于电炉上小心加热，待内容物全部碳化，泡沫完全消失后，加大火力，并保持瓶内液体微沸，至液体呈绿色澄清透明后，再继续加热 0.5 h，取下冷却，小心加 20 mL 水，冷却后，移入 100 mL 容量瓶中，并用少量水冲洗烧瓶，洗液并入容量瓶中，再加水定容至刻度，摇匀备用。

（3）蒸馏。如图 3—1 所示搭好装置，在水蒸气发生器内装 2/3 的水，加入数粒玻璃珠、数滴甲基红指示剂及数毫升硫酸，以保持水呈酸性，加热煮沸水蒸气发生器内的水。向接收瓶内加入 10 mL 硼酸溶液及 1~2 滴混合指示剂，并使冷凝管下端插入液面下，准确吸取 10 mL 试样，由小漏斗加入反应室，并用 10 mL 水洗涤小漏斗使其流入反应室。将 10 mL 氢氧化钠溶液倒入小漏斗，提起玻璃塞使其缓慢流入反应室后，立即将玻璃塞盖紧，并加水于小漏斗内以防漏气。开始蒸馏，蒸馏 5 min 后，移动接收瓶使冷凝管下端离开液面，再蒸馏 1 min，停止蒸馏，用少量水冲洗冷凝管下端外部。

（4）滴定。取下接收瓶，用盐酸标准滴定溶液滴定至蓝紫色即为终点。同时做空白试验。

4. 计算

按公式 $w = \dfrac{(V_1 - V_0) \times c \times 0.014}{m \times \dfrac{10}{100}} \times F \times 100\%$ 计算样品中蛋白质的质量分数，F

取 5.95。

5. 精密度

在重复性条件下两次独立测定结果的绝对差值不得超过算术平均值的 10%。

6. 填写原始记录

酸碱滴定法测定蛋白质原始记录见表 3—16。

表 3—16　　　　　　　　　　　酸碱滴定法测定蛋白质原始记录

样品名称		取样/检测日期		检验依据	
样品编号		检测地点		环境温度/湿度（℃/%）	
仪器型号		仪器编号		天平编号	
平行试验		1	2	空白（0）	
取样质量 m（g）					
标准溶液耗量 V（mL）					
测定值 w（%）					
平均值（%）					
两次测定值之差（%）					
蒸馏时间：			蒸馏体积（mL）：		
HCl 标准溶液浓度 c（mol/L）：			蛋白质换算系数 F：		
标准溶液编号：HCl—					
计算公式：$w=\dfrac{c\times(V-V_0)\times 0.014}{m\times\dfrac{10}{100}}\times F\times 100\%$					
备注：					

检测人：　　　　　　　　　　　　　　　　　　检验日期：

七、酸价、过氧化值的测定

植物油在阳光、氧气、水分、氧化剂及微生物等解脂酶的作用下，分解成甘油二酯、甘油一酯及相关的脂肪酸，进一步氧化形成过氧化合物、羰基化合物和低分子脂肪酸的过程称为油脂的酸败过程。在植物油（除椰子油外）中大多含有不饱和脂肪酸，不饱和脂肪酸中的双键容易被氧化（双键越多表示不饱和程度越高），所以不饱和脂肪酸较容易发生酸败。

油脂在酸败过程中，由于产生了过氧化物，因此，其检测指标——过氧化值会增高，过氧化值是油脂酸败的早期指标；油脂进一步变质，就会形成各种脂肪酸，以致酸价（酸度）增加，并出现醛、酮等羰基化合物，使油脂的羰基价上升。人们闻到的"哈喇味"主要是醛、酮等增多的缘故。本节主要介绍用酸碱滴定法测定酸价和用氧化还原滴定法测定过氧化值的方法。

测定样品的酸价、过氧化值时，因样品不同，其取样和处理方法也不同，具体见表3—17。

表3—17　　　　　　　　　　样品的取样和处理方法

取样方法		称取0.5 kg含油脂较多的试样，面包、饼干等含脂肪少的试样取1.0 kg，然后用对角线取样法取四分之二或六分之二或根据试样情况取有代表性试样，在玻璃乳钵中研碎，混合均匀后放置于广口瓶内，保存于冰箱中
处理方法	含油脂高的试样	称取混合均匀的试样50 g，置于250 mL具塞锥形瓶中，加50 mL石油醚（沸程30~60℃），放置过夜，用快速滤纸过滤后，减压回收溶剂，得到油脂供酸价、过氧化值测定
	含油脂中等的试样	称取混合均匀的试样100 g，置于500 mL具塞锥形瓶中，加100~200 mL石油醚（沸程30~60℃），放置过夜，用快速滤纸过滤后，减压回收溶剂，得到油脂供酸价、过氧化值测定
	含油脂少的试样	称取混合均匀的试样250~300 g，置于500 mL具塞锥形瓶中，加适量石油醚（沸程30~60℃）浸没样品，放置过夜，用快速滤纸过滤后，减压回收溶剂，得到油脂供酸价、过氧化值测定

1. 酸价的测定

植物油中游离的脂肪酸用氢氧化钾标准溶液滴定，每克植物油消耗氢氧化钾的毫克数，称为酸价。

（1）原理。油脂中的游离脂肪酸与氢氧化钾发生中和反应，从氢氧化钾的消耗量可以计算出游离脂肪酸的含量。

$$RCOOH + KOH = RCOOK + H_2O$$

（2）试剂

1）乙醚 – 乙醇混合液。按乙醚 – 乙醇混合液（2 + 1）混合，再用氢氧化钾溶液中和至酚酞指示剂呈中性（粉红色）。

2）氢氧化钾溶液（3 g/L）。称取0.30 g氢氧化钾，用蒸馏水溶解并定容至100 mL。

3）氢氧化钾标准滴定溶液 $[c(KOH) = 0.050 \text{ mol/L}]$。

4）酚酞指示液（10 g/L）。称取1.0 g酚酞，用乙醇溶解并定容至100 mL。

5）石油醚沸程为30~60℃。

（3）仪器

1）分析天平。精度±0.1 mg。

2）锥形瓶。

（4）操作步骤。准确称取 3～5 g 混匀的油脂，置于锥形瓶中，加入 50 mL 中性乙醚－乙醇混合液，振摇使油脂溶解，必要时可置于热水中温热促进其溶解。冷却至室温，加入酚酞指示液 2～3 滴，以氢氧化钾溶液滴定，至呈现微红色，在 30 s 内不褪色即为终点。

（5）计算。计算公式如下：

$$X = \frac{cV \times 56.11}{m}$$

式中　X——样品的酸价（以氢氧化钾计），mg/g；

　　　　V——样品消耗氢氧化钾标准滴定溶液的体积，mL；

　　　　c——氢氧化钾标准滴定溶液的实际浓度，mol/L；

　　　　m——样品的质量，g；

　　　56.11——与 1.0 mL 氢氧化钾标准滴定溶液 [c（KOH）= 1.000 mol/L] 相当的氢氧化钾的质量，mg。

计算结果保留 2 位有效数字。

（6）精密度。在重复性条件下两次独立测定结果的绝对差值不得超过算术平均值的 10%。

（7）注意事项

1）乙醚－乙醇混合液必须调至中性。

2）酸价较高的样品可以适当减少称样量，酸价较低的样品应适当增加称样量。

3）如果油样颜色过深，终点判断困难，可减少试样用量或增加混合溶液的用量。也可以将指示剂改为 10 g/L 百里酚酞，到达终点时，溶液由无色变为蓝色。

4）可以使用氢氧化钠溶液代替氢氧化钾溶液，计算公式不变。

2. 过氧化值的测定

（1）原理。油脂氧化过程中产生过氧化物，与碘化钾作用，生成游离碘，以硫代硫酸钠溶液滴定，计算样品的过氧化值。

（2）试剂

1）饱和碘化钾溶液。称取 14 g 碘化钾，加 10 mL 水溶解，必要时微热使其溶解，冷却后储于棕色瓶中。

2）三氯甲烷－冰乙酸混合液。量取 40 mL 三氯甲烷，加 60 mL 冰乙酸，混匀。

3）硫代硫酸钠标准滴定溶液 [c（$Na_2S_2O_3$）= 0.002 mol/L]。

4）淀粉指示剂（10 g/L）。称取可溶性淀粉 0.5 g，加少许水，调成糊状，倒入 50 mL 沸水中调匀，煮沸。临用时现配。

（3）仪器

1）分析天平。精度 ±0.1 mg。

2）碘量瓶。

（4）操作步骤。准确称取 2~3 g 混匀的油脂，置于 250 mL 碘量瓶中，加 30 mL 三氯甲烷 – 冰乙酸混合液，使样品完全溶解。加入 1.00 mL 饱和碘化钾溶液，紧紧塞好瓶盖，并轻轻振摇 0.5 min，然后在暗处放置 3 min。取出，加 100 mL 水，摇匀，立即用硫代硫酸钠标准滴定溶液（0.002 mol/L）滴定，至淡黄色时，加 1 mL 淀粉指示液，继续滴定至蓝色消失为止。

取相同量的三氯甲烷 – 冰乙酸溶液、碘化钾溶液、水，按同一方法，做试剂空白试验。

（5）计算。计算公式如下：

$$X = \frac{(V - V_0) \times c \times 0.126\,9 \times 100\%}{m}$$

$$X_1 = X \times 78.8$$

式中　X——样品的过氧化值，g/100 g；

　　　X_1——样品的过氧化值，meq/kg；

　　　V——样品消耗硫代硫酸钠标准滴定溶液的体积，mL；

　　　V_0——试剂空白试验消耗硫代硫酸钠标准滴定溶液的体积，mL；

　　　c——硫代硫酸钠标准滴定溶液的浓度，mol/L；

　　　m——样品的质量，g；

　　　0.126 9——与 1.00 mL 硫代硫酸钠标准滴定溶液 $[c\,(Na_2S_2O_3) = 1.000\ mol/L]$ 相

　　　　　　　 当的碘的质量，g；

　　　78.8——换算因子。

结果保留 2 位有效数字。

（6）精密度。在重复性条件下两次独立测定结果的绝对差值不得超过算术平均值的 10%。

（7）注意事项

1）三氯甲烷有毒，混匀操作要在通风条件下进行。

2）加入碘化钾后，静置时间的长短和加水量的多少，对测定结果均有影响，应严格按条件操作。

3）淀粉指示剂现用现配。

【实训 3—3】　食用油中酸价、过氧化值的测定

1. 目的

熟悉和掌握酸价、过氧化值的测定方法。

2. 仪器设备及器皿

所用仪器设备及器皿见表 3—18。

名　称	规　格	数　量
分析天平	精度 ±0.1 mg	1
量筒	50 mL、100 mL	各1
碘量瓶	250 mL	3
三角烧瓶	250 mL	2
移液管	1 mL	2
酸式滴定管	5 mL、10 mL	各1

表 3—18　　　　　　　　　　　仪器设备及器皿

3. 操作步骤

（1）酸价测定。准确称取 3~5 g 混匀的油脂，置于锥形瓶中，加入 50 mL 中性乙醚 – 乙醇混合液，振摇使油脂溶解，必要时可置于热水中温热促进其溶解。冷却至室温，加入酚酞指示液 2~3 滴，以氢氧化钾溶液滴定，至呈现微红色，在 30 s 内不褪色为终点。

（2）过氧化值测定。准确称取 2~3 g 混匀的油脂，置于 250 mL 碘量瓶中，加 30 mL 三氯甲烷 – 冰乙酸混合液，使样品完全溶解。加入 1.00 mL 饱和碘化钾溶液，紧紧塞好瓶盖，并轻轻振摇 0.5 min，然后在暗处放置 3 min。取出加 100 mL 水，摇匀，立即用硫代硫酸钠标准滴定溶液（0.002 mol/L）滴定，至淡黄色时，加 1 mL 淀粉指示液，继续滴定至蓝色消失为止。

取相同量的三氯甲烷 – 冰乙酸溶液、碘化钾溶液、水，按同一方法，做试剂空白试验。

4. 计算

（1）酸价的计算

按公式 $X = \dfrac{c \times V \times 56.11}{m}$ 计算样品的酸价。

计算结果保留 2 位有效数字。

（2）过氧化值的计算

按公式 $X = \dfrac{(V - V_0) \times c \times 0.126\,9 \times 100}{m}$ 计算样品的过氧化值。

计算结果保留 2 位有效数字。

5. 精密度

在重复性条件下两次独立测定结果的绝对差值不得超过算术平均值的 10%。

6. 填写原始记录

酸价、过氧化值测定原始记录见表 3—19、表 3—20。

表 3—19 　　　　　　　　　　　　　　　酸价测定原始记录

项目名称		取样/检测日期	
样品名称		检验依据	
仪器名称		仪器编号	
标准溶液名称		标准溶液浓度 c（mol/L）	
温度/湿度（℃/%）		检测地点	
平行试验		1	2
样品质量 m（g）			
滴定管初读数（mL）			
滴定管终读数（mL）			
标准溶液消耗量 V（mL）			

计算公式：$X = \dfrac{c \times V \times 56.11}{m}$

样品测定值 X（mg/g）		
平均值（mg/g）		
两次测定值之差（%）		

检测人：　　　　　　　　　　　　　　　　　　　　　　　　　　检验日期：

表 3—20 　　　　　　　　　　　　　　　过氧化值测定原始记录

项目名称		取样/检测日期	
样品名称		检验依据	
仪器名称		仪器编号	
标准溶液名称		标准溶液浓度 c（mol/L）	
温度/湿度（℃/%）		检测地点	
平行试验	1	2	空白试验
样品质量 m（g）			
滴定管初读数（mL）			
滴定管终读数（mL）			
标准溶液消耗量 V（mL）			

计算公式：$X = \dfrac{(V - V_0) \times c \times 0.1269}{m} \times 100$

样品测定值 X（g/100 g）		
平均值（g/100 g）		
两次测定值之差（%）		

检测人：　　　　　　　　　　　　　　　　　　　　　　　　　　检验日期：

第4节 质量分析法

一、概述

质量分析法通常是通过称量物质的质量来测定被测组分质量分数的一种方法。一般是将被测组分从试样中分离出来，转化为可定量称量的形式，然后用称量方法测定被测组分的质量分数。

由于质量分析法是直接用分析天平称量沉淀物的质量而得到分析结果的，因此，它是常量分析中准确度最好、精密度较高的方法之一，适用范围广。一般测定的相对误差不大于0.1%。

本节主要介绍质量分析法在食品分析中的应用。根据被测组分分离方法的不同，可将质量分析法分为挥发法、萃取法和沉淀法三类，各类方法的原理和应用见表3—21。

表3—21 三类质量分析法的原理和应用

方法名称	原 理	应用
挥发法	（1）将一定质量的样品加热或与某种试剂作用，使被测成分生成挥发性的物质逸出，然后根据样品所减少的质量计算被测成分的质量分数 （2）应用某种吸收剂吸收逸出的挥发性物质，根据吸收剂增加的质量来计算被测成分的质量分数	食品中水分、灰分的测定
萃取法	利用萃取剂将被测成分从样品中萃取出来，然后将萃取剂蒸干，称量干燥的萃取物，根据萃取物的质量来计算样品中被测成分的质量分数	食品中脂肪的测定
沉淀法	使被测成分以难溶化合物的形式沉淀出来，经过分离，然后称取沉淀的质量，根据沉淀的质量计算被测成分在样品中的质量分数	水样品中硫酸盐质量分数的测定

二、水分的测定

水是维持动物、植物和人类生存必不可少的物质之一。水分是一种无机物，本身没有营养价值，但有帮助消化、调节体温、输送营养物质、排泄废物、为体内各种生化反应提供介质和润滑肌体活动部位等重要的生理功能。在食品中，水以分散介质的形式存在，其存在形式可分为三类，见表3—22。

表3—22   水分的存在形式

存在形式	定　义
游离水（也称自由水）	存在于动植物细胞外各种毛细血管和腔体中的自由水
结合水（也称结晶水）	形成食品胶体状态的结合水
化合水	物质分子结构中与其他物质化合生成新的化合物的水

食品中水分含量的测定常是食品分析的重要项目之一。不同种类的食品，水分含量差别很大，控制食品水分含量，关系到食品组织形态的保持、食品中水分与其他组分的平衡关系的维持及食品在一定时期内的品质稳定性等各方面。

食品中水分测定一般采用挥发法（如直接干燥法、减压干燥法和蒸馏法）和卡尔－费休法。不同的测定方法，其适用范围也不同，见表3—23。

表3—23   常用测定方法的适用范围

测定方法	适用范围
直接干燥法	谷类及其制品、淀粉及其制品、调味品、水产品、豆制品、乳制品、肉制品、发酵制品和酱腌菜等
减压干燥法	胶状样品，在较高温度下易受热分解、变质或不易除去结合水的食品，如糖、巧克力、味精、果酱、麦乳精、高脂肪高糖食品、果蔬及其制品等
蒸馏法	谷类、果蔬、水果、发酵食品、油脂、香辛料等含水较多又有较多挥发性物质的食品
卡尔－费休法	各种液体、固体及一些气体样品中水分含量的测定，常作为水分痕量级标准分析方法，如面粉、砂糖、人造奶油、可可粉、糖蜜、茶叶等食品中的水分测定

1. 直接干燥法

（1）原理。在一定温度下，食品中的水分受热以后，产生的蒸汽压高于空气在电热干燥箱中的分压力，使食品中的水分蒸发出来，通过样品在蒸发前后的质量差来计算食品中水分的质量分数。

（2）试剂。取用水洗去泥土的海砂或河砂，先用6 mol/L盐酸煮沸0.5 h，用水洗至中性，再用6 mol/L氢氧化钠溶液煮沸0.5 h，用水洗至中性，经105℃干燥备用。

（3）仪器

1）分析天平。精度 ±0.1 mg。

2）粉碎机。

3）称量瓶（铝制或玻璃）或蒸发皿。

4）电热恒温干燥箱（103 ±2）℃。

5）干燥器。

（4）操作步骤

1）固体样品。取洁净的称量瓶，置于 95～105℃ 干燥箱中，瓶盖斜支于瓶边，加热 0.5～1.0 h，取出盖好，置于干燥器内冷却 0.5 h，称量，并重复干燥至恒重。精确称取样品 2～5 g，放入已恒重的称量瓶中，样品分散均匀，置于 95～105℃ 干燥箱中，瓶盖斜支于瓶边，干燥 2～4 h 后，盖好取出，放入干燥器内冷却 0.5 h 后称量。然后再放入 95～105℃ 干燥箱中干燥 1 h 左右，取出，放入干燥器内冷却 0.5 h 后再称量。至前后两次质量差不超过 2 mg，即为恒重。

2）半固体或液体样品。取洁净的蒸发皿，内加 10 g 海砂及一根小玻璃棒，置于 95～105℃ 干燥箱中，瓶盖斜支于瓶边，干燥 0.5～1.0 h 后取出，放入干燥器内冷却 0.5 h 后称量，重复干燥至恒重。然后精确称取 5～10 g 样品，置于蒸发皿中，在沸水浴上蒸，并随时用小玻璃棒搅拌至蒸干，擦去皿底的水滴，置于 95～105℃ 干燥箱中干燥 4 h 后盖好取出，放入干燥器内冷却 0.5 h 后称量。然后再放入 95～105℃ 干燥箱中干燥 1 h 左右，取出，放入干燥器内冷却 0.5 h 后再称量。至前后两次质量差不超过 2 mg，即为恒重。

（5）计算。计算公式如下：

$$w = \frac{m_1 - m_2}{m_1 - m_0} \times 100\%$$

式中 w——样品中水分的质量分数，%；

　　　m_1——称量瓶（或蒸发皿加海砂、玻璃棒）和样品的质量，g；

　　　m_2——称量瓶（或蒸发皿加海砂、玻璃棒）和样品干燥后的质量，g；

　　　m_0——称量瓶（或蒸发皿加海砂、玻璃棒）的质量，g。

计算结果保留 3 位有效数字。

（6）精密度。在重复性条件下两次独立测定结果的绝对差值不得超过算术平均值的 5%。

（7）注意事项

1）水果、蔬菜样品。应先洗去泥沙后，用蒸馏水冲洗，然后用洁净纱布吸干表面的水分，再粉碎。

2）测定时，称量瓶从烘箱中取出后，应立即放在干燥器中冷却，切勿暴露在空气中冷却。

3）干燥器内的硅胶应占底部容积的 1/2～1/3，当硅胶蓝色减退或变红时，需及时调换，换出的硅胶置于烘箱中烘至蓝色后再用。

4）浓稠液体，一般称量后加水稀释，否则表面易结块。

5）为减少称量误差，应控制称量时间，建议每批称量器皿不超过 12 个。

2. 减压干燥法

（1）原理。利用在低压下水的沸点降低的原理，将样品粉碎、混匀后放入称量瓶中，并置于真空烘箱内，在一定的真空度与加热温度下干燥至恒重，干燥后样品所失去的质量即为水分质量，从而可计算出样品中水分的质量分数。

（2）仪器

1）真空烘箱。

2）分析天平。精度 ±0.1 mg。

3）干燥器。

（3）操作步骤

1）如图 3—5 所示连接真空干燥系统。

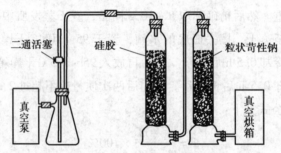

图 3—5　真空干燥系统

2）测定。准确称取 2～10 g 试样，置于已恒重的称量瓶，放入真空烘箱内，开启真空泵，关闭二通活塞，抽出烘箱内的空气至所需压力（一般为 40～53 kPa），并同时加热至所需温度（60℃±5℃）。保持烘箱内一定的温度和压力，4 h 后，缓慢打开二通活塞，使空气经干燥装置缓缓通入烘箱内，待压力恢复正常后先关闭真空泵，再打开真空烘箱的门。取出称量瓶，放入干燥器中 0.5 h 后称量，重复以上操作至恒重。

（4）计算。计算公式如下：

$$w = \frac{m_1 - m_2}{m_1 - m_0} \times 100\%$$

式中　w——样品中水分的质量分数，%；

m_1——称量瓶（或蒸发皿加海砂、玻璃棒）和样品的质量，g；

m_2——称量瓶（或蒸发皿加海砂、玻璃棒）和样品干燥后的质量，g；

m_0——称量瓶（或蒸发皿加海砂、玻璃棒）的质量，g。

计算结果保留 3 位有效数字。

（5）精密度。在重复性条件下两次独立测定结果的绝对差值不得超过算术平均值的 10%。

（6）注意事项

1）真空烘箱内各部位温度要求均匀一致。烘箱精度 ±1℃。

2）减压干燥时，自烘箱内压力降至规定真空度时起计算烘干时间。

3）为防止真空泵产生倒吸，关闭真空泵前应先缓慢打开二通活塞。

3. 蒸馏法

（1）原理。基于两种互不相溶的液体二元体系的沸点低于各组分的沸点这一特性，在试样中加入与水互不相溶的有机溶剂（如甲苯或二甲苯等），将食品中的水分与甲苯或二甲苯共同蒸出，冷凝并收集馏出液。由于水和溶剂密度不同，馏出液在接收管内会分层，根据水的体积，可计算出样品中水分的质量分数。

（2）试剂。取甲苯或二甲苯，先以水饱和后，分去水层，进行蒸馏，收集馏出液备用。

（3）仪器。蒸馏式水分测定仪如图 3—6 所示。

（4）操作步骤

1）称取适量样品（估计含水 2～5 mL），放入 250 mL 圆底烧瓶中，放入新蒸馏的甲苯（或二甲苯）75 mL，连接冷凝管与水分接收管，从冷凝管顶端注入甲苯，装满水分接收管。

2）加热慢慢蒸馏，使每秒的馏出液为两滴，待大部分水分蒸出后，加速蒸馏，约每秒 4 滴，当水分全部蒸出后，接收管内的水分体积不再增加时，从冷凝管顶端加入甲苯冲洗。

3）如冷凝管壁附有水滴，可用附有小橡胶头的铜丝擦下，再蒸馏片刻至接收管上部及冷凝管壁无水滴附着为止，读取接收管内水层的体积。

（5）计算。计算公式如下：

$$w = \frac{V \times 1 \times 100\%}{m}$$

式中　w——样品中水分的质量分数，%；

　　　V——接收管内水的体积，mL；

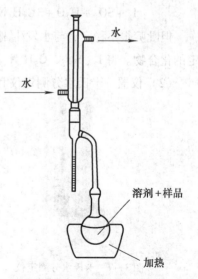

图 3—6　蒸馏式水分测定仪

m——样品的质量，g。

计算结果保留 3 位有效数字。

（6）精密度。在重复性条件下两次独立测定结果的绝对差值不得超过算术平均值的 10%。

（7）注意事项

1）样品用量。通常，粮食为 20 g，蔬菜、水果为 5 g，鱼、肉、蛋为 5~10 g。

2）对于粉末状样品，应在蒸馏瓶底部铺上一层海砂，以增加接触面积，利于蒸馏。

3）对不同的食品，可以使用不同的有机溶剂进行蒸馏。通常，多数香辛料用甲苯来蒸馏；在高温下易分解的样品，用苯来蒸馏；葱类、大蒜和其他含有大量糖的香辛料用己烷来蒸馏。

4）蒸馏时，加热温度不宜太高（可用石棉网或油浴加热），否则冷凝管上端水蒸气难以全部回收，影响测定结果。

5）为避免水珠黏附在接收管和冷凝管壁，蒸馏器皿必须清洗干净。

6）所用甲苯必须无水。将甲苯经过氯化钙或无水硫酸钠吸水，过滤蒸馏，弃去最初馏液，收集澄清透明溶液即为无水甲苯。

4. 卡尔－费休法

（1）原理。利用 I_2 氧化 SO_2 时需要有一定的水参加反应（氧化还原反应）：

$$I_2 + SO_2 + 2H_2O \Longrightarrow H_2SO_4 + 2HI$$

此反应具有可逆性，当生成物 H_2SO_4 的浓度大于 0.05% 时，即发生可逆反应，要使反应顺利向右进行，要加入适量的碱性物质以中和生成的酸，采用吡啶（C_5H_5N）可以达到此要求。

$$I_2 + SO_2 + H_2O + 3C_5H_5N + CH_3OH \rightarrow 2C_5H_5N \cdot HI + C_5H_5N \cdot HSO_3CH_3$$

但吡啶很不稳定，与水发生副反应，形成干扰。若加入甲醇（CH_3OH），则可生成稳定的化合物。将 I_2、SO_2、C_5H_5N、CH_3OH 配在一起即成为卡尔－费休试剂。

（2）仪器。卡氏水分测定仪和全自动卡氏水分测定仪如图 3—7、图 3—8 所示。

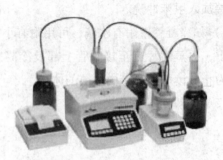

图 3—7　卡氏水分测定仪　　　　　图 3—8　全自动卡氏水分测定仪

（3）试剂

1）无水甲醇。含水量小于 0.05%。

2）无水吡啶。含水量小于 0.1%。

3）碘。将固体碘置于硫酸干燥器内干燥 48 h 以上。

4）无水硫酸钠。

5）二氧化硫。采用储存于二氧化硫钢瓶中的二氧化硫或用硫酸分解亚硫酸钠而制得。

6）水–甲醇标准溶液。准确吸取 1 mL 水置于干燥、洁净的 1 000 mL 容量瓶中，用无水甲醇稀释至刻度，摇匀备用。

7）卡尔–费休试剂。称取碘（置硫酸干燥器内 48 h 以上）110 g 置于干燥的具塞烧瓶中，加无水吡啶 160 mL，注意冷却，振摇至碘全部溶解后，加无水甲醇 300 mL，称定质量，将烧瓶置于冰浴中冷却，通入干燥的二氧化硫至质量增加 72 g，再加无水甲醇使其成 1 000 mL，密塞，摇匀，暗处放置 24 h。临用前应标定浓度。

（4）操作步骤

1）标定。取干燥的具塞锥形瓶，精确称量重蒸馏水约 30 mg，加无水甲醇 2～5 mL，用卡尔–费休试剂滴定至溶液由浅黄色变为红棕色，即为指示终点；另做空白试验。计算公式如下：

$$F = \frac{A - B}{m}$$

式中　F——与 1 mL 卡尔–费休试剂相当的水的质量，mg；

　　　m——称取重蒸馏水的质量，mg；

　　　A——滴定所消耗的卡尔–费休试剂的体积，mL；

　　　B——空白试验所消耗的卡尔–费休试剂的体积，mL。

2）测定。精确称取试样适量（消耗卡尔–费休试剂 1～5 mL），置于干燥的具塞玻璃瓶中，加无水甲醇 2～5 mL，在不断振摇（或搅拌）下用卡尔–费休试剂滴定至溶液由浅黄色变为红棕色，即为指示终点；另做空白试验。

（5）计算

$$w = \frac{A - B}{m} \times F \times 100\%$$

式中　w——样品中水分的质量分数，%；

　　　A——样品所消耗的卡尔–费休试剂的体积，mL；

　　　B——空白试验所消耗的卡尔–费休试剂的体积，mL；

　　　F——与 1 mL 的卡尔–费休试剂相当的水的质量，mg；

　　　m——样品的质量，mg。

（6）精密度。在重复性条件下两次独立测定结果的绝对差值不得超过算术平均值的10%。

（7）注意事项

1）如果食品中含有氧化剂、还原剂、石炭酸盐、硼酸等会与卡尔－费休试剂起反应、干扰测定的物质。可以在滴定前加入过量的乙酸，以消除这种干扰。

2）固体样品粒度以小于等于0.35 mm为宜。最好用粉碎机而不用研磨机，以防止水分损失。

3）无水甲醇及无水吡啶宜加入无水硫酸钠保存。

4）卡尔－费休试剂配好后，放置24 h后进行标定，且每天要标定。应遮光，密封，置于阴凉干燥处保存。

5）由于卡尔－费休滴定试剂很容易吸收水分，因此要求滴定管和滴定池（测量池）等采取较好的密封装置。否则将会由于吸湿现象造成终点长时间的不稳定和严重的误差。所用仪器应干燥，并能避免空气中水分的侵入，测定操作宜在干燥处进行。

【实训3—4】 面粉中水分的测定

1. 目的

熟悉和掌握直接干燥法测定水分的方法。

2. 仪器设备及器皿

所用仪器设备及器皿见表3—24。

表3—24 仪器设备及器皿

名 称	规 格	数量
分析天平	精度±0.1 mg	1
称量瓶	铝制品，直径为50~70 mm，高度为25 mm	2
烘箱	可控制恒温在（102±2）℃	1
干燥器	配有有效干燥剂	1
带密封盖的锥形瓶	—	1
不锈钢角匙	—	1

3. 操作步骤

（1）样品的制备。将样品全部移入两倍于样品体积的干燥、带盖的锥形瓶中，旋转振荡，使之充分混合，待测。

（2）测定

1）将称量瓶和盖放入（102±2）℃的烘箱中，加热1 h，加盖，然后将称量瓶移入干燥器中，冷却至室温，重复干燥至恒重，称量。

2）将3~5 g的样品放入称量瓶中，加盖，迅速、准确称量。

3）将称量瓶和盖放入（102±2）℃的烘箱中，加热3 h。

4）加盖，将称量瓶移入干燥器中，冷却至室温，并迅速、准确称量。

5）再将称量瓶和盖放入（102±2）℃的烘箱中，加热1 h。加盖后移入干燥器中，冷却30 min后称量。

6）重复上述操作，直到连续两次称量质量之差不超过0.5 mg。

4. 计算

按公式 $w = \dfrac{m_1 - m_2}{m_1 - m_0} \times 100\%$ 计算出面粉中水分的质量分数。

5. 允许差

两次测得结果的最大偏差不得超过0.05%。

6. 填写原始记录

水分测定原始记录见表3—25。

表3—25 　　　　　　　　水分测定原始记录

样品名称		取样/检测日期		
样品编号		检验依据		
天平编号		检测地点		
干燥箱编号		环境温度/湿度（℃/%）		
平行试验			1	2
铝皿质量 m_0（g）	第一次称重			
	第二次称重			
称量瓶、盖＋样品质量 m_1（g）				
烘干后：称量瓶、盖＋样品质量 m_2（g）	第一次称重			
	第二次称重			
计算公式： $w = \dfrac{m_1 - m_2}{m_1 - m_0} \times 100\%$				
样品中水分的质量分数 w（%）				
样品中水分的质量分数平均值（%）				
两次测定值之差（%）				
备注：				

检验人：　　　　　　　　　　　　　　　　　　　　检验日期：

三、灰分的测定

食品中除含有大量有机物质外，还含有丰富的无机成分。食品经高温灼烧，有机成分挥发逸散，而无机成分则残留下来，这些残留物称为灰分。灰分是标示食品中无机成分总量的一项指标。食品的灰分除总灰分外，按其溶解性还可分为以下三类，见表3—26。

表3—26 灰分按其溶解性分类

分类	定义
水溶性灰分	可溶性的钾、钠、钙、镁等的氧化物和盐类的含量
水不溶性灰分	污染的泥沙和铁、铝等氧化物及碱土金属的碱式磷酸盐的含量
酸不溶性灰分	污染的泥沙和食品中原来存在的微量氧化硅的含量

由此可见，测定灰分可以判断食品受污染的程度。此外，灰分还可以评价食品的加工精度和食品的品质。

1. 总灰分的测定

（1）原理。一定量的样品经碳化后放入马弗炉内灼烧，使有机物被氧化分解，以二氧化碳、氮的氧化物及水的形式逸出，而无机物质以硫酸盐、磷酸盐、石炭酸盐、氯化物等无机盐和金属氧化物的形式残留下来，这些残留物即为灰分，称量残留物的质量即可计算出样品中总灰分的质量分数。

（2）试剂

1）1:4 的盐酸溶液。

2）0.5% 的三氯化铁溶液和等量蓝墨水的混合液。

（3）仪器

1）分析天平。精度 ±0.1 mg。

2）马弗炉。

3）坩埚。

4）坩埚钳。

5）干燥器。

（4）操作步骤

1）坩埚的准备。将坩埚用1:4的盐酸煮1~2 h，洗净晾干后，用三氯化铁溶液与蓝墨水的混合液在坩埚外壁及盖上编号；然后将坩埚置于（550 ± 25）℃的马弗炉中灼烧

0.5 h，再将其冷却至200℃以下后取出，放入干燥器中冷却30 min后，精确称量，并重复灼烧至恒量（重复灼烧至前后两次称量结果相差不超过0.5 mg为恒量）。

2）样品测定

①样品称取。在恒重的坩埚中加入2~3 g固体样品或5~10 g液体样品后，精确称量。

②样品碳化。液体样品须先在沸水浴上蒸干。固体或蒸干后的样品，先以小火加热使样品充分碳化至无烟。

③样品灰化。将碳化后的样品置于马弗炉中，在（550±25）℃灼烧至无碳粒，即灰化完全。冷却至200℃以下后取出，放入干燥器中冷却30 min，精确称量。重复灼烧至前后两次称量相差不超过0.5 mg为止。

（5）计算。计算公式如下：

$$w = \frac{m_1 - m_2}{m_3 - m_2} \times 100\%$$

式中　w——样品中灰分的质量分数，%；

　　　m_1——坩埚和灰分的质量，g；

　　　m_2——坩埚的质量，g；

　　　m_3——坩埚和样品的质量，g。

（6）精密度。在重复性条件下获得的两次独立测定结果的绝对差值不得超过算术平均值的5%。

（7）注意事项

1）样品碳化时，因温度高会引起水分急剧蒸发而使试样飞溅；要防止糖、蛋白质、淀粉等易发泡膨胀的物质溢出坩埚。

2）不经碳化而直接灰化，碳粒易被包住，灰化不完全。

3）从马弗炉中取出坩埚时，要在炉口停留片刻，防止因温度剧变而使坩埚破裂。

4）灼烧后的坩埚应冷却到200℃以下再移入干燥器中，否则因冷、热空气的对流作用，易造成残灰飞散，且冷却速度慢，冷却后干燥器内形成较大真空，盖子不易打开。

5）用过的坩埚经洗刷后，可用废盐酸浸泡10~20 min后用水冲净。

6）加速灰化时，一定要沿坩埚壁加水或试剂。不可直接加在残灰上，以防残灰飞扬，造成损失和测定误差。

2. 水不溶性灰分的测定

（1）操作步骤。向测定总灰分所得残留物中加入 25 mL 去离子水，加热至沸腾，用无灰滤纸过滤，然后用 25 mL 热的去离子水分数次洗涤坩埚、滤纸及残渣，将残渣连同滤纸移回原坩埚中，在水浴上蒸干，然后放入干燥箱中干燥，再进行灼烧、冷却、称重，直至恒重。

（2）计算。计算公式如下：

$$w = \frac{m_4 - m_2}{m_3 - m_2} \times 100\%$$

式中　w——样品中水不溶性灰分的质量分数，%；

　　　m_4——坩埚和水不溶性灰分的质量，g；

　　　m_2——坩埚的质量，g；

　　　m_3——坩埚和样品的质量，g。

3. 水溶性灰分的测定

$$水溶性灰分的质量分数（\%）= \frac{总灰分的质量}{分数（\%）} - \frac{水不溶性灰分的}{质量分数（\%）}$$

4. 酸不溶性灰分的测定

（1）操作步骤。向总灰分或水不溶性灰分中加入 0.1 mol/L 的盐酸 25 mL。加热至沸腾，用无灰滤纸过滤，然后用 25 mL 热的去离子水分数次洗涤坩埚、滤纸及残渣，将残渣连同滤纸移回原坩埚中，在水浴上蒸干，然后放入干燥箱中干燥，再进行灼烧、冷却、称重，直至恒重。

（2）计算。计算公式如下：

$$w = \frac{m_5 - m_2}{m_3 - m_2} \times 100\%$$

式中　w——样品中酸不溶性灰分的质量分数，%；

　　　m_5——坩埚和酸不溶性灰分的质量，g；

　　　m_2——坩埚的质量，g；

　　　m_3——坩埚和样品的质量，g。

【实训3—5】　粮食中灰分的测定

1. 目的

熟悉和掌握灰分的测定方法。

2. 仪器设备及器皿

所用仪器设备及器皿见表3—27。

表3—27 仪器设备及器皿

名称	规格/精度	数量
马弗炉	(550±25)℃	1
分析天平	精度±0.1 mg	1
瓷坩埚	18~20 mL	3
坩埚钳	长柄	1
干燥器	配有效干燥剂	1

3. 操作步骤

（1）坩埚处理。先用三氯化铁溶液与蓝墨水的混合溶液将坩埚编号，然后置于500~550℃的马弗炉内灼烧0.5~1 h，取出坩埚放在炉门口处，待红热消失后，放入干燥器内冷却至室温，称重。再灼烧、冷却、称重，直至前后两次质量差不超过0.2 mg为止，将此时坩埚的质量记为 m_0。

（2）测定

1）用灼烧至恒重的坩埚称取粉碎样品2~3 g（ m ，准确至0.2 mg），放在电炉上，错开坩埚盖，加热至试样完全碳化为止。

2）然后把坩埚放在马弗炉炉口片刻，再移入炉膛内，错开坩埚盖，关闭炉门，在500~550℃温度下灼烧2~3 h。在灼烧过程中，可将坩埚位置调换1~2次，灼烧至试样黑点全部消失，变成灰白色为止。

3）取出坩埚冷却至室温，称重。再灼烧30 min至恒重（ m_1 ）为止。若最后一次灼烧后的质量增加，取前一次质量计算。

4. 计算

按公式 $w = \dfrac{m_1 - m_0}{m} \times 100\%$ 计算样品中灰分的质量分数。

5. 允许差

两次试验结果的最大偏差不超过0.03%，测定结果精确到小数点后两位。

6. 填写原始记录

灰分测定原始记录见表3—28。

表 3—28 　　　　　　　　　　　　　灰分测定原始记录

样品名称			取样/检测日期	
样品编号			检验依据	
天平编号			检测地点	
马弗炉编号			环境温度/湿度（℃/%）	
平行试验			1	2
坩埚质量 m_0（g）	第一次称重			
	第二次称重			
样品质量　m（g）				
灼烧后：坩埚＋样品质量　m_1（g）	第一次称重			
	第二次称重			
计算公式：$w = \dfrac{m_1 - m_0}{m} \times 100\%$				
样品中灰分的质量分数 w（%）				
样品中灰分的质量分数平均值（%）				
两次测定值之差（%）				
备注：				

检验人：　　　　　　　　　　　　　　　　　　　　　　检验日期：

四、脂肪的测定

脂肪是一种富含热能的营养素，是人体热能的主要来源；脂肪还是脂溶性维生素的良好溶剂，有助于脂溶性维生素的吸收；脂肪与蛋白质结合生成的脂蛋白，在调节人体生理机能和完成体内生化反应方面都起着十分重要的作用。

食品中的脂类主要包括脂肪（甘油三酸酯）和一些类脂质，如脂肪酸、磷脂、糖脂、固醇等，大多数动物性食品及某些植物性食品（如种子、果实、果仁等）都含有天然脂肪。各种食品含脂量各不相同，其中动物性和植物性油脂中脂肪含量最高，而水果、蔬菜中脂肪含量很低。

食品中脂肪的存在形式有两种：游离态和结合态。对大多数食品来说，游离态脂肪是主要的，结合态脂肪含量较少。食品的总脂肪含量一般用有机溶剂萃取法测定，该法可以分为连续、半连续、不连续或高压－高温法等；非溶剂湿法萃取可用于测定某些特定的食品。常用的测定方法见表 3—29。

表 3—29　　　　　　　　　　　　　常用的测定方法

测定方法	适用范围
索氏抽提法	适用于脂类含量较高，结合态脂类含量较少，能烘干磨细，不宜吸湿结块的样品中脂肪的测定
酸水解法	适用于各类食品中脂肪的测定，特别是加工后的混合食品，容易吸湿、结块、不易烘干的食品
罗兹 – 哥特里法	适用于各种液状乳，各种炼乳、奶粉、奶油及冰激凌等能在碱性溶液中溶解的乳制品中脂肪的测定，也适用于豆乳或加水呈乳状的食品中脂肪的测定
盖勃法	适用于鲜乳及乳制品脂肪的测定

1. 索氏抽提法

（1）原理。将经前处理而分散且干燥的样品用无水乙醚或石油醚等溶剂回流提取，使样品中的脂肪进入溶剂中，回收溶剂后所得到的残留物，即为脂肪。

（2）试剂

1）无水乙醚或石油醚。

2）海砂（同水分测定）。

（3）仪器

1）分析天平。精度 ±0.1 mg。

2）索氏抽提器。如图 3—9 所示。

（4）操作步骤

1）样品处理

①固体样品。精确称取干燥并研细的样品 2～5 g（可取测定水分后的样品），必要时拌以海砂，小心地移入滤纸筒内。

②半固体或液体样品。精确称取 5.0～10.0 g 样品于蒸发皿中，加入海砂约 20 g，于沸水浴上蒸干后，再于 95～105℃烘干、研细，全部移入滤纸筒内，蒸发皿及黏附有样品的玻璃棒均用沾有乙醚的脱脂棉擦净，将棉花一同放进滤纸筒内。

2）抽提。将滤纸筒放入索氏抽提器内，连接已干燥至恒重的脂肪接收瓶，由冷凝管上端加入无水乙醚或石油醚，加入的量为接收瓶体积的 2/3，于 70℃水浴上加热，回流提取 6～12 h，至抽提完全为止。

3）回收溶剂、烘干、称重。取下接收瓶，回收乙醚或石油醚，待接收瓶内的溶剂剩

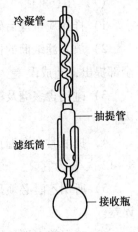

图 3—9　索氏抽提器

（标注：冷凝管、抽提管、滤纸筒、接收瓶）

1~2 mL 时，在水浴上蒸干，置于 100~105℃烘箱内干燥 2 h，取出放入干燥器内冷却 30 min，称重，并重复至恒重。

（5）计算。计算公式如下：

$$w = \frac{m_2 - m_1}{m} \times 100\%$$

式中　w——样品中脂肪的质量分数，%；

　　　　m_2——接收瓶和脂肪的质量，g；

　　　　m_1——接收瓶的质量，g；

　　　　m——样品的质量，g。

（6）精密度。在重复性条件下两次独立测定结果的绝对差值不得超过算术平均值的 10%。

（7）注意事项

1）样品应干燥后研细，装样品的滤纸筒一定要紧密，不能往外漏样品，否则重做。

2）放入滤纸筒的样品高度不能超过回流弯管，否则乙醚不易穿透样品，使脂肪不能全部提出，造成误差。

3）碰到含多糖及糊精的样品要先以冷水处理，等其干燥后连同滤纸一起放入提取器内。

4）提取时水浴温度不能过高，一般使乙醚刚沸腾即可（45℃左右），回流速度以 8~12 次/h 为宜。

5）所用乙醚必须是无水乙醚，如含有水分则可能将样品中的糖及无机物抽出，造成误差。

6）冷凝管上端最好连接一个氯化钙干燥管，这样不仅可以防止空气中的水分进入，而且还可以避免乙醚挥发而污染实验室的空气。如无氯化钙干燥管，塞一团干脱脂棉球亦可。

7）如果没有无水乙醚，可以自己制备，制备方法如下：在 100 mL 乙醚中，加入无水石膏 50 g，振摇数次，静置 10 h 以上，蒸馏，收集 35℃以下的蒸馏液，即可应用。

8）将接收瓶放在烘箱内干燥时，瓶口向一侧倾斜 45°，使挥发物乙醚与空气形成对流，这样干燥迅速。

9）如果没有乙醚或无水乙醇时，可以用石油醚提取，石油醚沸程为 30~60℃为好。

10）使用挥发乙醚或石油醚时，切忌直接用火源加热，应用电热套、电水浴、电灯泡等。

11）这里恒重的概念与前面的有区别，它表示最初达到的最低质量，即溶剂和水分完

全挥发时的恒重，此后若继续加热，则因油脂氧化等原因会导致质量增加。

12）在干燥器中的冷却时间一般要一致。

2. 酸水解法

（1）原理。将样品与盐酸溶液一同加热进行水解，使结合或包藏在组织里的脂肪游离出来，再用无水乙醚或石油醚提取脂肪，蒸发回收溶剂，干燥后称量，提取物的质量即为样品中的脂肪质量。

（2）试剂

1）盐酸。

2）95%的乙醇。

3）无水乙醚或石油醚。

（3）仪器

1）分析天平。精度 ±0.1 mg。

2）100 mL 具塞刻度量筒。

（4）操作步骤

1）称取样品

①固体样品。称取约 2 g，置于 50 mL 大试管内，加 8 mL 水，混匀后加 10 mL 盐酸。

②液体样品。称取约 10 g，置于 50 mL 大试管内，加 10 mL 盐酸。

2）溶解样品。将试管放入 70～80℃水浴中，每 5～10 min 用玻璃棒搅拌一次，至样品脂肪游离消化完全为止，需 40～50 min。

3）抽提。取出试管，加入 10 mL 乙醇，混合；冷却后将混合物移入 100 mL 具塞量筒中，以 25 mL 乙醚分数次洗试管，洗液一并倒入量筒中。待乙醚全部倒入量筒后，加塞振摇 1 min，小心开塞，放出气体，再塞好，静置 12 min，小心开塞，并用石油醚－乙醚等量混合液冲洗塞及量筒口附着的脂肪。静置 10～20 min，待上部液体清晰，吸出上清液于恒重的锥形瓶内，再加 5 mL 乙醚于具塞量筒内，振摇，静置后，仍将上层乙醚吸出，放入原锥形瓶内。

4）烘干、称重。将锥形瓶于水浴上蒸干，置于（100±5）℃烘箱中干燥 2 h，取出，放入干燥器内冷却 0.5 h 后称重，重复以上操作直至恒重。

（5）计算。计算公式如下：

$$w = \frac{m_2 - m_1}{m} \times 100\%$$

式中　　w——样品中脂肪的质量分数，%；

　　　　m_2——接收瓶和脂肪的质量，g；

m_1——接收瓶的质量，g；

m——样品的质量，g。

（6）精密度。在重复性条件下两次独立测定结果的绝对差值不得超过算术平均值的5%。

（7）注意事项

1）测定的固体样品须充分磨细，液体样品需充分混合均匀，以便消化完全至无块状碳粒，否则结合性脂肪不能完全游离，致使测定结果偏低。

2）水解时防止大量水分损失，使酸浓度升高。

3）挥干溶剂后，残留物中若有黑色焦油状杂质，是分解物与水一同混入所致，这会使测定值增大，造成误差，可用等量的乙醇及石油醚溶解后过滤，再次进行挥干溶剂的操作。

3. 罗兹－哥特里法

（1）原理。利用氨－乙醇溶液破坏乳的胶体性状及脂肪球膜，使非脂成分溶解于氨－乙醇溶液中，从而使脂肪游离出来，再用乙醚－石油醚提取出脂肪，用蒸馏去除溶剂后，残留物即为乳脂肪。

（2）试剂

1）25%的氨水。

2）96%的乙醇。

3）乙醚（不含过氧化物）。

4）石油醚（沸程30~60℃）。

（3）仪器

1）抽脂瓶（见图3—10）。

2）电热恒温干燥箱。

3）干燥器。

（4）操作步骤

1）样品处理。取一定量的样品（牛奶约10.00 mL，乳粉称取约1 g），用10 mL、60℃的水，分数次溶解于抽脂瓶中。

2）在抽脂瓶中加1.25 mL氨水，充分混匀，置于60℃水浴中加热5 min，再振摇2 min，加入10 mL乙醇，充分摇匀，于冷水中冷却。加入25 mL乙醚，振摇0.5 min，加入25 mL石油醚，再振摇0.5 min，静置30 min，待上层液澄清后，读取醚层体积，放出一定体积醚层于一恒重的接收瓶中，蒸馏回收乙醚和石油醚，挥干残余醚。

图3—10 抽脂瓶

3）将接收瓶放入 100~105℃烘箱中干燥 1.5 h，取出放入干燥器中冷却 30 min 后称重，重复操作至恒重。

（5）计算。计算公式如下：

$$w = \frac{m_2 - m_1}{m \times \frac{V_1}{V}} \times 100\%$$

式中　w——样品中脂肪的质量分数，%；

m_2——接收瓶和脂肪的质量，g；

m_1——接收瓶的质量，g；

m——样品的质量，g；

V_1——放出醚层的体积，mL；

V——醚层总体积，mL。

（6）精密度。在重复性条件下两次独立测定结果的绝对差值不得超过算术平均值的 10%。

（7）注意事项

1）若无抽脂瓶时，可用 100 mL 具塞量筒代替，待分层后读数，用移液管吸取一定量醚层。

2）加入氨水后，要充分摇匀，否则会影响醚对脂肪的提取。

3）同时做空白试验。如果空白试验值超过 0.5 mg，则应对试剂进行检验，更换或提纯任何不纯的试剂。

①乙醚中过氧化物的检验。取一只具塞玻璃小量筒，用乙醚冲洗，然后加入 10 mL 乙醚，再加入 1 mL 新制备的 100 g/L 的碘化钾溶剂，振荡，静置 1 min，两相中均不得有黄色。

②乙醚中含抗氧化剂的情况。如果每 1 kg 乙醚中约含 1 mg 抗氧化剂，不影响使用。如乙醚中含有较多抗氧化剂，例如，1 kg 中含有 7 mg 抗氧化剂，使用前应重新蒸馏。

4. 盖勃法

（1）原理。利用硫酸破坏乳中的乳胶质和覆盖在脂肪球上的蛋白质外膜，异戊醇将磷脂与蛋白质分离，从而使脂肪合并成为油层，通过离心方法将脂肪分离出来，在乳脂瓶中直接读取脂肪层，从而求出被检乳中的脂肪的质量分数。

（2）试剂

1）硫酸。相对密度为 1.820～1.825。

2）异戊醇。相对密度为 0.811±0.002（20℃），沸程 128～132℃。

（3）仪器

1）盖勃氏乳脂计（见图 3—11）。

2）盖勃氏离心机。

（4）操作步骤

1）在盖勃氏乳脂计中先加入 10 mL 硫酸（颈口勿沾湿硫酸），再沿管壁小心加入混匀的牛乳 11 mL，使样品和硫酸不要混合，然后加 1 mL 异戊醇，塞上橡胶塞，用布把瓶口包裹好（以防振摇时酸液冲出），使瓶口向外向下，用力振摇使凝块完全溶解，呈均匀棕色液体，静置数分钟后瓶口向下。

图 3—11　盖勃氏乳脂计

2）将其置于 65～70℃ 水浴中 5 min，取出擦干，调节橡胶塞使脂肪柱在乳脂计的刻度内。放入离心机中，以 800～1 000 r/min 的速度离心 5 min，取出乳脂计。

3）再将其置于 65～70℃ 水浴中（注意水浴水面应高于乳脂计脂肪层），5 min 后取出立即读数，脂肪层上下弯月面的下缘数字之差，即为脂肪的质量分数。

（5）计算。脂肪（%）= 脂肪层的读数。

（6）精密度。在重复性条件下两次独立测定结果的绝对差值不得超过算术平均值的 10%。

（7）注意事项

1）硫酸的浓度要严格按规定的要求，如过浓会使乳碳化成黑色溶液而影响读数；过稀则不能使酪蛋白完全溶解，会使测定值偏低或使脂肪层混浊。

2）测定前应鉴定异戊醇中的杂质。用水代替牛乳，其他均与盖勃法测定脂肪步骤相同，摇匀后，静置 24 h，如果在乳脂计上部无"油层"或"油珠"析出，则此异戊醇可以使用。

3）测定不同的样品最好使用不同的乳脂计。测定脱脂乳使用满刻度为 1%、4% 的乳脂计；测定牛乳、酸奶和干酪素使用满刻度为 7% 的乳脂计；测定稀奶油、干酪使用满刻度为 40% 的乳脂计；测定奶油使用满刻度为 50%、90% 的乳脂计。

【实训 3—6】　奶粉中脂肪的测定

1. 目的

熟悉和掌握奶粉中脂肪的测定方法。

2. 仪器设备及器皿

所用仪器设备及器皿见表 3—30。

表 3—30   仪器设备及器皿

名　称	规　格	数　量
分析天平	精度 ±0.1 mg	1
毛氏抽脂瓶	—	3
烘箱	可控制恒温在（102 ±2）℃	1
干燥器	配有效干燥剂	1
电热恒温水浴锅	可控制恒温在（65 ±5）℃	1
接收瓶	125 mL	3
量筒	5 mL、25 mL	各1
烧杯	25 mL	2
移液管	10 mL	3
金属夹钳	—	1

3. 操作步骤

（1）称取样品 1 g（精确至 0.000 1 g）于烧杯中，用 10 mL、（65 ±5）℃的水，洗入抽脂瓶的小球中，充分混合，直到样品完全分散，放入流动的水中冷却。

（2）往抽脂瓶中加入 2 mL 浓氨溶液，在小球中与已溶解的样品充分混合后，将抽脂瓶放入（65 ±5）℃的水浴中，加热 15 ~ 20 min，时而振荡一次，取出，冷却至室温。

（3）再加入 10 mL 乙醇，轻轻地使内容物在小球和柱体间来回流动，和缓但彻底地进行混合，避免液体太接近瓶颈。加入 25 mL 乙醚，塞上被水饱和的软木塞，轻轻摇动使液体由大球冲入小球数次。加入 25 mL 石油醚，塞上重新润湿的塞子，轻轻摇动使液体由大球冲入小球数次，静置 30 min 以上，直到上层液澄清，并明显与水分离。

（4）小心地打开软木塞或瓶塞，用少量的混合溶剂冲洗塞子和瓶颈内壁，使冲洗液流入抽脂瓶中。持抽脂瓶的小球部，小心地将上层液尽可能地倒入已恒重的脂肪接收瓶中，在水浴上蒸馏去除溶剂。

（5）重复步骤（3）、（4）的操作，进行第二次抽提，此次抽提只用 5 mL 乙醇、15 mL 乙醚和 15 mL 石油醚，用混合溶剂冲洗瓶颈内壁。

（6）重复步骤（3）、（4）的操作，进行第三次抽提，如果产品中脂肪的质量分数低于 5%，可省略第三次抽提。在水浴上蒸馏去除溶剂。

（7）将脂肪接收瓶放入（102 ±2）℃的烘箱中加热 1 h，取出接收瓶，放入干燥器中冷却 0.5 h，称量，精确至 0.1 mg。称量前不要擦拭接收瓶，直接用夹钳将接收瓶放到天平上（避免温度变化）。

（8）重复步骤（7）的操作，直到脂肪接收瓶连续两次称量结果之差不超过 0.5 mg 为止，记录接收瓶的最低质量。同时做空白试验。

4. 计算

$$w = \frac{(m_1 - m_2) - (m_3 - m_4)}{m} \times 100\%$$

式中　w——样品中脂肪的质量分数，%；

　　　m——样品的质量，g；

　　　m_1——脂肪和接收瓶的质量，g；

　　　m_2——脂肪接收瓶的质量，g；

　　　m_3——空白试验中脂肪接收瓶和抽提物的质量，g；

　　　m_4——空白试验中脂肪接收瓶的质量，g。

5. 允许差

两次试验结果的最大偏差不超过 0.2 g/100 g，测定结果取小数点后两位。

6. 填写原始记录

脂肪测定试验结果记录表见表 3—31。

表 3—31　　　　　　　　　　脂肪测定试验结果记录表

项目名称			取样/检测日期		
样品名称			检验依据		
仪器名称			仪器编号		
环境温度/湿度（℃/%）			检测地点		
平行试验		1	2	空白试验	
样品质量 m（g）					
接收瓶质量 m_2（g）	第一次称重			接收瓶质量 m_4（g）	
	第二次称重				
接收瓶 + 脂肪的质量 m_1（g）	第一次称重			接收瓶 + 抽提物质量 m_3（g）	
	第二次称重				
脂肪计算公式：$w = \dfrac{(m_1 - m_2) - (m_3 - m_4)}{m} \times 100\%$					
样品中脂肪质量分数 w（%）					
样品中脂肪质量分数平均值（%）					
两次测定值之差（%）					

备注：

检验人：　　　　　　　　　　　　　　　　　　　检验日期：

五、水样品中硫酸盐质量浓度的测定*

1. 原理

硫酸盐和氯化钡在强酸性的盐酸溶液中生成白色硫酸钡沉淀，经沉淀后过滤，洗涤沉淀至滤液不含氯离子，灼烧至恒重，根据硫酸钡质量计算硫酸盐的质量浓度。

2. 试剂

本测定方法中所用试剂除另作说明外，均为分析纯试剂。所用纯水为蒸馏水或去离子水。

（1）氯化钡溶液（50 g/L）。称取 5 g 氯化钡，溶于纯水中，并稀释至 100 mL。此溶液稳定，可长期保存。

（2）盐酸溶液（1+1）。

（3）硝酸银溶液（17.0 g/L）。称取 4.25 g 硝酸银（$AgNO_3$），溶于含 0.25 mL 硝酸的纯水中，并稀释至 250 mL。

（4）甲基红指示剂溶液（1 g/L）。称取 0.1 g 甲基红（$C_{15}H_{15}N_3O_2$），溶于 74 mL 氢氧化钠溶液 [c（NaOH）= 0.5 mol/L] 中，用纯水稀释至 100 mL。

3. 仪器

（1）高温炉。

（2）瓷坩埚（25 mL）。

4. 操作步骤

水样中阳离子总质量浓度大于 250 mg/L，或重金属离子质量浓度大于 10 mg/L 时，应将水样通过阳离子交换树脂置换水中阳离子。

（1）取 200~500 mL 水样（含硫酸盐 5~50 mg，勿超过 100 mg），置于烧杯中。加入数滴甲基红指示剂溶液，加盐酸溶液使水样呈酸性，加热浓缩至 50 mL 左右。

（2）将水样过滤，除去悬浮物及二氧化硅。用经盐酸溶液酸化过的纯水冲洗滤纸及沉淀，收集过滤后的水样于烧杯中。

（3）于水样中缓缓加入热氯化钡溶液，搅拌，直到硫酸钡沉淀完全，并多加 2 mL。

（4）将烧杯置于 80~90℃水浴中，盖以表面皿，加热 2 h 以陈化沉淀。

（5）取下烧杯，在沉淀中加入少量无灰滤纸浆，用慢速定量滤纸过滤。用 50℃ 纯水冲洗沉淀和滤纸，直至向滤纸中滴加硝酸银溶液不发生混浊时为止。

（6）将洗净并干燥的坩埚在高温炉内灼烧 30 min。冷却后称量，重复灼烧至恒重。

（7）将包好沉淀的滤纸放至坩埚中，在 110℃烘箱中烘干。在电炉上缓慢加热碳化。

（8）将坩埚移入高温炉内，于 800℃灼烧 30 min。在干燥器中冷却，称量，重复操作直至恒重。

5. 计算

$$\rho\,(SO_4^{2-}) = \frac{m \times 0.411\,6}{V} \times 1\,000$$

式中　$\rho\,(SO_4^{2-})$——水样中硫酸盐（以 SO_4^{2-} 计）的质量浓度，mg/L；

　　　m——硫酸钡质量，mg；

　　　V——水样体积，mL；

　　　0.411 6——1 mol 硫酸钡（$BaSO_4$）中所含 SO_4^{2-} 的质量换算系数。

第 5 节　电化学分析法

电化学分析法是建立在溶液电化学性质基础上的一种仪器分析方法。利用物质在化学能与电能转换的过程中，化学组成与电物理量（如电压、电流、电量或电导等）之间的定量关系来确定物质的组成和含量。根据测量的电化学参数不同，电化学分析法可分为电位分析、电导分析、库仑分析、极谱伏安和电泳分析等方法。在食品检验中，常采用电化学分析法进行食品中 pH 值、总酸和电导率的测定，本节主要介绍电位分析法。

一、原电池、标准电极电位

1. 原电池

如果在一个烧杯中放入硫酸锌溶液并插入锌片，在另一个烧杯中放入硫酸铜溶液并插入铜片，将两个溶液用一个装满氯化钾饱和溶液和琼脂的倒置 U 形管（盐桥）连接起来，再用导线连接锌片和铜片，并在导线中间接一个电流计，使电流计的正极与铜片相连，负极与锌片相连，则可看见电流计的指针发生偏转，这就说明反应中确有电子的转移，而且电子是沿着一定的方向有规则地流动的，如图 3—12 所示。这种将化学能转变为电能的装置称为原电池。

在铜锌原电池里，锌片上的锌原子失去电子后变成锌离子而进入溶液，因此，锌片上有了过剩的电子而成为负极。在负极上发生氧化反应：

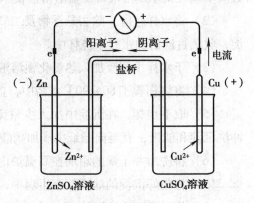

图 3—12　铜锌原电池

$$Zn - 2e \rightleftharpoons Zn^{2+}$$

同时，由于铜离子得到电子变成铜原子而沉积于铜片上，因此，铜片上有了多余的正电荷而成为正极。在正极上发生还原反应：

$$Cu^{2+} + 2e \rightleftharpoons Cu$$

在铜锌原电池里，电子由锌片经导线流向铜片，当锌原子失去电子变成 Zn^{2+} 而进入硫酸锌溶液时，硫酸锌溶液中的 Zn^{2+} 增多而带正电；同时，Cu^{2+} 聚集到铜片上获得电子变成铜原子，硫酸铜溶液中的 Cu^{2+} 减少而带负电。这种情况会阻碍电子由锌片向铜片流动，采用盐桥可以消除这种影响，盐桥中的负离子向硫酸锌溶液扩散，正离子向硫酸铜溶液扩散，以保持溶液的电中性，这样，氧化还原反应能够不断地进行，电流也就不会停止。

原电池是由两个电极（电对或半电池）构成的。例如，铜锌原电池中，锌和硫酸锌溶液称为一个电对（Zn^{2+}/Zn 电对），而铜和硫酸铜溶液为另一个电对（Cu^{2+}/Cu 电对）。电极上发生的反应称为电极反应（半电池反应）。

原电池常用符号来表示。如铜锌原电池可表示为：

$$(-)Zn \mid ZnSO_4(1 \text{ mol/L}) \parallel CuSO_4(1 \text{ mol/L}) \mid Cu(+)$$

其中（－）表示负极，写在左边；（＋）表示正极，写在右边；‖ 表示盐桥；｜ 表示电极与溶液的接触界面。

2. 标准电极电位

（1）电极电位的产生。原电池的两个电极用导线相连后，就会产生电流，这说明两电极之间有电位差，这个电位差也就是原电池的电动势（E）。电动势是可以通过试验测定的。电动势的产生可以归因于两个电极得到或失去电子的能力。为了定量地表示电极得失电子能力的大小，这里引入电极电位这一概念。例如，在铜锌原电池中，锌与硫酸锌溶液构成一个电极，有一个电位，以 $E_{Zn^{2+}/Zn}$ 表示；铜与硫酸铜溶液构成一个电极，也有一个电位，以 $E_{Cu^{2+}/Cu}$ 表示。锌失去电子的倾向大，而锌离子得到电子的倾向小，所以锌极得电子的倾向小。相反，铜离子得电子的倾向大，而铜失电子的倾向小，所以铜极得电子的倾向大。这使得两个电极的电位相差较大，两电极一旦相连，氧化还原反应就很容易发生，电子即由锌极流向铜极。

（2）电极电位的表示方法

1）还原电位。以代表电极获得电子倾向的电极电位。

2）氧化电位。以代表电极失去电子倾向的电极电位。

（3）标准氢电极。电极电位的绝对值是无法测定的，但可以选定一个电极作为标准，将各种待测电极与其比较，就可得到各种电极的电极电位相对值。国际上规定用标准氢电极作为测量电极电位的标准。

标准氢电极（见图 3—13）是由 101.32 kPa 氢气所饱和的铂片浸入氢离子浓度为 1 mol/L（严格地讲是活度为 1）的溶液中所组成的电极。在 25℃ 时，将标准氢电极电位规定为 0，即 $E_{H^+/H_2} = 0$。

（4）标准电极电位。在 25℃ 时，当所有溶解态作用物的浓度为 1 mol/L（严格地讲是活度为 1），所有气体作用物的分压为 101.32 kPa 时的电极电位为标准电极电位。用符号 $E^0_{氧化态/还原态}$ 表示。

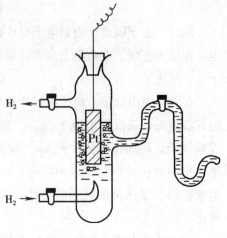

图 3—13　标准氢电极

二、电位分析法

电位分析法是电化学分析法的一个重要组成部分，是将一支指示电极与另一支合适的参比电极插入被测试液中构成原电池，利用原电池的电动势而求得被测组分含量的分析方法。电位分析法包括直接电位法和电位滴定法两种。

直接电位法是通过测量原电池的电动势，从而得知指示电极的电极电位，再根据指示电极的电极电位与溶液中被测离子的浓（活）度转化关系，求得被测组分的含量。直接电位法具有简便、快速、灵敏和应用广泛的特点，常用于食品 pH 值的测定。

电位滴定法是通过测量滴定过程中电池电动势的变化来确定滴定终点的分析方法。电位滴定法分析结果准确度高，可以进行连续和自动滴定，可直接用于有色和混浊溶液的滴定。

1. 参比电极

（1）参比电极是提供相对电位标准的电极，在一定的测量条件下，参比电极的电极电位不受样品组成的影响，是恒定不变的。

（2）饱和甘汞电极常用作测定溶液 pH 值的参比电极。饱和甘汞电极的构造如图 3—14 所示。饱和甘汞电极由两个玻璃套管组成。内管上部为汞，连接电极引线，在汞的下方充填甘汞糊（Hg_2Cl_2 和 Hg 的糊状物）。内管的下端用石棉或脱脂棉塞紧。外管上端有一个侧口，用以加入饱和氯化钾溶液，不用时侧口用橡胶塞塞紧。外管下端有一支管，支管口用多孔的素烧瓷塞紧，外边套以橡胶帽。使用时摘掉橡胶帽，使其与外部溶液相通。

饱和甘汞电极与被测溶液构成一个半电池，即，Hg, $Hg_2Cl_2(s)$ ｜ KCl，电极电位（25℃时）$\varphi = \varphi^0 - 0.059 \lg [Cl^-]$。

甘汞电极的电位取决于氯离子的活度 $[Cl^-]$，而电极内的 $[Cl^-]$ 不变，因此，甘汞电极的电位是个定值，与被测液的 pH 值大小无关。

2. 指示电极

（1）指示电极就是电极的电位与溶液中某种离子浓度的关系符合能斯特方程式的电极。从它所显示的电位可以推算出溶液中这种离子的浓度，通常把这种电极看作待测离子的指示电极。

（2）测定溶液的 pH 值，就是测定溶液中 H^+ 的浓度，因此要采用氢离子指示电极。常用于测定 pH 值的指示电极为玻璃电极，玻璃电极的构造如图 3—15 所示。玻璃电极的主要部分是一个玻璃空心球体，球的下半部是厚 30～100 μm 的用特殊成分玻璃制成的膜，玻璃球内装有 pH 值一定的缓冲液，其中插入一支电位恒定的银－氯化银电极，作为内参比电极与外接线柱相通。玻璃膜对氢离子具有敏感性，当将其浸入被测液中时，被测液中的氢离子与玻璃膜外水化层进行离子交换，改变了两相界面的电荷分布。由于膜内侧氢离子活度不变；而膜外侧氢离子活度在变化，故玻璃膜内外侧产生一电位差，这个电位差随被测溶液 pH 值的变化而变化。玻璃电极的电极电位取决于内参比电极与玻璃膜的电位差，由于内参比电极的电位是恒定的，故玻璃电极的电位取决于玻璃膜的电位差，随被测溶液的 pH 值变化而变化。

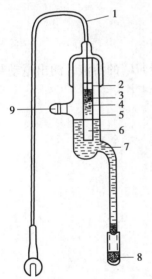

图 3—14　饱和甘汞电极

1—电极引线　2—玻璃管　3—汞　4—甘汞糊

5—玻璃外套　6—石棉或纸浆　7—饱和 KCl 溶液

8—素烧瓷　9—小橡胶塞

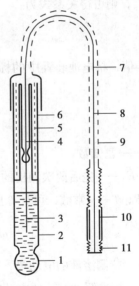

图 3—15　玻璃电极

1—玻璃球膜　2—缓冲溶液　3—银－氯化银电极

4—电极导线　5—玻璃管　6—静电隔离层

7，8—电极导线　9—金属隔离罩

10—塑料绝缘线　11—电极接头

玻璃电极与被测液构成一个半电池：

$$待测液 \mid 玻璃膜 \mid 内缓冲液 \mid Ag, AgCl \ (g)$$

电极电位（25℃时）为：

$$\varphi = \varphi^0 - 0.059 \, pH$$

3. 电位法测定溶液的 pH 值

采用电位法测定溶液的 pH 值时，常用饱和甘汞电极做参比电极，玻璃电极做指示电极，置于待测溶液中组成如下电池：

$$Ag, AgCl \mid HCl \mid 玻璃膜 \mid 待测 pH 值的溶液 \parallel KCl （饱和） \mid Hg_2Cl_2 \ (s), \ Hg$$

测出的电动势为饱和甘汞电极和玻璃电极的电位差值，即：

$$E = \varphi_甘 - \varphi_玻 = \varphi_甘 - \varphi_玻^0 + \frac{2.303RT}{F}pH$$

$$E = K \ （常数） + \frac{2.303RT}{F}pH$$

上式为溶液 pH 值与电池电动势的关系式。测出 E 值后，若不知道常数 K 的数值，还不能算出溶液的 pH 值。因此要先用已知 pH 值为 pH_S 的标准缓冲溶液进行测定，测出的电动势为 E_S，则可得关系式为：

$$E_S = K + \frac{2.303RT}{F}pH_S$$

求出 K 值，将电池装置中的标准缓冲溶液换成待测 pH_X 的溶液，测出电动势为 E_X，则：

$$E_X = K + \frac{2.303RT}{F}pH_X$$

式中　pH_S——已知数；

　　　E_X, E_S——先后两次测出的电动势；

　　　F, R, T——常数，可计算出待测溶液的 pH 值。

$$pH_X = pH_S + \frac{(E_X - E_S)F}{2.303RT}$$

式中　E_X——待测溶液的电动势，V；

　　　E_S——标准缓冲溶液的电动势，V；

　　　pH_X——待测溶液的 pH 值；

　　　pH_S——标准缓冲溶液的 pH 值；

　　　F——法拉第常数；

　　　R——气体常数；

T——绝对温度；

$\varphi_{甘}$——非标准状态下的甘汞电极电位；

$\varphi_{玻}$——非标准状态下的玻璃电极电位；

$\varphi_{玻}^{0}$——标准状态下的玻璃电极电位。

三、电位分析法在食品检验中的应用

1. pH 值的测定

食品中的酸不仅作为酸味成分，而且在食品的加工、储运及品质管理等方面，都起着很重要的作用。可根据食品中酸的种类和含量的改变，判断食品是否已腐败。如某些发酵制品中，有甲酸的积累即表明已发生细菌性腐败；含有 0.1% 以上的醋酸表明水果发酵制品已腐败；通过油脂的酸度也可判断其新鲜程度。酸度是判断食品质量的指标之一，如新鲜肉的 pH 值为 5.7~6.2，pH 值大于 6.7 说明肉已变质。酸度可分为总酸度（可滴定酸度）、有效酸度（pH 值）和挥发酸。总酸度包括滴定前已离子化的酸，也包括滴定时产生的氢离子。但是人们味觉中的酸度，主要不是取决于酸的总量，而是取决于离子状态的那部分酸，所以通常用氢离子活度（pH 值）来表示有效酸度。有效酸度（pH 值）是指溶液中 H^+ 的活度（近似认为浓度）的负对数，其大小说明了食品的酸碱性。因此，食品检验中常通过测定食品的 pH 值来检验食品的酸度。

pH 值的测定方法有很多，如电位分析法、比色法和化学法等，本节主要介绍电位分析法（即 pH 计法）。

（1）pH 计的工作原理。pH 计是以玻璃电极做指示电极，饱和甘汞电极做参比电极，插入待测溶液中组成原电池，它们在溶液中产生一个电动势，其大小与溶液中的氢离子浓度有线性关系：

$$E = E^0 + 0.059\ 1\ \lg\ [H^+] = E^0 - 0.059\ 1\ pH\ (25℃)$$

即在 25℃ 时，每相差一个 pH 单位就产生 59.1 mV 的电极电位，样品溶液的 pH 值可由 pH 计表头上直接读出。

（2）pH 计的使用方法

1）试剂

①pH 值为 3.999 的标准缓冲溶液（20℃）。准确称取经（115±5）℃烘干 2~3 h 的优级纯邻苯二甲酸氢钾（$KHC_8H_4O_4$）10.12 g，溶于不含 CO_2（二氧化碳）的水中，稀释至 1 000 mL，摇匀。

②pH 值为 6.878 的标准缓冲溶液（20℃）。准确称取在（115±5）℃烘干 2~3 h 的磷酸二氢钾（KH_2PO_4）3.387 g 和无水磷酸氢二钠（Na_2HPO_4）3.533 g，溶于不含 CO_2 水

中，稀释至 1 000 mL，摇匀。

③pH 值为 9.227 的标准缓冲溶液（20℃）。准确称取纯硼砂（$Na_2B_4O_7 \cdot 10H_2O$）3.80 g，溶于不含 CO_2 的水中，稀释至 1 000 mL，摇匀。

2）仪器

①pHS – 3C 酸度计。如图 3—16 所示。

②231 型玻璃电极及 232 型甘汞电极。

③电磁搅拌器（带磁性搅拌棒）。

④高速组织捣碎机。

3）操作步骤

①样品处理见表 3—32。

图 3—16　pHS – 3C 酸度计

表 3—32　　　　　　　　　　　　　　样品处理

样品	处理方法
一般液体样品	摇匀后可直接取样测定
含 CO_2 的液体样品	将样品置于 40℃ 水浴上加热 30 min，除去 CO_2 后再测定
果蔬样品	将果蔬样品捣碎混匀后，取其汁液直接测定；对于果蔬干制品，可取适量样品，加数倍无 CO_2 的蒸馏水，于水浴上加热 30 min，再捣碎、过滤，取滤液测定
肉类制品	称取 10 g 已除去油脂并捣碎的样品于 250 mL 锥形瓶中，加入 100 mL 无 CO_2 的蒸馏水，浸泡 15 min，并随时摇动，过滤后，取滤液测定
鱼类等水产品	称取 10 g 切碎的样品，加入 100 mL 无 CO_2 的蒸馏水，浸泡 30 min，并随时摇动，过滤后，取滤液测定
皮蛋等蛋制品	取皮蛋数个，洗净去壳，在皮蛋与水的质量比为 2:1 的混合物中加入无 CO_2 的蒸馏水，于组织捣碎机中捣成匀浆。再取 15 g 匀浆（相当于 10 g 样品），加入无 CO_2 的蒸馏水至 150 mL，搅匀，过滤后，取滤液测定
罐头制品（液固混合样品）	将样品沥汁液，取汁液测定；或将液固混合（对于 1 kg 以上的大罐，按固形物含量称取一定量）于组织捣碎机中捣成浆状后，取浆状物测定。若有油脂，应先分离出油脂
含油或油浸样品	应先分离出油脂，再把固形物于组织捣碎机中捣成浆状，必要时加少量无 CO_2 的蒸馏水（20 mL/100 g 样品），搅匀后测定

②仪器校正

a. 开机。按下电源开关，电源接通后，预热 30 min。连接玻璃电极和甘汞电极，在读数开关放开的情况下调零。

b. 选择测量挡。将仪器选择开关置于"pH"挡，仪器斜率调节器调节在 100% 位置。

c. 选择缓冲溶液。选择 2 种缓冲溶液，使被测溶液的 pH 值在该 2 种缓冲溶液的 pH 值之间或与之接近。

d. 定位。把电极放入第一缓冲溶液，调节温度调节器，使所指示的温度与溶液相同。待读数稳定后，该读数应为缓冲溶液的 pH 值，否则调节定位调节器。然后把电极放入第二种缓冲溶液，摇动试杯使溶液均匀。待读数稳定后，该读数应为该缓冲溶液的 pH 值，否则调节定位调节器。

e. 待测。用无 CO_2 的蒸馏水清洗电极，并吸干电极球泡表面的余水，这时的电极即可用来测量被测溶液。

③样液测定

a. 准备。用无 CO_2 的蒸馏水淋洗电极，并用滤纸吸干表面的余水，再用待测溶液冲洗电极。

b. 测定。根据样液温度调节 pH 计上的温度补偿旋钮，将两电极插入待测溶液中，按下读数开关，稳定 1 min 后，pH 计所指示的值即为待测样液的 pH 值。

c. 清洗。放开读数开关，清洗电极。

4）允许差。两次测得结果的最大偏差不得超过 0.02。

（3）使用 pH 计的注意事项

1）pH 计经标准 pH 缓冲溶液校正后，其调零及定位旋钮切不可再动。

2）为了尽量减小测定误差，应选用 pH 值与待测样液 pH 值相近的标准缓冲溶液来校正仪器。

3）新电极或很久未用的电极，应在蒸馏水中浸泡 24 h 以上。玻璃电极不用时，宜浸没在蒸馏水中。

4）玻璃电极的玻璃球膜壁薄易碎，使用时应特别小心。插入两电极时，玻璃电极应比甘汞电极稍高些。若玻璃球膜上有油污，应将玻璃电极依次浸入乙醇、乙醚、乙醇中清洗，最后再用蒸馏水冲洗干净。

5）甘汞电极中的氯化钾为饱和溶液，为避免因室温升高变为不饱和溶液，应加少量氯化钾晶体。

6）测定时，甘汞电极上的橡胶塞应拔出，并使甘汞电极内氯化钾溶液的液面高于被测样液的液面，使陶瓷砂芯处保持足够的液位压差。否则样液会回流扩散到甘汞电极中，将使测定结果不准确。

【实训 3—7】 果汁饮料中 pH 值的测定

1. 目的

熟悉和掌握饮料中 pH 值的测定方法。

2. 仪器设备及器皿

测定中所用仪器设备及器皿见表 3—33。

表 3—33   仪器设备及器皿

名称	规格	数量
pH 计	精度 ±0.01	1
烧杯	50 mL	1
温度计	0～50℃	1

3. 操作步骤

（1）样品制备。将果汁饮料倒入 50 mL 烧杯中待测。

（2）仪器校正

1）开启 pH 计电源后，预热 30 min。连接玻璃电极和甘汞电极，在读数开关放开的情况下调零。

2）测量标准缓冲溶液的温度，调节温度补偿旋钮。

3）将玻璃和甘汞电极插入 pH 值为 6.878 的缓冲溶液中，调节定位旋钮，使 pH 计指针指在 6.878；然后将电极插入 pH 值为 3.999 的缓冲溶液中，调节定位旋钮，使 pH 计指针指在 3.999。

4）用蒸馏水清洗电极，并吸干电极表面的余水，待用。

（3）样品测定

1）用温度计测果汁饮料的温度，调节温度补偿旋钮。

2）用果汁饮料冲洗电极，然后将电极插入果汁饮料中，待稳定后，指针所指即为样液的 pH 值。

4. 允许差

两次测得结果的最大偏差不得超过 0.02。

5. 填写原始记录

pH 值测定原始记录见表 3—34。

表 3—34 pH 值测定原始记录

样品名称		取样/检测日期		
样品编写		检验依据		
检测地点		环境温度/湿度（℃/%）		
平行试验		1		2
pH 值				
pH 值平均值				
两次测定值之差				

备注：

检测人： 检验日期：

2. 电导率的测定

电导率是用数字来表示的水溶液传导电流的能力。它与水中矿物质有密切的关系，可用于监测生活饮用水及其水源中溶解性矿物质浓度的变化和估计水中离子化合物的数量。

水的电导率与电解质浓度呈正比，具有线性关系。水中多数无机盐以离子状态存在，具有良好的导电性，但是有机物不离解或离解极微弱，所以导电性也是很微弱的。

（1）电导率仪的工作原理。在电解质的溶液里，离子在电场的作用下移动，从而使溶液具有导电作用。水样的电导（G）与水样的电阻（R）呈倒数关系：$G = 1/R$。

在一定条件下，水样的电导随着离子含量的增加而增高，而电阻则随离子含量的增加而降低。因此，电导率 κ 就是电流通过单位面积（A）为 1 cm^2，距离（L）为 1 cm 的两铂黑电极的电导能力，即 $\kappa = G \times L/A$，称 L/A 为给定电导池常数 C，则电导率 κ 为给定的电导池常数（C）与水样电阻 R 的比值，即 $\kappa = C \times G = C/R \times 10^6$，因此，只要测定出水样的电阻 R（Ω）或水样的电导 G_s（μS），即可得出电导率 κ，单位为 $\mu S/cm$。

当测定电导值很低的样品溶液时，可用光亮铂电极和电导池常数小的电极；而测定电导值较高的样品溶液时，可用铂黑电极和电导池常数大的电极。

（2）电导率仪的使用方法

1）试剂。氯化钾标准溶液 [c（KCl）= 0.01 mol/L]：称取 0.745 6 g、在 110℃ 烘干后的优级纯氯化钾，溶于去离子水中（电导率小于 1 $\mu S/cm$），于 25℃ 时在容量瓶中稀释至 1 000 mL，此溶液 25℃时的电导率为 1 413 μS/cm，将溶液储存在塑料瓶中。

2）仪器。DDS–11A 型电导仪如图 3—17 所示。

图 3—17　DDS–11A 型电导仪

3）操作步骤

①样品处理。将样品倒入 50 mL 烧杯中，待测。

②仪器校正

a. 开机前准备。未开电源前，观察表针是否指零，如不指零，可调节表头螺钉，使指针指零。将校正、测量开关（记为 K_2）扳在"校正"位置。

b. 开机。插接电源线，打开电源开关，并预热数分钟（待指针完全稳定下来为止），调节"调正"旋钮使电表满刻度指示。

c. 选择量程。当使用 1～8 量程来测量电导率低于 300 μS/cm 的液体时，选用"低周"，这时将低周、高周开关（记为 K_3）扳向"低周"即可；当使用 9～12 量程来测量电导率为 300～10⁵ μS/cm 范围内的液体时，选用"高周"，这时将 K_3 扳向"高周"即可。将量程选择开关（记为 K_1）扳到所需要的测量范围，如预先不知被测液电导率的大小，应先将其扳到最大电导率测量挡，然后逐挡下降。

d. 校正。将电极插头插入电极插孔内，旋紧固定螺钉，再将电极浸入待测溶液中，接着校正，并将 K_2 扳在"校正"位置，调节"调正"旋钮使指示针满刻度指示。

e. 测量。将 K_2 扳在"测量"挡，这时指示数乘以量程开关 K_1 的倍率即为被测液的电导率。

③样品测定。将电极插入待测溶液中，待仪器稳定后，读出指针的指示值。

4）计算

$$\kappa = C \times F$$

式中　κ——样液的电导率，$\mu S/cm$；

　　　C——指针的指示值；

　　　F——量程开关 K_1 的倍率。

5）允许差。两次测得结果的最大偏差不得超过 $0.02\ \mu S/cm$。

（3）使用电导率仪的注意事项

1）电极的引线不能受潮，否则将测不准确。

2）高纯水被盛入容器后应迅速测量，因为空气中的 CO_2 溶于水中，变成石炭酸根离子，将使电导率降低很快。

3）盛被测液的容器必须清洁，无离子沾污。容器应用硬质玻璃或硬质塑料制成。

4）分析用的蒸馏水电导率应小于 $10^{-3}\ \mu S/cm$。

【实训3—8】　水中电导率的测定

1. 目的

熟悉和掌握水中电导率的测定方法。

2. 仪器设备及器皿

测定中所用仪器设备及器皿见表3—35。

表3—35　　　　　　　　　　　　仪器设备及器皿

名称	规格	数量
电导率仪	精度 ±0.01	1
烧杯	50 mL	1
温度计	0~50℃	1

3. 操作步骤

（1）样品制备。将水倒入 50 mL 烧杯中待测。

（2）仪器校正

1）未开电源前，将指针调节至零。

2）将 K_2 扳在"校正"位置。

3）插接电源线，打开电源开关，并预热数分钟（待指针完全稳定下来为止），调节使电表满刻度指示。

4）当用 1~8 量程来测量时，将 K_3 扳向"低周"；当使用 9~12 量程来测量时，将 K_3 扳向"高周"。

5）将量程选择开关 K_1 扳到所需要的测量范围，如预先不知被测液电导率的大小，应先把其扳到最大电导率测量挡，然后逐挡下降。

6）将电极插头插入电极插孔内，旋紧固定螺钉，再将电极浸入待测溶液中，接着校正，即将 K_2 扳在"校正"位置，调节"调正"旋钮使指示正满刻度。

7）将 K_2 扳在"测量"挡，准备测定。

（3）样品测定。将电极插入水中，待稳定后，读取指针的指示值。

4. 允许差

两次测得结果的最大偏差不得超过 0.02 μS/cm。

5. 填写原始记录

电导率测定原始记录见表3—36。

表3—36　　　　　　　　　　电导率测定原始记录

样品名称		取样/检测日期	
样品编号		检验依据	
检测地点		环境温度/湿度（℃/%）	
平行试验		1	2
指针指示值 C			
计算公式：$\kappa = C \times F$			
测定值（μS/cm）			
平均值（μS/cm）			
两次测定值之差			

备注：

检验人：　　　　　　　　　　　　　　　　　　　　检验日期：

职业技能鉴定要点

行为领域	鉴定范围	鉴定点	重要程度
理论准备	检验样品的制备及处理	检验样品的制备	★★
		检验样品的处理	★★
	溶液的制备及其浓度表示	实验室用水	★
		实验室用化学试剂	★
		溶液的配制	★★
		溶液的浓度表示	★
	容量分析法	概述	★
		酸碱滴定法	★★
		氧化还原滴定法	★★
		络合滴定法	★★
		糖的测定	★★★
		蛋白质的测定	★★★
		酸价、过氧化值的测定	★★★
	质量分析法	概述	★
		水分的测定	★★★
		灰分的测定	★★★
		脂肪的测定	★★★
	电化学分析法	原电池、标准电极电位	★
		电位分析法	★
		电位分析法在食品检验中的应用	★★★
技能训练	容量分析法	糖的测定	★★★
		蛋白质的测定	★★★
		酸价、过氧化值的测定	★★★
	质量分析法	水分的测定	★★★
		灰分的测定	★★★
		脂肪的测定	★★★
	电化学分析法	pH 值的测定	★★★
		电导率的测定	★★★

测 试 题

一、判断题（下列判断正确的请打"√"，错误的请打"×"）

1. 检验用水在未注明的情况下可以用自来水。 （　　）

2. 氢氧化钠溶液不可存放在玻璃试剂瓶中。 （　　）

3. 采集后的样品应妥善保管，并及时送实验室检验。 （　　）

4. 灰分是标示食品中无机成分总量的一项指标。 （　　）

5. 碳水化合物也称为糖类，是由碳、氢、氮三种元素组成的一大类化合物。
 （　　）

6. 相同质量的同一物质，所采用的基本单元不同，但其物质的量相同。 （　　）

7. 测定食品中总糖时，需要加酸转化。 （　　）

8. 抽样检验有可能把合格错判为不合格，也可能把不合格错判为合格。
 （　　）

9. 在酸价测定过程中，以甲基红作为指示剂。 （　　）

10. 同一样品，所测得的水分含量是一样的。 （　　）

11. 所有的脂肪都不能直接被人体吸收。 （　　）

12. 在测定食品中的蛋白质时，加入硫酸钾的目的是提高消化的温度。 （　　）

13. 酸碱滴定法最终测定的是总有机氮，而不只是蛋白质氮。 （　　）

14. 食品中的有效酸度常用 pH 计来测定。 （　　）

15. 电位分析法在测定过程中不需要指示剂。 （　　）

16. 检验工作中仪器报出的数都是准确数。 （　　）

17. 用索氏提取法测得的脂肪，也称为粗脂肪。 （　　）

18. 浓碘液应选择棕色玻璃瓶储存。 （　　）

19. 用酸度计测定溶液的 pH 值时，指示电极为甘汞电极，参比电极为玻璃电极。
 （　　）

20. 电导率低，说明水中所含的杂质多。 （　　）

二、简答题

1. 简述食品检验技术的任务及作用。

2. 简述样品制备的定义。

3. 简述化学试剂的分级及适用范围。

4. 简述溶液配制中的注意事项。

5. 什么是容量分析？容量分析分为几类？

6. 用于容量分析的氧化还原反应须具备哪些条件？

7. 简述总糖的测定原理。

8. 简述用酸碱滴定法测定蛋白质的原理。

9. 蛋白质测定分为几大类？

10. 什么是酸价？

11. 简述过氧化值测定的原理。

12. 什么是质量分析法？

13. 食品中的水分存在形式有几类？

14. 简述直接干燥法测定食品中水分的原理。

15. 简述食品中灰分的测定原理。

16. 简述索氏抽提法测定食品中脂肪的原理。

17. 什么是电化学分析法？

18. 什么是有效酸度？

19. 简述 pH 计使用的注意事项。

20. 简述测定电导率的意义。

三、思考题

1. 为什么在测定液体样品的水分时，需要加入海砂和玻璃棒？

2. 为什么糖类化合物也称为碳水化合物？

3. 为什么酸碱滴定法在蒸馏前，要加入氢氧化钠？

4. 为什么在脂肪测定中要检验乙醚中的过氧化物？

5. 用电导仪测定水中电导率时，应注意哪些问题？

测试题答案

一、判断题

1. ×　2. √　3. √　4. √　5. ×　6. ×　7. √　8. √　9. ×　10. ×　11. ×　12. √

13. √　14. √　15. √　16. ×　17. √　18. √　19. ×　20. ×

二、简答题

1. 答：食品检验技术的任务是运用物理、化学、生物化学等学科的基本理论及各种科学技术，对食品生产中的原料、辅料、半成品、成品等的主要成分及其含量进行检测。

其作用有两种：一是控制和管理生产，保证和监督食品的质量；二是为食品新资源和新产品的开发、新技术和新工艺的探索等提供可靠的依据。

2. 答：样品制备是指将采集的样品进行分取、粉碎、混匀、缩分等过程。

3. 答：化学试剂一般分为：（1）标准试剂，适用于衡量其他物质化学量的标准物质；（2）优级纯试剂，适用于化学分析和科学研究；（3）分析纯试剂，适用于定性和定量分析；（4）化学纯试剂，适用于厂矿分析和教学试验所用；（5）专用试剂，适用于特定的分析。

4. 答：溶液配制中需要注意的事项如下：

（1）容量瓶在使用之前要检查是否漏水。

（2）不能把溶质直接放入容量瓶中溶解或稀释，定容时，必须在溶液冷却至室温后方可进行。

（3）一般未注明时，配制溶液的水为蒸馏水或去离子水；溶液为水溶液；试剂的浓度为市售试剂规格的浓度。

（4）溶液用试剂瓶盛放，易分解的溶液储于棕色瓶中，碱性溶液储于聚乙烯瓶中。

5. 答：容量分析法是根据标准溶液和被测定物质完全作用时所消耗的体积来计算被测物质含量的方法。容量分析法分为酸碱滴定法、氧化还原滴定法、沉淀滴定法和络合滴定法四类。

6. 答：用于容量分析的氧化还原反应须具备以下条件：

（1）反应必须进行完全。

（2）反应过程中不能有副反应。

（3）反应的速度必须足够快。

7. 答：总糖的测定原理：样品经处理除去蛋白质等杂质后，加入盐酸，在加热条件下使蔗糖水解为还原性单糖，以直接滴定法测定水解后样品中的还原糖总质量。

8. 答：蛋白质的测定原理：取含蛋白质的试样与硫酸及催化剂一同加热消化，使蛋白质分解。分解出来的氨态氮与过量的硫酸结合生成硫酸铵，然后碱化蒸馏使氨游离，用硼酸吸收后再以硫酸或盐酸标准溶液滴定，根据酸溶液的消耗量乘以换算系数，即为蛋白质含量。

9. 答：蛋白质测定分为两大类：一类是利用蛋白质的共性，即含氮量，先测定含氮量再乘以系数计算出蛋白质的含量；另一类是利用蛋白质中特定氨基酸残基、酸性、碱性和

芳香基团等测定蛋白质的含量。

10. 答：植物油中的游离脂肪酸用氢氧化钾标准溶液滴定，每克植物油消耗氢氧化钾的毫克数，称为酸价。

11. 答：过氧化值测定的原理：油脂氧化过程中产生过氧化物，与碘化钾作用，生成游离碘，用标准硫代硫酸钠溶液滴定，根据消耗的体积，即可计算出样品中的过氧化值。

12. 答：质量分析法是通过称量物质的质量来测定被测组分质量分数的一种方法。一般是将被测组分从试样中分离出来，转化为可定量称量的形式，然后用称量方法测定该被测组分的质量分数。

13. 答：食品中的水分存在形式有三类：游离水（也称自由水）、结合水（也称结晶水）、化合水。

14. 答：直接干燥法测定食品中水分的原理：在一定温度下，食品中的水分受热以后，产生的蒸汽压高于空气在电热干燥箱中的分压，使食品中的水分蒸发出来，通过样品在蒸发前后的质量差来计算食品中水分的质量分数。

15. 答：食品中灰分的测定原理：一定量的样品经碳化后放入马弗炉内灼烧，使有机物被氧化分解，而无机物质以硫酸盐、磷酸盐、石炭酸盐、氯化物等形式残留下来，这些残留物即为灰分，称量残留物的质量即可计算出样品中灰分的质量分数。

16. 答：索氏抽提法测定脂肪的原理：将经前处理而分散且干燥的样品用无水乙醚或石油醚等溶剂回流提取，使样品中的脂肪进入溶剂中，回收溶剂后所得到的残留物即为脂肪。

17. 答：电化学分析法是利用物质在化学能与电能转换的过程中，化学组成与电物理量之间的定量关系来确定物质的组成和含量的方法。

18. 答：有效酸度是指溶液中 H^+ 的活度（近似认为浓度）的负对数，其大小说明了食品的酸碱性。

19. 答：使用 pH 计时应注意：

（1）新购或很久未使用的电极，应在蒸馏水中浸泡 24 h 以上方可使用。

（2）pH 计经校正后，零位和定位旋钮不可再动。

（3）甘汞电极中的氯化钾为饱和溶液。

（4）测定时，甘汞电极上的橡胶塞应拔出。

（5）插入电极时，应使甘汞电极中氯化钾溶液的液面高于被测液的液面。

20. 答：测定电导率的意义：电导率是用数字来表示的水溶液传导电流的能力。它与

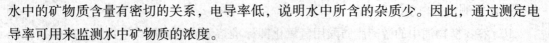

水中的矿物质含量有密切的关系，电导率低，说明水中所含的杂质少。因此，通过测定电导率可用来监测水中矿物质的浓度。

三、思考题

答案略。

第4章

微生物检验技术

引 导 语

　　微生物检验技术是一门实践性很强的学科，它是在微生物学的基础上，应用其理论与方法，判断外界环境和食品生产中微生物的存在与否、种类、数量及其对人和动物健康的影响。在食品企业中，开展微生物检验不仅可以使生产各环节的卫生得到及时控制，而且也是衡量食品安全质量的重要依据。

　　本章从微生物的特点、形态结构、营养和代谢等方面介绍了食品微生物学的基础理论知识。同时以国标（GB）为依据，详细描述了食品微生物检验的有关内容，包括采样及样品制备、食品加工环节卫生检验及常规的细菌菌落总数检验、大肠菌群检验、霉菌和酵母菌检验、罐头食品商业无菌检验等检验方法。力求做到理论知识与检验技术相互渗透融合、总体检测方法与国际接轨。在检验的关键点加入了具体操作要求，使检验方法更具可操作性和实用性。

学 习 要 点

◉ 熟悉
微生物学的基本知识，了解食品中微生物的污染及控制。

◉ 掌握
微生物的基本检验方法。

◉ 熟练掌握
微生物中菌落总数、大肠菌群、霉菌及酵母菌的具体检测方法。

第1节　微生物学的基本知识

一、微生物学概述

自然界分布着一群数量庞大、形体微小的生物，虽然肉眼难以看到，但它们却广泛分布于土壤、水体和空气中，以及人类和动植物体内外，这就是与人类生活密切相关的微生物。其中一部分微生物通过长期的适应和自然选择，与人类形成了共生的关系，在自然界达到了生态平衡。它们有的本身含有丰富的营养价值可供食用，有的可以作为生物资源应用于生产。但也有一些微生物在一定条件下，会引起人畜疾病和食品的污染变质，影响人们的身体健康，给人类造成危害。

1. 微生物的定义

微生物是一群形体微小、结构简单、用肉眼难以看到、需借助普通光学显微镜甚至电子显微镜才能看清的低等生物的总称。

2. 微生物的分类

微生物的种类很多，按其个体结构、组成、进化程度的差异，可分为三大类，微生物分类见表4—1。

表4—1　　　　　　　　　　　　微生物分类

微生物类型	结构特点	举例
原核细胞型微生物	细胞核分化程度低，仅有原始核，没有核膜与核仁，细胞器不完整	细菌、放线菌、支原体、立克次氏体、衣原体、蓝细菌等
真核细胞型微生物	细胞核分化程度高，有核膜、核仁和染色体，细胞质内有完整的细胞器	真菌（酵母菌、霉菌）、显微藻类和原生动物等
非细胞型微生物	没有典型的细胞结构，绝大多数由核酸，即核糖核酸（RNA）或脱氧核糖核酸（DNA）和蛋白质组成	病毒、亚病毒（包括类病毒、朊病毒等）

3. 微生物的特点

微生物与动植物相比，具有以下特点：

（1）结构简，体积小。微生物的结构比较简单，大多以单细胞、简单多细胞和非细胞构成。微生物的个体极其微小，表示其大小的单位一般为微米（μm）或纳米（nm）。相对体积而言，微生物的表面积较大，这非常有利于微生物通过体表吸收营养和排泄废物，这种特点为微生物的许多特性提供了充分的物质基础。

（2）培养易，繁殖快。常见微生物对营养的要求不高，原料来源广泛，容易培养。维生素、木质素、角蛋白、石油、甲醇、甲烷、天然气、塑料、酚类等各种有机物均可作为微生物的营养物质。微生物具有极高的生长和繁殖速度，一般细菌每隔 20～30 min 即可分裂一次，假设每个细胞都具有同样的繁殖能力，那么，一个细胞 24 h 后可繁殖 72 代，则细菌后代的总质量将达到 4 722 t。这样的繁殖速度是惊人的。当然，由于种种原因和条件的限制，这种情况并不存在。

（3）适应强，易变异。微生物对外界环境条件的适应能力很强，善于随机应变，而使自己得到保存。有些微生物在其体外有一保护层，可提高自己对外界环境的抵抗能力。例如，肺炎双球菌的荚膜可以抵抗白细胞的吞噬。也有些微生物会形成休眠体，然后长期进入休眠状态。例如，细菌的芽孢、放线菌的分生孢子、真菌的各种孢子等，这些孢子比营养体更具有抵抗不良环境的能力，一般能存活数月、数年，甚至几百年、几千年。

（4）种类多，分布广。微生物种类繁多，已发现的约有 15 万种，但目前在人类生产和生活中被开发利用的微生物还不到自然界中微生物总量的 1%。微生物在自然界分布广泛，土壤、空气、水体、动植物组织及人体内外，甚至一些高温、低温、高酸、高碱、高盐等极端环境中都有微生物的足迹。

4. 微生物在自然界中的地位

微生物在自然界中占有极其重要的地位。一般把自然界生物分为六界：动物界、植物界、真菌界、原生生物界、原核生物界和病毒界，微生物占了后四界。

5. 微生物学的发展史

微生物学是研究微生物在一定条件下的形态与结构、营养与代谢、遗传与变异、生态与进化、分类与鉴定等问题的一门学科，是生物学中的一个重要分支。随着微生物学的不断发展和成熟，微生物学不仅可分为许多不同的分支学科，而且还在不断形成新的学科和研究领域。

微生物学的发展史可分为 5 个阶段，见表4—2。

表 4—2	微生物学发展史
标志事件	**发 展 阶 段**
经验阶段	（1）在食品生产实践中：民间自古就有谷物酿酒、制醋、发面、腌制、盐渍、蜜渍等技术 （2）在农业生产实践中：人类早有积肥、沤粪、翻土压青、农作物的间作和轮作等生产技术
形态学阶段	17 世纪，荷兰人列文虎克用自己制作的显微镜发现了微生物，使人类第一次观察到微生物的个体形态
生理学阶段	19 世纪，以巴斯德和科赫为代表的科学家，研究并创建了大量的微生物学试验技术，发现和确证了一系列烈性传染病的病原体，将微生物学的研究推进到生理学阶段，从而奠定了微生物学的基础
生物化学阶段	19 世纪以来，随着生物化学和生物物理学的不断渗透，以及电子显微镜的发明和同位素的应用，微生物学向生物化学阶段发展
分子生物学阶段	20 世纪，DNA 双螺旋结构的发现以及 RNA 为遗传信息载体的证实，奠定了现代分子生物学的基础。DNA 重组、基因工程等技术在微生物领域的应用，使微生物学进入一个新的历史时期

6. 食品微生物学

食品微生物学是微生物学的一个分支学科，它是专门研究微生物与食品之间相互关系的综合性学科。

二、微生物的形态和基本结构

微生物种类繁多，了解微生物的形态结构，有助于更好地识别和了解各类微生物，从而在食品生产中更好地利用和控制微生物。微生物有不同的类群，与人类生活密切相关的主要有细菌、真菌、放线菌和病毒，本节主要介绍细菌及真菌中的霉菌和酵母菌。

1. 细菌

细菌是以二分裂法繁殖的单细胞原核微生物。在原核微生物中占主要地位。

（1）细菌的形态和大小

1）细菌的形态。细菌的种类繁多，但就单个细胞而言，其基本形态可分为球状、杆状和螺旋状三种，分别称为球菌、杆菌和螺旋菌。其中杆菌最为常见，球菌次之，螺旋菌主要为病原菌，较为少见，如图4—1所示。

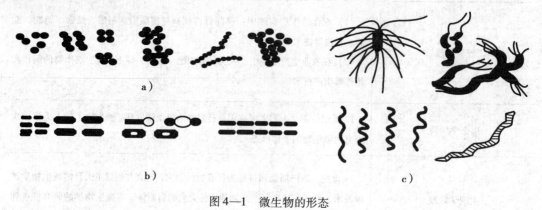

图4—1　微生物的形态

a）球菌　b）杆菌　c）螺旋菌

①球菌。球菌按其细胞的分裂面及排列方式可分为单球菌、双球菌、链球菌、四联球菌、八叠球菌和葡萄球菌。

②杆菌。杆菌的形态多样，按其细胞的长宽比及排列方式可分为长杆菌、短杆菌、链杆菌和棒杆菌。杆菌的长宽比相差很大，其两端常呈不同的形状，如半圆形、钝圆形、平截形、"丫"字形等。杆菌的细胞排列状态有"八"字状、栅状、链状及有菌鞘的丝状等。

③螺旋菌。螺旋菌按其弯曲程度不同可分为螺菌、螺旋体和弧菌。螺旋一周或多周，外形坚挺的称为螺菌；螺旋在6周以上，柔软易曲的称为螺旋体；螺旋不到一周的称为弧菌，其菌体呈弧形或逗号状，如霍乱弧菌。

细菌除了上述三种基本形态外，还有罕见的其他形态，如梨状、叶球状、盘碟状、方形、星形及三角形等。

2）细菌的大小。细菌细胞的大小，必须用光学显微镜的油镜才能观察清楚。细胞大小的常用度量单位是微米（μm）。球菌的大小以其直径来表示，一般为 $0.5 \sim 2 \mu m$。杆菌的大小以长×宽来表示，一般长度是 $1 \sim 5 \mu m$，宽度是 $0.15 \sim 1.5 \mu m$。螺旋菌的大小也以长×宽来表示。

（2）细菌细胞的结构。细菌的细胞结构分为基本结构和特殊结构。细菌的基本结构是指所有的细菌都具有的结构，包括细胞壁、细胞膜、核质体、细胞质及内含物。细菌的特殊结构是指某些细菌所特有的结构，如芽孢、荚膜、鞭毛等。细菌的结构如图4—2所示。

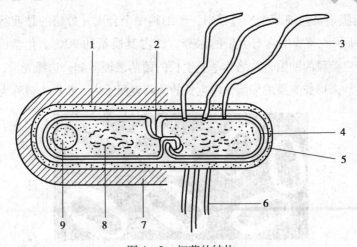

图4—2　细菌的结构

1—黏液层　2—中质层　3—鞭毛　4—细胞膜　5—细胞壁
6—纤毛　7—荚膜　8—核质体　9—异染粒

1）细菌细胞的基本结构

①细胞壁。细胞壁是包在细胞表面、无色透明、厚度均匀、较为坚韧而略具弹性的结构，一般厚为10~80 nm，在普通光学显微镜下不易观察到。细菌细胞壁的主要成分是肽聚糖。肽聚糖是由N-乙酰葡萄糖胺、N-乙酰胞壁酸和短肽聚合而成的多层网状结构大分子化合物。各种细菌的细胞壁的厚度不同，化学成分也不完全相同。根据细菌细胞壁结构的区别，可将细菌分为革兰氏阳性菌和革兰氏阴性菌两大类。

细胞壁的主要功能是维持细胞外形，并使细胞免受机械损伤和渗透压的破坏，细胞壁是鞭毛运动的必需条件。

②细胞膜。细胞膜又称细胞质膜或原生质膜，是紧靠在细胞壁内侧的、柔软而富有弹性的薄膜。厚约7.5 nm，占细菌细胞干重的10%~30%。细胞膜的主要成分是磷脂、蛋白质及多糖。磷脂形成膜的基本结构，它构成脂质双分子层，蛋白质镶嵌于其中。细胞膜是具有选择性的半渗透膜，主要功能为控制细胞内外一些物质的交换渗透，同时还是许多酶系统的主要活动场所。

③核质体。细菌是原核生物，核的结构不完善，没有核膜包裹，没有核仁，仅是紧密结集的丝状染色质，称为核质体或拟核。它的主要成分是DNA，用于存储、传递和调控遗传信息。

④细胞质及内含物。细胞质及内含物是指包在细胞膜以内除核质体以外的物质，它是一种无色透明、黏稠的胶体。细胞质及内含物是细胞的内在环境，含有多种酶系统，是细胞新陈代谢的主要场所。

2）细菌细胞的特殊结构

①荚膜。荚膜是某些细菌生长过程中，于细胞壁上合成并分泌的黏液状或胶质状的物质，如图4—3所示。荚膜中含有大量的水分，约占其质量的90%。化学成分为多糖和多肽的聚合物。产生荚膜的细菌，在培养基上生长的菌落表面湿润，边缘光滑，黏稠透明，被称为光滑型菌落。未形成荚膜的细菌，所生长的菌落表面干燥、粗糙，被称为粗糙型菌落。

图4—3　细菌的荚膜

荚膜对维持细胞功能无任何重要作用，但在其他方面还是显示了其一定的功能：首先，荚膜可作为养料储藏库，必要时向细菌提供水分和营养；其次，荚膜也是废物堆积场所；最后，具有荚膜的病原菌可保护自己免受宿主吞噬细胞的吞噬，加强病原菌的致病力。荚膜的形成是细菌分类鉴定的依据之一。

②芽孢。芽孢是某些细菌生长发育后期，细胞质浓缩聚集在细胞内形成的一个圆形、椭圆形或圆柱形的具有抗逆性的休眠体，如图4—4所示。成熟的芽孢含水量非常少，有厚而致密的壁，含有大量的以钙盐形式存在的DPA（2，6吡啶二羧酸）和抗热性的酶。所以芽孢有高度的耐热性和抵抗干燥、化学试剂及辐射等不良环境的能力。每个细菌细胞只能形成一个芽孢，一个芽孢在适宜条件下也只能还原成一个营养体，所以芽孢没有繁殖能力。绝大多数产生芽孢的细菌为革兰氏阳性杆菌。

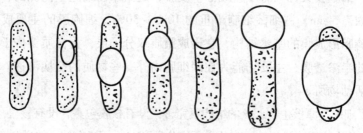

图4—4　细菌的芽孢

芽孢作为灭菌指标，在食品生产中有很重要的实践意义。例如，罐头生产中以肉毒梭菌的芽孢作为灭菌的对象菌。在发酵行业和微生物学研究中，常以嗜热脂肪芽孢杆菌作为灭菌的对象菌，这种菌的芽孢在121℃的高温下需经过12 min才能灭杀，所以湿热灭菌在

121℃时至少需 15 min 才能达到无菌要求。芽孢有利于菌种的保存，它的形成、大小、形状和在菌体中的生长位置是菌种分类鉴定的重要依据。

③鞭毛。鞭毛是由细胞内伸出在细菌细胞表面的细长、弯曲、毛发状的丝状物，如图 4—5 所示。鞭毛的主要化学组成是鞭毛蛋白，并含有少量的糖和脂肪。鞭毛的直径只有 10～20 nm，长度则超过菌体的若干倍，需用电子显微镜，或者经过特殊的染色法使鞭毛增粗并着色后，方可在普通的光学显微镜下观察到。在各类细菌中，弧菌、螺菌和假单胞菌类普遍都长有鞭毛；在杆状的细菌中，有的有鞭毛，有的没有鞭毛；而在球状的细菌中，仅有个别属的细菌才有鞭毛。

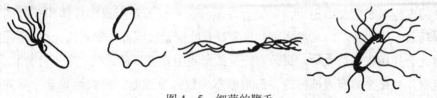

图 4—5　细菌的鞭毛

鞭毛具有运动功能，是细菌的运动器官，同样也可作为菌种分类鉴定的依据之一。根据细菌鞭毛着生位置与数量的不同，可将细菌分为单毛菌、双毛菌、丛毛菌和周毛菌。

（3）细菌的繁殖。细菌常以简单的二分裂法进行无性繁殖，多数细菌仅需 20～30 min 即可繁殖一代。杆菌分裂时，先是菌体伸长，核质体分裂；然后菌体中部的细胞膜以横切方向形成横隔膜，使细胞分裂成两部分；最后子细胞分离形成两个菌体，如图 4—6 所示。

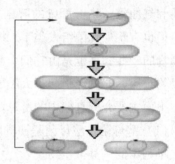

图 4—6　杆菌二分裂过程

（4）细菌的菌落形态。单个或少量细菌在固体培养基表面繁殖形成肉眼可见的集团，称为菌落。菌落形成单位用 CFU 表示。菌落形态观察包括菌落的大小、形状、边缘、光泽、质地、颜色、透明度等。每一种细菌在一定条件下会形成固定的菌落特征，所以菌落的形态特征可以作为鉴别细菌和分类的依据之一。

细菌是原核微生物，故形成的菌落也小，细菌个体之间充满着水分，所以整个菌落显得湿润，易被接种环挑起；球菌形成隆起的菌落；有鞭毛的细菌常形成边缘不规则的菌落；具有荚膜的菌落表面透明、边缘光滑整齐；有芽孢的菌落表面干燥皱褶；有些能产生色素的细菌菌落还显出鲜艳的颜色。

细菌在液体培养中不能形成菌落，但会使培养液混浊，或在液体表面形成膜，或产生絮状沉淀。

（5）细菌在自然界的分布和应用。在自然界中，细菌分布最广，数量最多，是食品中最常见的微生物。细菌在食品、化工工业中有积极的作用，可被用来生产许多食品和一些重要的化工产品。但细菌也是引起食品腐败的主要原因。如，醋酸杆菌属有较强的氧化能力，能将乙醇氧化成醋酸，对醋酸工业极其有利，但也会引起葡萄酒和果汁变酸、水果蔬菜腐败；大肠杆菌作为食品中重要的腐生菌，是食品和饮用水卫生检验的指示菌，可指示食品是否被粪便所污染，在工业上可用于生产谷氨酸脱羧酶、天冬酰胺酶等。

2. 真菌

真菌进化程度高于细菌，比细菌大几倍至几十倍，属于真核细胞型微生物。真菌按细胞形态可分为单细胞和多细胞两类。单细胞呈圆形或卵圆形，常见为酵母菌和类酵母菌；多细胞真菌多能形成菌丝和孢子，常见为霉菌。有的真菌还可以形成体积较大的子实体，称为大型真菌。从生物学的观点来看，真菌没有叶绿素，因而不能利用无机物（如二氧化碳）通过光合作用来制造食物。真菌靠寄生或腐生生存；真菌无根、茎、叶分化；真菌细胞有细胞壁，有完整的细胞核构造，细胞形态少数为单细胞，多数为具有分支的丝状体，能通过有性或无性繁殖产生各种各样的孢子。

真菌是人类在实践活动中最早认识和利用的真核微生物之一。它与人类和工农业生产有着密切的关系。如酿酒、做馒头和面包发酵的酵母；酒曲的曲种（根霉）；做豆腐乳的毛霉和红曲霉；味美可口的蘑菇、木耳及作为中药的虫草、灵芝等都是对人类有益的真菌。但也有不少真菌给人类带来极大的危害，如，食物腐败、衣服发霉，人类的某些疾病和植物的一些病害也是由它们引起的。少数真菌产生的真菌毒素，如黄曲霉毒素，能使人和动物致癌，这已经引起了人类的高度重视，并被作为食品的检测指标而加以控制。

下面主要介绍真菌中的酵母菌和霉菌。

（1）酵母菌。酵母菌是一群以单细胞为主的、以出芽为主要繁殖方式的真菌。它是人类较早利用的一类微生物。

1）酵母菌的形态和大小。酵母菌细胞的形态通常有球形、卵圆形、腊肠形、椭圆形、柠檬形或藕节形等。酵母菌比细菌的单细胞个体要大得多，一般宽度为 1~5 μm，长度为 5~30 μm，如图 4—7 所示。

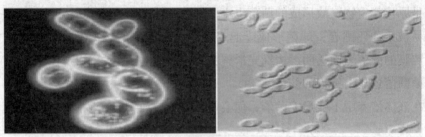

图 4—7　酵母菌的形态

2）酵母菌的细胞结构。酵母菌具有典型的真核细胞结构，有细胞壁、细胞膜、细胞核、细胞质、液泡、线粒体等。但无鞭毛，不能游动。

细胞最外层是细胞壁，其主要成分是葡聚糖、甘露聚糖，还含有不等量的几丁质、蛋白质、脂质和酶等。细胞膜紧贴在细胞壁内表面，其主要成分为脂类、蛋白质和少量的糖类。细胞膜内有细胞质及其内含物、细胞核。幼小细胞的细胞质均匀，细胞成熟后出现液泡。每个酵母菌细胞内都有一个明显完整的细胞核，核外包有核膜。

3）酵母菌的繁殖。酵母菌的繁殖方式有无性繁殖和有性繁殖两类，一般以无性繁殖为主。有人把只进行无性繁殖的酵母菌称为"假酵母"，而把具有有性繁殖的酵母菌称为"真酵母"。酵母菌最常见的无性繁殖方式是芽殖。有性繁殖则是以形成子囊和子囊孢子的方式进行繁殖。

4）酵母菌的菌落形态。在固体培养基上生长时，大多数酵母菌的菌落特征与细菌相似，但比细菌菌落大而厚，菌落表面光滑、湿润、黏稠，容易挑起，菌落质地均匀，正反面和边缘、中央部位的颜色均一，菌落多为乳白色，少数为红色，个别为黑色，如图4—8所示。

在液体培养基中生长时，可使清亮培养液变混浊。有的酵母菌生长在培养基的底部，并产生沉淀；有的能均匀生长；有的则生长在液面，形成不同形态的菌醭。

5）酵母菌在自然界中的分布和应用。酵母菌在自然界中主要分布在含糖量较高的偏酸性环境中，如水果、蔬菜、花蜜、蜜饯上及遍布于果园的土壤中，在油田和炼油厂周围的土壤中，也容易找到石油酵母。从酵母菌体中可提取核酸、麦角醇、辅酶 H、细胞色素 C、凝血质和维生素等生化药物。只有少数酵母菌能引起人或动物的疾病，常可引起人体一些表层（皮肤和黏膜）或深层（各内脏、器官）的疾病，如，鹅口疮、轻度肺炎或慢性脑膜炎等。

（2）霉菌。霉菌是丝状真菌的一个通俗名称，通常指那些菌丝体比较发达而又不产生大型子实体的真菌。

1）霉菌的形态。霉菌菌体由分支或不分支的菌丝构成，许多菌丝相互交织形成菌丝体。在显微镜下观察，霉菌菌丝呈管状，其直径为2～10 μm。根据有无隔膜，可把菌丝分为无隔膜菌丝和有隔膜菌丝两种，大多数霉菌是由有隔膜菌丝组成的，如曲霉、青霉等，如图4—9所示。

在固体培养基中生长时，霉菌菌丝可分为基内菌丝和气生菌丝。气生菌丝常产生孢子，故又称生殖菌丝。

2）霉菌菌丝的细胞结构。霉菌菌丝细胞都由细胞壁、细胞膜、细胞质及其内含物和细胞核组成。幼龄时细胞质充满整个细胞，老年细胞则出现较大的液泡，其内储藏各种物

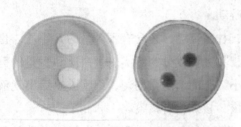

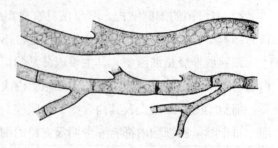

图4—8　酵母菌的菌落　　　　　　　　　　图4—9　霉菌菌丝

质，如肝糖、脂肪粒和异染颗粒等。

细胞壁厚度为 100～250 nm。除了少数低等水生霉菌细胞壁中含有纤维素外，大部分霉菌细胞壁由几丁质组成。细胞膜厚 7～10 nm。细胞核的直径为 0.7～3 μm，具有核膜。

3）霉菌的繁殖。霉菌的繁殖能力很强，而且方式多样。菌丝的碎片或菌丝截断均可发育成新个体，称为断裂增殖。但在自然界，霉菌主要通过产生各种无性孢子和有性孢子来达到繁殖的目的。一般霉菌菌丝生长到一定阶段先进行无性繁殖，到后期，再在同一菌丝体上产生有性繁殖结构，形成有性孢子。

4）霉菌的菌落形态。由于霉菌的菌丝较粗而长，因而霉菌的菌落较大，质地疏松，外观干燥，不透明，呈现或紧或松的蛛网状、绒毛状或棉絮状。菌落与培养基的连接紧密，不易挑取。菌落正反面的颜色和边缘与中心的颜色不一致。在固体培养基上菌落最初往往为浅色或白色，当菌落上长出孢子后，由于孢子具有不同的形状、构造和颜色，使菌落表面呈现出肉眼可见的不同结构和色泽，如黄、绿、青、黑、橙等，如图4—10所示。

图4—10　霉菌的菌落

5）霉菌在自然界的分布和应用。霉菌在自然界中分布广泛，可以在潮湿的环境中大量生长繁殖，有较强的陆生性，是一类腐生或寄生的微生物。在自然条件下，常可引起食物、工农业产品的霉变和植物的真菌病害。但是霉菌因其较强及完整的酶系在传统发酵及

近代发酵工业中起着积极的作用。

三、微生物的营养

微生物在其生命活动过程中，必须不断地从外部环境中吸取所需的营养物质，以获得能量，并合成其自身结构组分，这个生理过程就称为营养。微生物细胞主要是由碳、氢、氧、氮、磷、硫、钾、钠、镁、钙等化学元素构成的水、蛋白质、核酸、多糖、脂质、维生素及无机盐等化学物质组成。组成微生物细胞的这些化学元素都来自微生物生长所需要的营养物质。

1. 微生物的营养物质

微生物的营养物质主要是碳源、氮源、无机盐、生长因子和水。在人工培养微生物时，则须配制人工合成的含有各种微生物进行生命活动所需要的营养物质。

（1）碳源。凡是能供给微生物碳素或碳架的营养物质称为碳源。碳源是构成微生物细胞的主要物质，同时又是化能异养型微生物的能量来源。微生物的碳源分布极其广泛：糖类、醇类、蛋白质、脂质、氨基酸、二氧化碳等都可以被不同的微生物利用。其中，糖类是微生物利用最广泛的碳源，如试验中常用的葡萄糖。

（2）氮源。凡是能被微生物利用的含氮物质都称为氮源，氮是微生物细胞需要量仅次于碳的元素。其来源可来自无机氮化合物和有机氮化合物，如实验室中常用的牛肉膏、蛋白胨和酵母膏等。

（3）无机盐。无机盐是微生物生命活动不可缺少的物质，如磷、硫、钾、钠、镁、钙、铁、锌、铜、锰等元素的无机盐。其主要作用是：构成菌体的成分；作为酶活性中心的组成部分或维持酶的活性；调节渗透压、pH 值、氧化还原电位；作为自养菌的能源。如试验中常用的氯化钠、磷酸盐缓冲溶液等。

（4）生长因子。某些微生物不能利用普通的碳源、氮源合成，而需要另外加入少量的有机物质才能满足机体生长的需要，这种有机物质称为生长因子，它包括氨基酸、嘌呤、嘧啶及其衍生物等成分。缺乏合成生长因子能力的微生物称为"营养缺陷型"微生物。能够提供生长因子的天然物质有酵母膏、蛋白胨、动植物组织或细胞浸液等。

（5）水。水本身没有营养成分，但却是微生物营养中不可缺少的物质。因为水不但是微生物细胞的主要化学组成，还是营养物质和代谢产物的良好溶剂，并且还参与细胞中各种生物化学反应。

2. 微生物吸收营养物质的方式

微生物对营养物质的吸收与细胞膜的通透性关系十分密切。细胞膜是一种具有特殊生物活性、高度选择性及生命力的生物膜，营养物质需透过细胞膜才能被微生物吸收。

营养物质透过细胞膜被微生物吸收的方式有单纯扩散、促进扩散、主动运输、基团移位四种。其中主动运输是微生物吸收营养物质的主要方式。

3. 微生物的营养类型

根据微生物对碳源的要求及氢供体和能量的来源不同，可将微生物分为四种营养类型，微生物的营养类型见表4—3。

表4—3 微生物的营养类型

营养类型	能源	氢供体	碳源	举例
光能无机自养型	光能	无机物	CO_2	蓝细菌、紫硫细菌、绿硫细菌、藻类
化能无机自养型	无机物	无机物	CO_2	硝化细菌、硫化细菌、铁细菌、硫黄细菌等
光能有机异养型	光能	有机物	CO_2 及简单有机物	红螺细菌
化能有机异养型	有机物	有机物	有机物	多数细菌、全部真核微生物、病毒

表4—3中微生物四大营养类型的划分在自然界中并不是绝对的，还存在着许多过渡类型。有的是既能以光能有机异养生存，又能以化能有机异养生存的光能和化能兼性营养型，有的视环境条件的不同既能以化能无机自养生存，又能以化能有机异养生存。

目前已知的微生物中大多数属于化能有机异养型，根据微生物利用有机物的方式不同可将其分为腐生和寄生两大类。腐生菌能够以无生命的有机物作为营养，寄生菌则只能从有生命的有机物中吸取营养物质。

四、微生物的代谢

微生物在不断将外界环境中的营养物质合成其自身物质的过程中，也在不断向体外排泄对其本身无用的物质，以维持细胞的生理活动和发育。这个过程在生物学上称为新陈代谢，简称代谢，它是活细胞中所有化学反应的总称，包括分解代谢和合成代谢，并伴随着能量的代谢。合成代谢的内容在本级别中不涉及。

1. 微生物的能量代谢

所有生物进行生命活动都需要能量，同样，微生物也不例外，它必须把外界环境提供的能量通过各种转换方式形成自身生命活动所需要的能量，并利用能量进行生命活动。微生物体内的这种能量转变就是能量代谢，能量代谢是新陈代谢中的核心问题。微生物在生命活动中需要的能量主要通过生物氧化而获得。微生物的氧化作用可根据最终电子受体的性质，分为有氧呼吸作用、无氧呼吸作用和发酵作用三种。在氧化过程中产生的能量分段释放，通过磷酸化作用以高能键的形式储藏在 ATP（腺嘌呤核苷三磷酸）分子内，成为生物可利用的能量。因此 ATP 是能量的载体，它的生成和利用是微生物能量代谢的核心。

2. 微生物的分解代谢及其产物

微生物的分解代谢就是微生物在生命活动中，将复杂的大分子物质降解成小分子的可溶性物质的过程。大多数微生物都能分解糖、蛋白质，少数能分解脂类。

（1）糖的代谢。糖的种类很多，多数糖能被微生物利用。糖在有充分氧的环境中，被微生物利用时一般可以彻底分解为二氧化碳和水。糖在缺氧环境中被微生物利用时，可形成多种不完全的代谢产物，如乙醇、乳酸等。因此，可根据不同微生物在一定条件下进行糖代谢过程中所具有的代谢产物的特点，来鉴别微生物。

（2）蛋白质的代谢。蛋白质是微生物的有机氮源。但大部分微生物不能利用纯粹的蛋白质，因为蛋白质不能透过细胞膜而被微生物吸收，必须由胞外酶把它分解为简单的产物，如氨基酸等，才能被微生物吸收构成菌体本身的成分。

（3）脂类代谢。虽然微生物也能利用脂类，但从量上来看，脂类不是微生物的主要养料。有些细菌能分泌脂肪酶，可以把脂肪分解为甘油和脂肪酸。甘油的分解代谢按照糖代谢途径进行；而脂肪酸则是通过 β 氧化作用进入三羧酸循环进行分解，最终被分解为二氧化碳和水。

3. 微生物代谢的调节

微生物的代谢和其他生物相同，也是由无数错综复杂的化学反应组成的，而这些反应都离不开生物催化剂——酶系的调节作用。酶是由活的微生物体产生的、具有特殊催化能力和高度专一性的蛋白质。如尿酶只能催化尿素水解生成氨和二氧化碳。所以代谢的调节实际就是对酶的数量和活性变化的控制。现代食品的发酵工艺很多都是利用代谢的调节理论指导生产的。

4. 微生物的特殊代谢产物

（1）毒素。微生物在物质代谢过程中，能产生对人或动物有毒害的物质，称为毒素。毒素有真菌毒素和细菌毒素，细菌毒素又可分为外毒素和内毒素两大类。

1）外毒素是由菌体内分泌到菌体外的一种有毒物质，主要化学成分是蛋白质。外毒素毒力较强，抗原性强，但极不稳定，对热和某些化学物质敏感，容易受到破坏。产生外毒素的细菌主要是革兰氏阳性菌。如肉毒杆菌、金黄色葡萄球菌及少数革兰氏阴性菌。

2）内毒素存在于细菌细胞壁的外层，只能在菌体死亡或裂解时才被释放出来，化学组成为磷脂—多糖—蛋白质复合物，主要成分是脂多糖。毒性比外毒素要低，抗原性也弱，对热有较强的抵抗力。内毒素由革兰氏阴性细菌产生。如沙门菌、O157：H7 大肠杆菌。

（2）抗生素。有些微生物在代谢过程中产生具有抑制或杀死其他微生物的物质，称为抗生素。如点青霉和产黄青霉产生青霉素。

五、微生物的生长及影响因素

1. 微生物的生长曲线及其应用

（1）微生物的生长规律。微生物群体生长是指细胞数量的增加，是细胞生长和繁殖的结果。现以单细胞的分裂方式进行繁殖的细菌为对象探讨其群体生长的规律。

将少量细菌接种到一恒定容积的新鲜液体培养基中，在适宜的温度下进行培养，并在其生长过程中，定时取样计算细菌细胞数。以细菌细胞数目的对数值作纵坐标，以培养时间作横坐标，绘制一条定量描述液体培养基中微生物生长规律的曲线，该曲线称为生长曲线。

生长曲线显示了细菌在新的适宜的环境中生长繁殖至衰老死亡过程的动态变化。根据细菌生长繁殖速率的不同，可将细菌的生长分为延迟期、对数期、稳定期和衰亡期四个阶段，如图4—11 所示。

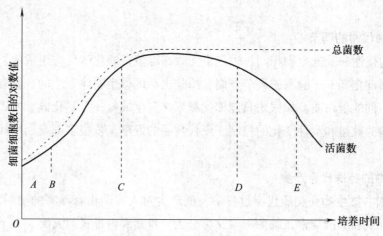

图4—11　细菌的生长曲线

A～B 延迟期　B～C 对数期　C～D 稳定期　D～E 衰亡期

（2）微生物的生长特点及其应用。微生物在不同生长时期具有不同的生长特点及生产应用，具体见表4—4。

表4—4 　　　　　　　　　　　　　微生物不同生长时期的生长特点及生产应用

生长时期	生　长　特　点	生　产　应　用
延迟期	（1）生长速度趋于零 （2）细菌细胞分裂迟缓、代谢活跃 （3）细胞体积增长较快 （4）对不良的环境因素，如高温、低温和高浓度的盐溶液等比较敏感，容易死亡	在发酵工业中可用缩短延迟期来减少发酵周期，提高经济效益
对数期	（1）生长速度最快，菌数以几何级数增加 （2）菌体大小、形态、生理特性比较一致 （3）酶系活跃、代谢旺盛	对数期的微生物是研究基本代谢的良好材料，如果用作菌种，可在短时间内获得大量微生物
稳定期	（1）群体生长速度等于零，细菌的死亡率和繁殖率达到动态平衡 （2）活菌数保持相对稳定，总菌数达到最高峰 （3）细菌代谢产物达到高峰 （4）多数芽孢杆菌开始形成芽孢 （5）细胞开始储存糖原、异染颗粒和脂肪等储藏物	菌体最佳收获时期，在生产上常通过补料、调节pH值、调整温度等措施延长稳定期，以积累更多代谢产物
衰亡期	（1）细菌死亡率逐渐增加，超过新生菌 （2）活菌数急剧下降，出现了"负生长" （3）有的微生物因蛋白水解酶活力的增强发生自溶 （4）有的微生物释放次生代谢产物和胞内酶 （5）芽孢杆菌的芽孢开始释放	细胞会积累或释放一些代谢产物，生产上可根据不同的需要，适时加以收集并控制

2. 影响微生物生长的主要因素

影响微生物生长的因素很多，有温度、pH 值、氧气、营养物的浓度、水分活度、渗透压、氧化还原电位、辐射和生物因素等。这里讨论影响微生物生长的几个主要因素。

（1）温度。温度是影响有机体生长与存活的最重要的因素之一。温度主要通过影响微生物细胞膜的流动性和生物大分子的活性来影响生物的生命活动。一方面，随着温度的上升，细胞中的生物化学反应速率和生长速率加快；另一方面，机体的重要组成，如蛋白质、核酸和细胞等成分随着温度的升高可能会遭受不可逆转的破坏。

微生物生长的温度范围较广，在 - 12 ~ 100℃ 均可生长，但对每一种微生物来讲，只能在一定的温度范围内生长。各种微生物都有其生长繁殖的最低生长温度、最适生长温度和最高生长温度。在生长温度这三基点内，微生物都能生长，但生长速率不一样，只有处于最适生长温度时，生长速度才最快，代时最短。

微生物按照其最适生长温度的不同，可以分为低温型微生物、中温型微生物和高温型微生物，不同类型微生物的生长温度范围见表4—5。

表 4—5　　　　　　　　　　　　不同类型微生物的生长温度范围

微生物类型		生长温度（℃）			主要分布场所
		最低	最适	最高	
低温型	专性嗜冷	- 12	5 ~ 15	20	两极地区
	兼性嗜冷	- 5 ~ 0	10 ~ 20	35	海水、冷藏食品
中温型	室温	10 ~ 20	20 ~ 35	40 ~ 50	土壤、植物、温血动物及人体中
	体温		35 ~ 40		
高温型	嗜热微生物	45	55 ~ 65	80	温泉，堆肥、土壤表层等
	嗜高温微生物	65	80 ~ 90	100 以上	

大多数微生物，尤其是人类病原菌多属于中温微生物，其最适生长温度与宿主体温接近，为37℃左右。而单核细胞增生李斯特菌、蜡状芽孢杆菌、肉毒梭菌、致病性大肠杆菌则能在冷藏温度下生长，因此在冷藏食品检测中应足够重视。

（2）pH 值。pH 值对微生物的生命活动影响很大。一方面通过影响细胞膜的电荷，引起微生物对营养物质吸收的变化；另一方面通过影响代谢过程中酶的活性，从而改变微生物的生命活动。

每种微生物只能在一定的 pH 值范围内生长。从微生物界整体来看，pH 值在 5 ~ 9 范围内，微生物较易生长。但各类微生物之间略有差异，每种微生物都有其生长最适、最低和最高的 pH 值范围，常见微生物的 pH 值适应范围见表4—6。

表4—6　　　　　　　　　　　　常见微生物的 pH 值适应范围

微生物	最低 pH 值	最适 pH 值	最高 pH 值
细菌	3~5	6.5~7.5	8~10
霉菌	1~3	4.5~5.5	7~8
酵母菌	2~3	4.5~5.5	7~8

微生物在生长过程中，会产生酸性或碱性的代谢物，从而改变培养基或周围环境的 pH 值。为了避免 pH 值大幅度变化，维持微生物生长过程中 pH 值的稳定，配制培养基时要注意调节 pH 值，而且往往还要加入缓冲剂以保证微生物生长繁殖过程中 pH 值的相对稳定。

（3）氧气。氧对微生物的影响很大。根据微生物与分子态氧的关系，即微生物在生活中是否需要氧，可将微生物分为以下几个类型。

1）需氧性微生物。凡是生活中需要氧的微生物均称为需氧性微生物。它们的生长离不开氧，大多数细菌、所有的放线菌和霉菌都属于此类型。

2）厌氧性微生物。凡是生活中不需要氧的微生物均称为厌氧性微生物。它们对氧敏感，在有氧情况下，因不能解除某些氧的代谢产物而死亡。如梭状芽孢杆菌、双歧杆菌等。

3）兼性厌氧微生物。凡在有氧或无氧的条件下都能生活的微生物称为兼性厌氧微生物，如大肠杆菌、乳酸菌等。它们可在有氧或无氧的情况下以不同的氧化方式产生能量，兼性厌氧微生物有以下两种类型。

①在有氧的条件下进行有氧呼吸作用，在无氧的条件下进行发酵作用。如酵母菌，在有氧时进行有氧呼吸，产生二氧化碳和水，基质被彻底氧化，释放较多能量；而在无氧条件下则进行发酵作用，产生酒精和二氧化碳，即酒精发酵。

②在有氧的条件下进行有氧呼吸作用，在无氧的条件下进行无氧呼吸作用。如反硝化细菌，在有氧时，以氧作为最终电子受体进行有氧呼吸；在无氧时，以无机物 NO_3^- 中的氧作为电子受体进行无氧呼吸。

4）微需氧性微生物。这类菌是需要氧气的，但只在 0.2 个标准大气压下生长最好。如固氮螺菌、霍乱弧菌等。

第2节 食品中微生物的污染及控制

食品由于营养丰富，是很多微生物的天然培养基，不可避免地会受到一定类型和数量的微生物的污染，当环境条件适宜时，它们就会迅速生长繁殖，造成食品的腐败与变质，不仅降低食品的营养和卫生质量，而且还可能危害人体的健康。

一、影响食品腐败变质的因素

食品的腐败变质，以及变质的程度和性质，受多方面因素的影响。一般来说，食品发生腐败变质，与微生物的种类和数量，以及食品本身的性质和所处的环境等因素有着密切的关系。

1. 食品的营养成分

食品中含有丰富的营养成分，如蛋白质、糖类、脂肪、无机盐、维生素和水分等，这正契合了微生物生长的需要，或者说是微生物的"良好培养基"。当然，不同食品的主要营养成分不相同，造成腐败变质的微生物也不完全相同。如肉、鱼等富含蛋白质的食品，容易受到对蛋白质分解能力很强的曲霉、青霉等微生物的污染；米饭等含糖类较高的食品，易受到芽孢杆菌、大多数霉菌、乳酸菌、啤酒酵母等对碳水化合物分解能力强的微生物的污染；而脂肪含量较高的食品，易受到黄曲霉和假单胞杆菌等分解脂肪能力很强的微生物的污染。

2. 食品的酸碱度

各种食品都具有一定的酸碱度范围。根据食品 pH 值的范围，可将食品划分为两大类：酸性食品和非酸性食品。一般规定 pH 值大于 4.5 的食品属于非酸性食品，如蔬菜、鱼、肉和乳等食品；pH 值小于等于 4.5 的食品为酸性食品，如水果类食品。

大多数细菌最适生长的 pH 值是 7.0 左右，因而非酸性食品适合于大多数细菌的生长；细菌生长下限一般在 4.5 左右，pH 值为 3.3 ~ 4.0 以下时，只有个别耐酸细菌，如乳杆菌属，尚能生长。适宜酵母菌和霉菌生长的 pH 值是 3.8 ~ 6.0，故酸性食品的腐败变质主要是由酵母菌和霉菌引起的。另外，食品的 pH 值也会因微生物的生长繁殖而发生改变，从而导致微生物类群的相应变化。

3. 食品的水分

食品中都含有一定量的水分，而水分又是微生物生命活动的必需品，一般来说，含水分较多的食品，微生物较容易繁殖。食品中的水分以游离水和结合水两种形式存在。微生物在食品中生长繁殖，能利用的水是游离水，因而微生物在食品中的生长繁殖所需水不是取决于总含水量（％），而是取决于水分活度（Aw），也称水活性。水分活度是指食品在密闭容器内的水蒸气压（p）与相同温度下的纯水蒸气压（p_0）之比，纯水的水分活度为1，无水食品的水分活度为0，食品的水分活度在0～1之间。

鱼、肉、水果、蔬菜等日常食品的水分活度大多在0.98～0.99之间，适宜多数微生物的生长。一般认为，当水分活度低于0.90时，细菌几乎不能生长；而水分活度在0.64以下，是食品安全储藏的防霉含水量；水分活度在0.60以下，则认为微生物不能生长。

4. 食品的温度

微生物有嗜冷、嗜温、嗜热型，而每一群微生物又各有其最适宜生长的温度范围。低温（0℃左右）和高温（45℃以上）对大多数食品中的微生物生长极为不利。但在低温下，嗜冷微生物会引起冷藏、冷冻食品的变质，它们生长繁殖的速度非常迟缓，引起冷藏食品变质的速度也较慢；而在45℃以上，嗜热微生物新陈代谢活动加快，食品发生变质的速度也相应加快。嗜热微生物造成的食品变质主要由分解糖类产生酸而引起。

5. 食品的渗透压

渗透压与微生物的生命活动有一定的关系。大多数微生物适宜在低渗透压的食品中生长，所以大部分的细菌在高渗透压的食品中不能存活，只有少数的耐盐菌、嗜盐菌、耐糖菌可在多糖或多盐的食品中生存，而酵母菌和霉菌一般能承受较高的渗透压，常引起糖浆、果酱、果汁等高糖食品的变质。

改变食品渗透压的物质主要是食盐和糖。食品中糖或盐的浓度越高，渗透压就越大，食品的水分活度则越小。通常，为了防止食品腐败变质，常用盐腌和糖渍的方法来较长时间地保存食品。

6. 食品的存在状态

一般自身或包装完好无损的食品，不易发生腐败，可以放置较长时间。如果食品组织溃破、细胞膜碎裂或包装破损，因空气的湿度和气体成分对微生物的生长有一定的影响，则使食品易受到微生物的污染而发生腐败变质。一般来讲，在有氧的环境中，食品变质速度会加快。若把含水量少的脱水食品放在湿度大的地方，食品表面的水分将迅速增加，不仅增加了食品污染的可能性，也极易使其发霉。

二、食品中微生物污染的途径

微生物分布极其广泛，对食品的污染途径也是多方面的，土壤、水、空气、人和动物、用具及杂物等都有可能成为污染源。

1. 土壤污染

相当一部分食品的原料都来自田地，而土壤素有微生物的"大本营"之说，每克土壤通常含有几百万到几十亿个微生物。一些农作物表面可能含有大量的微生物，用于生产时，若处理不当，有可能造成生产车间的空气和用具及生产环节的污染，从而影响成品的质量。

2. 水污染

水在食品加工中是不可缺少的，无论是参与食品的配料，还是作为清洗、冷却、冰冻等生产环节中的重要物质，水质将直接影响食品的卫生状况。如果用了不洁的水源或输水管道、水箱受了污染，都有可能造成食品的微生物污染蔓延。现在在食品质量安全市场准入制度（QS）中对工业用水有严格的要求。

3. 空气污染

空气中的微生物没有土壤和污水中的数量多，分布也极不均匀。空气的含菌量与空气的含尘量呈线性关系。空气中常见的微生物主要是耐干燥、耐紫外线的革兰氏阳性球菌、芽孢杆菌及酵母、霉菌的孢子等。它们随着尘埃或飞溅的小水滴在空间传播，若食品暴露在空气中，生产车间空间的洁净度不够，就有可能污染食品。

4. 人体及动物污染

人和动物体表或体内都有微生物的存在，当人与食品接触时，就有可能成为污染食品的媒介。尤其在食品加工中，人的手造成食品微生物污染最为常见。从事食品生产、包装、运输、销售的工作人员如果不注意身体的清洁、不注意工作衣帽的消毒，就有可能在皮肤、头发、衣帽等与食品接触时，把有害微生物带入食品，造成对食品的污染。食品制造储藏的场所也是鼠、蝇、蟑螂等动物出没的场所，这些动物体表及消化道均有大量微生物，经常是微生物的传播者。

5. 用具及杂物污染

食品在整个生产过程中所接触到的用具（生产加工的设备、容器、包装材料及运输工具等），若不清洁，会造成食品的污染。如有些盛放易腐败食品的容器，不经清洗和消毒而连续使用，很容易引起食品的交叉污染。而本来符合食品卫生质量的食品也有可能因为不洁的包装材料遭受污染。

三、食品生产中微生物污染的变化规律

食品在加工前，原料大多营养丰富，在自然界中很容易受到微生物的污染，加之运输、储藏等原因，很容易造成微生物的繁殖。即使有些为了阻止原料在产地和运输储藏过程中受到污染已采取了有力的卫生措施，但若不经过一定的灭菌处理，仍难以阻止微生物

的生长繁殖。在新鲜的鱼肉和水果类中，这种现象极为常见。

食品在加工过程中，要进行清洗、加热或灭菌等工艺操作过程。这些操作过程若正常进行，可以减少食品中微生物的含量。所以在加工过程中，食品中微生物的数量一般会出现明显下降的趋势。但若发生二次污染，微生物将迅速繁殖，数量会迅速上升。

加工后的成品在适宜的储藏、运输过程中，若不再受到污染，即使残存的微生物也很难再繁殖。

了解微生物污染在食品加工中的变化规律，有助于更好地在生产中控制产品质量，保障食品安全。

四、食品中微生物污染的控制

食品从原料、加工到成品这个过程中，随时都有被微生物污染的可能。这些微生物在适宜条件下生长繁殖，分解食品中的营养成分，使食品失去原有的营养价值，甚至产生毒素，造成食物中毒。为保证食品的卫生质量，不仅要使食品原料中所含的微生物数量降到最低，而且要在加工、储藏、运输、销售等环节中使食品不受微生物的污染。为此，必须采取以下的措施控制污染源并切断污染的途径。

1. 加强企业卫生管理

企业的卫生管理可以从几方面入手，包括环境卫生、生产设备卫生、食品从业人员的卫生及食品储藏、销售、运输等环节的卫生。如生产车间要有防尘、防鼠、防蝇的设备，对直接接触食品的加工人员，必须加强卫生教育，使其养成遵守卫生制度的良好习惯，从源头上控制微生物的污染。

2. 加强生产工艺的控制

在食品加工工艺上，可以通过对食品中水分活度、pH 值的控制，通过冷藏冷冻、热处理、辐照工艺及添加抑制剂或改变包装中的气体等方法来抑制微生物的生长。如山梨酸盐可以用以抑制霉菌的生长；真空或充氮包装，可以减弱需氧腐败微生物的生长；巴氏消毒更是广泛应用于食品加工的消毒灭菌工艺中。

3. 加强食品中的微生物检测

对食品进行微生物检测，不仅可以使生产工序的各个环节得到及时控制，而且可以反映食品被微生物污染的程度，为生产出安全、卫生、符合标准的食品提供科学依据。从而杜绝不合格的食品原料投入生产，杜绝不合格的成品投放市场，为广大消费者提供安全、无毒的食品，保障人民的身体健康。

（1）食品微生物检验的范围。作为判定食品生产的一般卫生状况及食品卫生质量的一项重要依据，食品微生物检验的范围包括以下诸多方面：

1）食品生产环境的检验。食品生产环境的检验主要包括对空气、墙壁、地面及生产用水的检验。

2）原辅料的检验。原辅料的检验包括对主料、辅料、添加剂等一切原辅料的检验。

3）食品加工、储存、销售环节的检验。食品加工、储存、销售环节的检验包括对生产人员的卫生状况、食品加工工具、运输工具、包装材料等方面的检验。

4）食品的检验。食品的检验包括对半成品、成品，尤其是出口食品、可疑食品及引起食物中毒食品的检验。

（2）食品微生物检验的主要指示菌。食品微生物检验的指示菌是指在常规食品检测中，用以反映食品卫生状况及安全性的指示性微生物。这种微生物通常易于检出，且检测方法简单。在国家卫生标准中常用细菌菌落总数和大肠菌群的近似值及一些致病菌等来评定食品卫生质量。主要指示菌的种类如下：

1）反映微生物综合污染程度的细菌菌落总数、霉菌、酵母菌。一般食品中的细菌数达到 10^8 CFU/g 时，即可认为处于初期腐败阶段。

2）反映粪便污染程度的大肠菌群、粪大肠菌群、大肠杆菌。

3）可能使人体或动物发生传染病的致病微生物，如金黄色葡萄球菌、沙门氏菌、志贺氏菌、致病性大肠埃希氏菌等。

4）反映消毒灭菌效果的嗜热脂肪芽孢杆菌、短小芽孢杆菌、枯草杆菌黑色变种芽孢等。

五、食品中霉菌毒素的预防与去毒

早在 20 世纪 20 年代，人们已注意到霉菌毒素中毒的现象。随着检测手段和分析技术的提高，人们发现霉菌毒素几乎存在于各种食品或饲料中，如粮食、水果、蔬菜、肉类、乳制品及各种发酵食品。由霉菌的生物学特性所决定，它所污染的对象主要是潮湿的或半干燥的储藏食品，对粮食的污染尤应引起重视。

霉菌毒素是霉菌产生的一种有毒的次生代谢产物。霉菌毒素通常具有耐高温、无抗原性、主要侵害实质器官的特性，而且霉菌毒素多数还具有致癌作用。

1. 霉菌毒素中毒的特点

（1）食品被产毒菌株污染，但不一定能检测出霉菌毒素，因为产毒菌株必须在适宜产毒的环境条件下才能产毒。有时也可从食品中检测出某种毒素存在，但分离不出产毒菌株，这往往是由于食品在储藏或加工过程中产毒菌株已死亡，而毒素却不易破坏所致。

（2）发生霉菌毒素中毒往往有季节性或地区性。

（3）霉菌毒素在机体中不能产生抗体，也不能使机体产生免疫力。

（4）人畜一次性摄入含有大量霉菌毒素的食物，往往会发生急性中毒，长期少量摄入会发生慢性中毒。

2. 产毒条件

霉菌是否产毒，受很多因素影响，通常有以下几种。

（1）产毒霉菌种类。可以产生毒素的霉菌种类很多，产毒霉菌主要有曲霉属、青霉属、镰刀菌属等。

（2）基质的影响。适宜产毒的基质主要是糖和少量的氮及矿物质。

（3）相对湿度及基质水分对产毒的影响。在 24 ~ 30℃ 下，含水量越高，则测出黄曲霉和黄曲霉毒素的数值也越高。一般将食品放在 70% 的相对湿度下并达到水分平衡时，细菌和霉菌都不能生长繁殖。Aw 值在 0.7 以下，可以完全阻止产毒的霉菌繁殖。

（4）温度。一般常见的储藏霉菌，最适宜的生长温度为 25℃，低于 0℃ 时，霉菌的生长几乎停止。黄曲霉的生长与产毒的适宜温度范围是 12 ~ 42℃，最适产毒温度是 33℃，适应的最低 Aw 为 0.93 ~ 0.98。

（5）通风。缓慢风干比快速风干对产生黄曲霉毒素更有利。

3. 霉菌性食物中毒的预防和控制

霉菌性食物中毒的预防和控制主要从清除污染源和去除霉菌毒素两方面做工作。

（1）防霉

1）降低食品（原料）中的水分（控制合适的 Aw）和控制空气的相对湿度。

控制水分和湿度，要求相对湿度不超过 65% ~ 70%；控制温度，防止结露，粮食及食品可在阳光下晾晒、风干、烘干或加吸湿剂、密封。

2）减少食品表面环境的氧浓度，即气调防霉。

控制气体成分以防止霉菌生长和毒素产生，通常采取驱除 O_2 或加入 CO_2、N_2 等气体的方法。

3）降低食品储存温度，即低温防霉。

把食品储存温度控制在霉菌生长的适宜温度以下，从而抑菌防霉，冷藏食品的温度界限在 4℃ 以下为安全。

4）采用防霉剂，即化学防霉。

使用防霉化学药剂，常用的防霉化学药剂有熏蒸剂（如溴甲烷、二氯乙烷、环氧乙烷）和拌合剂（如有机酸、漂白粉等）。

（2）去毒。目前，去毒方法有两大类：一类是用物理筛选和溶剂提取等方法去除毒素，称为去除法；另一类是用物理或化学药物破坏毒素的活性，称为灭活法。

1）去除法

①物理筛选。人工或机械挑出毒粒（挑选法）。

②溶剂提取。用80%的异丙醇和90%的丙酮可将花生中的黄曲霉毒素全部提取出来；按玉米量的四倍加入甲醇去除玉米中的黄曲霉毒素可达满意的效果。

③吸附去毒。用活性炭、酸性白土等吸附剂处理含有黄曲霉毒素的油品效果很好。

④微生物去毒。应用微生物发酵除毒，如对被黄曲霉毒素污染的高水分玉米进行乳酸发酵，在酸催化下，高毒性的黄曲霉毒素 B1 可转变为低毒性的黄曲霉毒素 B2，此法适用于饲料的处理。

2）灭活法

①加热处理法。干热或湿热都可以除去部分毒素，花生在 150℃ 以上炒 0.5 h 约可除去 70% 的黄曲霉毒素。

②射线处理。用紫外线照射含毒花生油可使含毒量降低 95% 或更多。

③醛类处理。利用 2% 的甲醛处理含水量为 30% 的带毒粮食和食品，对黄曲霉毒素的去毒效果很好。

④氧化剂处理。5% 的次氯酸钠在几秒内便可破坏黄曲霉毒素，经 24～72 h 可以去毒。

⑤酸碱处理。对含有黄曲霉毒素的油品可用碱炼法，它是油脂精加工方法之一，同时也可去毒；用 3% 的石灰乳或 10% 的稀盐酸处理被黄曲霉毒素污染的粮食也可去毒。

采用灭活法时，要注意所用的化学药物等不能残留在原食品中，也不能破坏原有食品的营养素等。预防与控制霉菌性食物中毒，主要是预防霉菌及其毒素对食品的污染，其根本措施是防毒，去毒只是污染后为防止人畜受危害的补救方法。

第 3 节　微生物检验的基本操作

微生物检验的基本操作是开展微生物检验技术的基础，包括消毒灭菌、微生物的分离培养及微生物的形态观察等。本节着重介绍常用的一些基本操作，如接种和培养、培养基的配制、灭菌和消毒及染色的基本技术。

一、接种和培养

1. 接种

接种是指将微生物的纯种或含有微生物的材料（如水、食品、空气、土壤、排泄物等）转移到适于它生长繁殖的人工培养基上或活的生物体内的过程。

（1）接种工具。微生物的接种工具很多，主要的接种工具如图 4—12 所示。

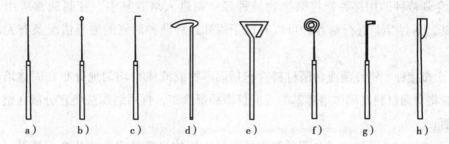

图 4—12　接种和分离工具

a）接种针　b）接种环　c）接种钩　d）、e）玻璃涂棒　f）接种圈　g）接种锄　h）小解剖刀

（2）接种方法

1）液体接种。由斜面培养物接种液体培养基时可用接种针或接种环挑取含菌材料后，插入液体培养基中，将菌洗入培养基内。由液体培养物接种液体培养基时，可用接种环挑取培养物，也可用吸管吸取培养物移种于液体培养基中。有时也可将某些固形含菌材料直接浸入培养液中，把附着在表面的菌体洗下。

2）倾注接种。取少许纯菌或少许含菌材料（一般是液体材料），先放入无菌的培养皿中，而后倾入已溶化并冷却至46℃左右含有琼脂的灭菌培养基，使培养基与含菌材料均匀混合后，冷却至凝固。

3）划线接种。将纯种或含菌材料用微生物接种法在固体培养基表面进行划线，使微生物细胞分散在培养基表面，使得培养基单位面积的接种量随着划线不断稀释，从多量逐渐依次减少为少量。划线法是进行微生物分离的一种常规接种法，也是最简单的分离微生物的方法，在斜面接种和平板划线中常用此法。划线的方法很多，常见的比较容易出现单个菌落的划线方法有斜线法、曲线法、方格法、放射法、四格法等，如图4—13所示。

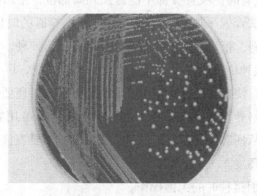

图 4—13　划线接种

4）穿刺接种。用接种针将微生物纯种经穿刺进入培养基中。穿刺法常应用于半固体培养基，通过穿刺进行培养，可以有助于探知这种菌种对氧的需要情况及有无动力产生。

5）涂布接种。将纯菌或含菌材料（包括固形物或液体）均匀地分布在固体培养基表面，或者将含菌材料在固体培养基的表面仅做局部涂布，再用划线法使它分散在整个培养基的表面。

6）点植接种。将纯菌或含菌材料用接种针在固体培养基表面的几个点接触一下。点植法常用于霉菌的接种。如三点接种法，即把少量的微生物接种在平皿表面成等边三角形的三点上，让它各自独立形成菌落后，观察、研究其形态。

7）活体接种。活体接种应用于病毒培养或疫苗预防，因为病毒必须接种在活的组织细胞中才能生长繁殖。接种的方式可以是注射或拌料喂养。致病菌毒素验证也采用此方法。

（3）接种的无菌操作。微生物的接种要求为无菌操作。无菌是指物体中没有活的微生物存在，而无菌操作则是防止微生物进入人体或物体的操作方法。接种时的无菌操作需注意以下几点。

1）接种食品样品前，先用肥皂洗手，再用75%的酒精棉球将手擦干净。

2）接种用的吸管、平皿及培养基等器具必须经消毒灭菌。对已打开包装但未使用的器皿，不能留待下次使用。金属用具应高压灭菌或用95%的酒精点燃灼烧三次后使用。

3）接种样品、转种菌种必须在酒精灯前操作。接种时，从包装中取出吸管及打开试管盖都要通过火焰消毒。

4）从包装中取出吸管时，吸管尖部不能触及外露部位，使用吸管接种于试管或平皿时，吸管尖部不得触及试管或平皿边。接种时，打开培养皿的时间应尽量短。平皿接种时，通常把平板的面倾斜，把培养皿的盖打开一小部分进行接种。

5）接种环和针在接种细菌前应将全部金属丝经火焰灼烧，可一边转动接种柄一边慢慢地来回通过火焰三次，使接种环在火焰上充分烧红，必要时还要烧到环和针与杆的连接处。冷却，先接触一下培养基，待接种环冷却到室温后，方可用它来挑取含菌材料或菌体。接种后，将接种环从柄部至环端逐渐通过火焰灭菌。不要直接烧环，以免残留在接种环上的菌体爆溅而污染环境。

图4—14所示为斜面接种时的无菌操作。

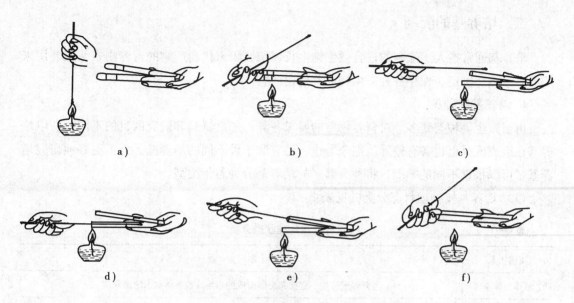

图4—14　斜面接种时的无菌操作

a）接种环灭菌　b）开启棉塞　c）管口灭菌

d）挑起菌苔　e）接种　f）塞好棉塞

2. 培养

（1）根据培养时是否需要氧气，可将培养类型分为需氧培养和厌氧培养两大类。

1）需氧培养。对需氧微生物的培养必须在有氧的环境中进行。在实验室中，液体或固体培养基经接种微生物后，一般将其置于保温箱中，在有氧的条件下培养。有时为了加速繁殖的速度或进行大量液体培养，可通过通气搅拌或振荡的方法来充分供氧，但通入的空气必须经过净化或无菌处理。

2）厌氧培养。培养厌氧性微生物时，要除去培养基中的氧或使氧化还原电位降低，并在培养过程中一直保持与外界氧的隔绝以使厌氧微生物生长。在培养中保持无氧环境的方法很多，有物理法除氧、化学法除氧和生物法除氧。如将还原剂谷胱甘肽、硫基醋酸盐等，加入培养基中以降低氧化还原电位；用焦性没食子酸、磷等吸收氧气以除氧；用石蜡油封存、半固体穿刺培养等隔绝阻氧；用二氧化碳、氮气、真空、氢气驱除氧气等。

（2）根据培养基的物理状态，可将培养类型分为固体培养、半固体培养和液体培养三类。

二、培养基的配制

培养基通常指人工配制的适合微生物生长繁殖或积累代谢产物的营养物质，主要用来培养、分离、鉴定、保存各种微生物或其代谢产物。

1. 培养基的种类

由于微生物种类繁多，对营养物质的要求各异，加之试验和研究的目的不同，所以培养基在组成成分上也各有差异。迄今为止，已有数千种不同的培养基。为了更好地研究培养基，可以根据不同的标准，将种类繁多的培养基分为若干类型。

（1）培养基按物理状态分类，见表4—7。

表4—7　　　　　　　　　　　　培养基按物理状态分类

物理状态	配 制 方 法
液体培养基	各营养成分按一定比例配制而成的水溶液或液体状态的培养基
固体培养基	在液体培养基中加入一定量的凝固剂配制而成的固体状态的培养基
半固体培养基	琼脂加入量为0.2%～0.5%配制而成的半固体状态的培养基

（2）培养基按组成成分分类，见表4—8。

表4—8　　　　　　　　　　　　培养基按组成成分分类

组成成分	配 制 方 法
天然培养基	利用生物组织、器官及其抽取物或制品配制而成
合成培养基	使用成分完全已知的化学药品配制而成
半合成培养基	由部分天然材料和部分已知的纯化学药品配制而成

（3）培养基按目的用途分类，见表4—9。

表4—9　　　　　　　　　　　　培养基按目的用途分类

类别	配 制 方 法	举 例
基础培养基	含有微生物所需要的基本营养成分	肉汤培养基等
营养培养基	在基础培养基中加入葡萄糖、血液、血清或酵母浸膏等物质，可供营养要求较高的微生物生长	血平板、血清肉汤等

类别	配 制 方 法	举 例
选择培养基	根据某一种或某一类微生物的特殊营养要求或对一些物理、化学条件的抗性而设计的培养基。利用这种培养基可以把所需要的微生物从混杂的其他微生物中分离出来	在培养基中加入胆盐可抑制革兰氏阳性菌的生长，以有利于革兰氏阴性菌的生长
鉴定培养基	加入某些试剂或化学药品，使培养基在培养后发生某种变化，从而鉴别不同类型的微生物	伊红美蓝（EMB）培养基、糖发酵管、醋酸铅培养基等
厌氧培养基	将培养基与环境中的空气隔绝，或降低培养基中的氧化还原电位，以保证专性厌氧菌的生长	在液体培养基的表面加盖凡士林或蜡，或在液体培养基中加入碎肉块制成庖肉培养基等

2. 培养基的主要成分

（1）营养物质。不同的微生物对营养物质，如蛋白胨、肉浸汁、牛肉膏、糖（醇）类、血液、鸡蛋与动物血清、无机盐类及生长因子等有不同的需求。

（2）水分。制备培养基应使用蒸馏水。

（3）凝固物质。配制固体培养基的凝固物质有琼脂、明胶和卵黄蛋白及血清等。琼脂是从石花菜等海藻中提取的胶体物质，其化学成分主要是多糖，本身并无营养价值，但是应用最广的凝固剂。加入琼脂后制成的培养基在 $98\sim100℃$ 下熔化，于 $40℃$ 凝固。但经多次反复熔化后，其凝固性会降低。

根据琼脂含量的多少，可配制成不同物理性状的培养基。另外，由于各种牌号琼脂的凝固能力不同，以及使用时气温的不同，配制时用量应酌情增减，夏季可适当多加。

（4）抑制剂。在制备某些培养基时需加入一定的抑制剂，来抑制竞争菌的生长或使其少生长，以利于目标菌的生长。抑制剂种类很多，常用的有胆盐、煌绿、玫瑰红酸、亚硫酸钠、某些染料及抗生素等。这些物质具有选择性抑菌作用。

（5）指示剂。为便于了解和观察细菌是否利用和分解糖类等物质，常在某些培养基中加入一定种类的指示剂，如常见的酸碱指示剂有酚红、甲基红、中性红、溴甲酚紫、煌绿等。

3. 培养基的配制

现代的培养基很多已经成品化生产，不同的培养基可根据匹配的说明书或特定的要求采取不同的配制方法。常用的培养基可根据配方，称量于适当大小的烧杯中（由于其中粉剂极易吸潮，故称量时要迅速），取一定量（约占总量的 1/2）蒸馏水小火加热溶解，并不时用玻璃棒搅拌，以防结焦、溢出。待完全溶解后，停止加热，补足水分，调节 pH 值。再按不同要求进行分装，液体分装高度以试管高度的 1/4 左右为宜；固体分装以试管高的 1/5 为宜；半固体分装一般以试管高度的 1/3 为宜；分装三角瓶，以不超过三角瓶容积的 2/3 为宜。培养基分装后为试管加好棉塞或试管帽，再包上一层防潮纸，用棉绳系好。在包装纸上标明培养基名称、配制者姓名及配制日期等。

按照配方所规定的条件及时进行灭菌，普通培养基需在 121℃ 灭菌 15 min，以保证灭菌效果和不损伤培养基的有效成分。若不能及时灭菌，应暂时冷藏，以防微生物生长而改变培养基的营养比例和酸碱度，为培养基带来不利的影响。如做斜面固体培养基，则应灭菌后立即摆放成斜面，并调整斜度，使斜面长度不超过试管长度的 1/2。每批培养基可另外分装 20 mL 于一小玻璃瓶中，随该批培养基同时灭菌，用来测定该批培养基的最终 pH 值。

将已灭菌的培养基放于 36℃ ±1℃ 培养箱中培养，经过 1~2 天，若无菌生长，即可使用，或冷藏备用。

4. 培养基的发展趋势

近年来，随着一系列微量快速生化反应的出现，微生物培养基出现了许多比传统方法更敏感、更快速的新品种。如系列的快速检测测试片，自动化、半自动化系统和微生物数码分析系列等。

三、灭菌和消毒

食品微生物的检验操作，基本上要求在无菌环境中通过无菌操作进行，所用的器皿、培养基，甚至试验操作环境都应该是无菌的。为达到无菌效果，可采取灭菌、消毒和防腐的措施。

灭菌：杀灭物体中或物体上所有微生物（包括病原微生物和非病原微生物）的繁殖体和芽孢的过程。灭菌的方法分为物理灭菌法和化学灭菌法两大类。

消毒：用物理、化学或生物学的方法杀死病原微生物的过程。具有消毒作用的药物称为消毒剂。一般消毒剂在常用浓度下，只对细菌的繁殖体有效，对于细菌芽孢则无杀灭作用。

防腐：防止或抑制微生物生长繁殖的方法。用于防腐的药物称为防腐剂。某些药物在

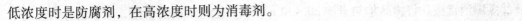

低浓度时是防腐剂，在高浓度时则为消毒剂。

1. 常用的灭菌方法

（1）加热灭菌。加热灭菌是通过加热高温使菌体内蛋白质变性凝固，酶失活，从而达到杀菌目的。蛋白质的凝固变性与其自身含水量有关，含水量越高，其凝固所需要的温度越低。

加热灭菌法包括湿热灭菌和干热灭菌两种。在同一温度下，湿热的杀菌效力比干热大，因为湿热的穿透力比干热强，可增加灭菌效力；湿热的蒸汽有潜热存在，这种潜热能迅速提高被灭菌物品的温度。

1）干热灭菌法。通过使用干热空气杀灭微生物的方法称为干热灭菌法。一般是把待灭菌的物品包裹后，放入干燥箱中加热至160℃，维持2 h。干热灭菌法常用于空玻璃仪器、金属器具的灭菌。凡带有橡胶的物品、液体及固体培养基等都不能用此方法灭菌。

①灭菌前的准备。玻璃仪器等在灭菌前必须经正确包裹和加塞，以保证玻璃仪器灭菌后不被外界杂菌所污染。

常用玻璃仪器的包裹和加塞方法：平皿用纸包裹或装在金属平皿筒内；三角瓶在棉塞与瓶口外再包以厚纸，用棉绳以活结扎紧；吸管用拉直的曲别针将棉花轻轻捅入管口（松紧必须适中，管口外露的棉花可统一通过火焰烧去），灭菌时将吸管装入金属管筒内进行灭菌，也可用纸条斜着从吸管尖端包起，逐步向上卷，头端的纸卷捏扁并拧几下，再将包好的吸管集中灭菌。

②干燥箱灭菌。将包扎好的物品放入干燥烘箱内，注意不要摆放太密，以免妨碍空气流通；不得使器皿与烘箱的内层底板直接接触。将烘箱的温度升至160℃并恒温2 h，注意勿使温度过高，若超过170℃，器皿外包裹的纸张、棉花会被烤焦燃烧。如果只是为了烤干玻璃仪器，温度升至120℃，持续30 min即可。温度降至50～60℃时方可打开箱门，取出物品，否则，玻璃仪器会因骤冷而爆裂。

对于接种环、接种针或其他金属用具等耐燃烧物品，可用火焰灼烧灭菌法直接在酒精灯火焰上烧至红热进行灭菌。此外，在接种过程中，针对试管或三角瓶口，也可采用火焰灼烧灭菌法使其达到灭菌的目的。

2）湿热灭菌法。常用的湿热灭菌法有巴氏消毒法、煮沸消毒法、流通蒸汽消毒法及高压蒸汽灭菌法。流通蒸汽消毒法在本级别中不涉及。

①巴氏消毒法。巴氏消毒法既可杀死液体中致病菌的繁殖体，又不破坏液体物质中原有的营养成分。典型的温度时间组合有两种：一种是61.1～62.8℃，30 min；另一种是87.7℃，10 min。现多用后一种。巴氏消毒法适用于牛奶或酒类的消毒。

②煮沸消毒法。将物品加热煮沸20～30 min 从而达到灭菌的目的，煮沸消毒法适用于器材、器皿及小型日用物品等的消毒。

③高压蒸汽灭菌法。高压蒸汽灭菌法是微生物试验中最常用的灭菌方法。这种灭菌方法是利用水的沸点随着蒸汽压力的升高而升高的原理。当蒸汽压力达到103.4 kPa 时，水蒸气的温度升高到121℃，经15～20 min，可全部杀死物品上的各种微生物及其孢子或芽孢。此法适用于耐高温而又不怕蒸汽物品的灭菌，一般培养基、生理盐水、金属器材、玻璃仪器及传染性标本和工作服等都可应用此法灭菌。

（2）过滤除菌。凡不能耐受高温或化学药物灭菌的药液、毒素、血液等，可使用过滤除菌法除菌。

（3）辐射灭菌。辐射灭菌是利用电磁波杀死大多数物质中的微生物的一种有效方法。用于灭菌的电磁波有微波、紫外线、X 射线和 γ 射线等。如紫外线波长与 DNA 的吸收光谱范围一致，能使 DNA 分子中相邻的嘧啶形成嘧啶二聚体，抑制 DNA 复制与转录等功能，从而杀死微生物。但紫外线的穿透力不强，仅适用于空气及物品表面的消毒。

2. 常用的消毒试剂

消毒试剂很多，目前常用的有十多种，常用的消毒试剂、类别及适用范围见表4—10。

表4—10　　　　　　　　常用的消毒试剂、类别及适用范围

类别	试剂	常用浓度	适用范围
氧化剂	高锰酸钾	1～30 g/L	皮肤、蔬菜、水果、餐具等消毒
卤素及其化合物	漂白粉	10～50 g/L	饮用水、水果、蔬菜、环境卫生消毒
	碘酒	2%～5%	一般皮肤、手术部位皮肤消毒
醇类	乙醇	70%～75%	皮肤、器械表面消毒（对芽孢无效）
醛类	甲醛	370～400 g/L	空气熏蒸消毒（无菌室），2～6 mL/m³
表面活性剂	新洁而灭	0.05%～1%	皮肤、器械消毒，浸泡用过的载玻片和盖玻片
染料	结晶紫	20～40 g/L	体表及伤口消毒
酸类	有机酸（如乳酸）	80%	空气熏蒸消毒，1 mL/m³
碱类	石灰水（氢氧化钙）	10～30 g/L	粪便、畜舍消毒
	烧碱（氢氧化钠）	40 g/L	病毒性传染病的用具

3. 影响灭菌与消毒的因素

影响灭菌与消毒的因素有很多，如酸碱度、灭菌处理剂量的大小、微生物所依附的介质等都可以影响灭菌和消毒的效果，而微生物的特性、微生物污染程度、温度、湿度的影响尤为重要。

（1）微生物的特性。不同的微生物对热的抵抗力和对消毒剂的敏感性不同，细菌、酵母菌的营养体、霉菌的菌丝体对热较敏感；细菌芽孢、放线菌、酵母、霉菌的孢子比营养细胞抗热性强。

不同菌龄的细胞，其抗热性、抗毒力也不同，在同一温度下，对数生长期的菌体细胞抗热力、抗毒力较弱，稳定期的老龄细胞抗性较强。

（2）微生物污染程度。待灭菌的物品中含菌数越多，灭菌越困难，灭菌所需的时间和强度均应相应增加。这是因为微生物群集在一起，加强了机械保护作用，而且抗性强的个体增多，也增加了灭菌的难度。

（3）温度。温度越高，灭菌效果越好。菌液被冰冻时，灭菌效果则明显降低。

（4）湿度。熏蒸消毒、喷洒干粉、喷雾等都与空气的相对湿度有关。相对湿度合适时，灭菌效果最好。此外，在干燥的环境中，微生物常被介质包被而受到保护，使电离辐射的作用受到限制，这时必须加强灭菌所需的电离辐射剂量。

四、染色

由于微生物个体很小，细胞又较透明，不易观察其形态，故必须借助于染色的方法使菌体着色，增加与背景的明暗对比，才能在光学显微镜下较为清楚地观察菌体的个体形态和部分结构。

1. 染色的基本原理

微生物染色的基本原理，主要是通过细胞壁及细胞物质对染料的毛细、渗透、吸附等物理因素，以及各种化学反应进行的。如酸性物质对碱性染料较易吸附，且吸附作用稳固；而碱性物质对酸性染料也较易吸附。

2. 染料的种类

（1）染料按其组成成分可以分为天然染料和人工染料。

（2）染料按其电离后染料离子所带电荷的性质，可分为酸性染料、碱性染料、中性（复合）染料和单纯染料四大类。

3. 染色方法

按照所用染料种类的不同，可把染色方法分为单染色法、复染色法和特殊染色法。

（1）单染色法。单染色法是用一种染料使微生物染色，简便易行，适用于对菌体进行一般形态的观察，一般常用碱性染料进行单染色，如美蓝、孔雀绿、碱性番红、结晶紫和中性红等，镜检时基本只能看到细胞的排列和形状。单染色法一般要经过涂片、固定、染色、水洗和干燥五个步骤。

（2）复染色法。复染色法又称鉴别染色法，是用两种或两种以上染料进行染色，有协助鉴别微生物的作用。最常用的鉴别染色法为革兰氏染色法。

革兰氏染色法是 1884 年由丹麦病理学家 C. Gram 创立的。基本方法是首先用草酸铵结晶紫液再加碘液使菌体着色，然后用乙醇脱色，最后用番红复染。经此法染色后的细菌可分为两类：一类经乙醇处理后仍然保持初染的深紫色，称为革兰氏阳性菌，以"G^+"表示；另一类经乙醇脱色后迅速脱去原来的着色，称为革兰氏阴性菌，以"G^-"表示。革兰氏染色法可将所有的细菌区分为革兰氏阳性菌（G^+）和革兰氏阴性菌（G^-）两大类，是细菌学上最常用的鉴别染色法。

1）革兰氏染色原理。该染色法之所以能将细菌分为 G^+ 菌和 G^- 菌，是由这两类菌的细胞壁结构和成分的不同所决定的。G^- 菌的细胞壁中含有较多易被乙醇溶解的类脂质，而且肽聚糖层较薄、交联度低，故用乙醇或丙酮脱色时溶解了类脂质，增加了细胞壁的通透性，使初染的结晶紫和碘的复合物易于渗出，造成细菌被脱色，再经番红复染后成红色。而 G^+ 菌细胞壁中类脂质含量少，肽聚糖层较厚且与其特有的磷壁酸交联构成了三维网状结构，经脱色剂处理后，肽聚糖层的孔径缩小，通透性降低，因此细菌仍保留初染时的颜色。

2）革兰氏染色过程

①制片

a. 涂片。取干净载玻片一块，在载玻片上加一滴蒸馏水，按无菌操作法取菌涂片，做成浓菌液。再取干净载玻片一块将刚制成的浓菌液挑 2~3 环制成薄的涂面，也可直接在载玻片上制薄的涂面，注意取菌不要太多。涂片务求均匀，切忌过厚。

b. 晾干。将涂片自然晾干或者在酒精灯火焰上方文火烘干。

c. 固定。手执玻片一端，让菌膜朝上，通过火焰 2~3 次固定，温度不宜过高，以载玻片背面不烫手背为宜，温度过高，会破坏细胞的结构和形态。

②革兰氏染色步骤

a. 初染。将已固定的玻片置于玻片搁架上，加适量（以盖满细菌涂面为宜）的结晶紫染色液染色 1 min，水洗。

b. 媒染。滴加卢哥氏碘液，媒染 1 min，水洗。

c. 脱色。将玻片倾斜，连续滴加 95% 乙醇脱色 20~30 s 至流出液无色，立即水洗。

d. 复染。滴加番红（沙黄），复染 1 min，水洗。

③镜检。涂片干燥后，进行镜检。镜检时先用低倍镜观察，再用高倍镜观察，找到适当的视野后，将高倍镜转出，在涂片上加香柏油一滴，将油镜头浸入油滴中仔细调焦观察细菌的形态，并判断菌体的革兰氏染色反应。

3）革兰氏染色的判定。菌体若被染成蓝紫色则为革兰氏阳性菌，若被染成淡红色则为革兰氏阴性菌。

相关链接

最好选用幼龄菌（处于活跃生长期的细菌）染色，革兰氏阳性菌应培养12～16 h，革兰氏阴性菌应培养24 h。若菌龄过老，由于菌体死亡或自溶常会使革兰氏阳性菌转呈阴性。

革兰氏染色成败的关键是酒精脱色。如脱色过度，革兰氏阳性菌可被脱色而染成阴性菌，造成假阴性；如脱色时间过短，使得脱色不完全，革兰氏阴性菌会被误染成革兰氏阳性菌，造成假阳性。

（3）特殊染色法。特殊染色法是针对一些特殊情况（如观察微生物某个特殊构造或某个内含物）而进行的染色方法。常见的特殊染色法有芽孢染色法、荚膜染色法和鞭毛染色法。

其中，芽孢染色法是利用细菌和菌体对染料的亲和力不同的原理，用不同染料进行着色，使芽孢和菌体呈不同的颜色而便于区别，芽孢壁厚、透性低，着色、脱色均较困难。因此，当先用一弱碱性染料，如孔雀绿或碱性品红，在加热条件下进行染色时，此染料不仅可以进入菌体，也可以进入芽孢。进入菌体的染料可经水洗脱色，而进入芽孢的染料则难以透出。若再用复染液（如碱性番红）或衬托液（如黑色素）处理，镜检时可见芽孢呈绿色，菌体呈红色。其染色过程为：制片→初染→加热→水洗脱色→复染。

第4节　对微生物实验室的基本要求

微生物实验室环境不应影响检验结果的准确性。实验室的工作区域应与办公室区域明显分开。实验室内环境的温度、湿度、照度、噪声和洁净度、生物安全等级等应符合工作要求。

一、微生物实验室的配置

微生物实验室通常包括操作室、清洗消毒室和无菌室。实验室工作面积和总体布局应能满足从事检验工作的需要，且必须有独立的无菌室，并具备器皿包裹整理、培养基配制、微生物分离培养、显微镜观察、菌落观察，以及清洗、消毒的空间。各房间、仪器设备和操作台及橱柜的布局应根据工作顺序、清洁与污染等情况采用单方向工作流程，避免交叉污染。由于显微镜和试验操作时需要日光照射，所以室内光线应明亮，但避免阳光直射；地面和四壁应平滑，便于清洁和消毒；室内通风良好；有安全、适宜的电源和充足的水源及存放试剂及物品的橱柜。

二、无菌室的基本要求

微生物样品检验应在洁净区域（包括超净工作台或洁净实验室）进行，洁净区域应有明显的标示。病原微生物分离鉴定工作应在二级生物安全实验室（BSL－2）进行。

1. 无菌室的结构

（1）无菌室通常包括缓冲间和工作间两部分。无菌室的面积一般可为 9～12 m^2，以适宜操作为准。缓冲间和工作间面积的比例为 1∶2，高度为 2.5 m 左右为宜。

（2）工作间的内门与缓冲间的门力求迂回，避免直接相通，减少无菌室内的空气对流，以保证工作间的无菌条件。

（3）有条件的无菌室应设有 0.5～0.7 m^2 的传递窗，用以传递物品。

（4）无菌室（包括缓冲间、传递窗）每 3 m^2 的面积应配备一个功率为 30 W 的紫外线灯。紫外线灯应无灯罩，灯管距离地面不得超过 2.5 m。

（5）缓冲间内需配有清洁用的水源，安装非手动式开关，并有足够的面积保证工作人员更换专用的工作服和鞋帽。

（6）工作间内应设有固定的工作台。较为理想的应有空调设备和空气净化装置，以便在进行微生物操作时切实达到无尘无菌。

2. 无菌室的使用要求

（1）无菌室应密封良好，墙面和地面应当光滑，易于清洁，面向室外的窗户应为双层玻璃。

（2）无菌室的工作台高度约为 80 cm，台面应保持水平，采用无渗漏、耐腐蚀的材料，以便于清洁、消毒。工作台、地面和墙壁可用含有效氯的溶液擦洗消毒，不得存放与试验无关的物品。每次工作完毕，及时清除试验材料，清洁实验室台面、地面，并消毒。

（3）无菌室每次使用前后应用紫外线灭菌灯消毒，照射时间不低于 30 min。关闭紫外线灯 30 min 后人员才能进入。紫外线灯管每隔两周需用酒精棉球擦拭，清洁灯管表面，以免影响紫外线的穿透力。

（4）无菌室内应备有一些专用的仪器设备和器材，如天平、恒温振荡仪、均质器、酒精灯及专用的开瓶器、金属匙、镊子、剪刀、接种针、接种环等。

（5）试验操作时，必须穿专用的工作服和鞋帽。严格按照无菌操作的要求进行。

（6）需要带入无菌室使用的仪器、器械、平皿等物品，均应包裹严密，并用适宜的方法灭菌。

（7）无菌室应具备适当的通风和温度调节的条件，无菌室的推荐温度为 20～25℃，湿度为 40%～60%，应有温湿度计（精度为 1℃）。并做好无菌室的使用记录和温湿度记录。

3. 无菌室的无菌程度测定方法

无菌室应每月检查菌落数。将已制备好的 3～5 个琼脂平皿放置在无菌室工作位置的左、中、右等处，并开盖暴露 15 min，然后倒置于 36℃ 培养箱中培养 48 h，取出观察。10 000 级洁净区平均杂菌数不得超过 3 个菌落，如果超过限度，应分析原因，并采取相应的措施，如采取延长紫外灯灭菌时间，以及对无菌室进行熏蒸等相应的灭菌措施。

4. 无菌室的消毒

根据无菌室的净化情况和空气中含有的杂菌种类，可采用不同的化学消毒剂进行消毒。

（1）一般情况下可酌情定时用 20 mL/m^3 的丙二醇溶液熏蒸消毒。

（2）霉菌较多时，先用乳酸消毒液全面喷洒室内，再用甲醛熏蒸。

（3）细菌较多时，可采用甲醛和乳酸交替熏蒸。

相关链接

甲醛熏蒸后应关门密闭保持 12 h 以上，因为甲醛液熏蒸对人的眼、鼻有强烈刺激，在相当时间内不能入室工作，为减轻刺激作用，在熏蒸后 12 h，可取等量的氨水，迅速放入室内，同时敞开门窗以放出剩余有刺激性的气体。

第5节 微生物检验中的采样及样品制备

食品检验样品的采集和制备，是食品微生物检验的首要工作。食品微生物检验是根据一小部分样品的检验结果对整批食品做出判断的。因此，样品的采集和制备在食品微生物检验中是十分关键的，必须按照规定的原则、科学的方法进行操作，否则会造成检验结果的偏差，影响对食品安全质量的最终评价。

一、采样

1. 采样原则

（1）根据检验目的、食品特点、批量、检验方法、微生物的危害程度等确定采样方案。

（2）应采用随机原则进行采样，确保所采集的样品具有代表性。

（3）采样过程遵循无菌操作程序，防止一切可能的外来污染。

（4）样品在保存和运输的过程中，应采取必要的措施防止样品中原有微生物的数量变化，以保持样品的原有状态。

2. 采样方案

（1）类型

采样方案分为二级采样方案和三级采样方案。二级采样方案设有 n、c 和 m 值，三级采样方案设有 n、c、m 和 M 值。

n：同一批次产品应采集的样品件数。

c：最大可允许超出 m 值的样品数。

m：微生物指标可接受水平的限量值。

M：微生物指标的最高安全限量值。

按照二级采样方案设定的指标，在 n 个样品中，允许有小于等于 c 个样品其相应微生物指标检验值大于 m 值。

按照三级采样方案设定的指标，在 n 个样品中，允许全部样品中相应微生物指标检验值小于等于 m 值；允许有小于等于 c 个样品其相应微生物指标检验值在 m 值和 M 值之间；不允许有样品相应微生物指标检验值大于 M 值。

如：$n=5$，$c=2$，$m=100$ CFU/g，$M=1\ 000$ CFU/g。含义是从一批产品中采集 5 个样

品，若5个样品的检验结果均小于等于m值（≤100 CFU/g），则这种情况是允许的；若小于等于2个样品的结果（X）位于m值和M值之间（100 CFU/g＜X≤1 000 CFU/g），则这种情况也是允许的；若有3个及以上样品的检验结果位于m值和M值之间，则这种情况是不允许的；若有任一样品的检验结果大于M值（＞1 000 CFU/g），则这种情况也是不允许的。

（2）各类食品的采样方案。按相应产品标准中的规定执行。

（3）食源性疾病及食品安全事件中食品样品的采集

1）由工业化批量生产加工的食品污染导致的食源性疾病或食品安全事件，食品样品的采集和判定原则按上文（1）（2）执行。同时，确保采集现场剩余食品样品。

2）由餐饮单位或家庭烹调加工的食品导致的食源性疾病或食品安全事件，食品样品的采集按 GB 14938—1994《食物中毒诊断标准及技术处理总则》中卫生学检验的要求，以满足食源性疾病或食品安全事件病因判定和病原确证的要求。

3. 各类食品的采样方法

采样应遵循无菌操作程序，采样工具和容器应无菌、干燥、防漏，且形状及大小适宜。可采用质量法和拭子法来实施采样操作。采集中样通常用质量法，采集一定面积的样品通常用拭子法。

（1）直接食用的小包装食品。直接食用的小包装食品应尽可能取原包装，直到检验前不要开封，以防污染。

（2）桶装或大容量包装的食品。桶装或大容量不同类型包装的食品应采用不同的工具和方法采样。桶装或大容量包装食品的采样方法见表4—11。

（3）生产过程中的采样。生产过程中的采样应遵循随机采样的方法，采取有代表性的半成品和成品，不能人为挑选性地采样。

表4—11　　　　　　　　　　桶装或大容量包装食品的采样方法

食品类型	采　样　方　法
液体	（1）取样前振摇或用灭菌棒搅拌液体，尽量使其达到均质 （2）取样时应先将取样用具浸入液体内略加漂洗，然后再取所需量的样品。装入灭菌盛样容器的量，不应超过容器的四分之三，以便于检验前将样品摇匀
固体和半固体	大块固体食品应用无菌刀具和镊子从不同部位割取，割取时应兼顾表面与深部；小块大包装食品应从不同部位的小块上取样品，一起放入一个灭菌容器内
冷冻	参照固体食品取样方法，应从几个不同部位用灭菌工具取样，使之有代表性

使用固定在储液桶或流水作业线上的取样笼头取样时，应事先将笼头消毒干净。

4. 采样数量

（1）即食类预包装食品。取相同批次的最小零售原包装，检验前要保持包装的完整，避免污染。

（2）非即食类预包装食品。原包装小于500 g的固态食品或小于500 mL的液态食品，取相同批次的最小零售原包装；大于500 mL的液态食品，应在采样前摇动或用无菌棒搅拌液体，使其达到均质后分别从相同批次的 n 个容器中采集5倍或以上检验单位的样品；大于500 g的固态食品，应用无菌采样器从同一包装的几个不同部位分别采取适量样品，放入同一个无菌采样容器内，采样总量应满足微生物指标检验的要求。

（3）散装食品或现场制作的食品。根据不同食品的种类和状态及相应检验方法中规定的检验单位，用无菌采样器现场采集5倍或以上检验单位的样品，放入无菌采样容器内，采样总量应满足微生物指标检验的要求。

（4）食源性疾病及食品安全事件的食品样品。采样量应满足食源性疾病诊断和食品安全事件病因判定的检验要求。

5. 采集样品的标记

应对采集的样品进行及时、准确的记录和标记，采样人应清晰填写采样单（包括采样人、采样地点、时间、样品名称、来源、批号、数量、保存条件等信息）。

6. 采集样品的储存和运输

采样后，应将样品在接近原有储存温度的条件下尽快送往实验室检验。运输时应保持样品完整。如不能及时运送，应在接近原有储存温度条件下储存。

样品的保存方式见表4—12。

表4—12　　　　　　　　　　　样品的保存方式

食品类型	存 放 条 件
易腐和冷却的样品	置于0~4℃环境中（如冰壶）
冷冻样品	样品应始终处于冷冻状态。可放入－15℃以下的冰箱内，也可短时保存在泡沫塑料隔热箱内（箱内有干冰可维持在0℃以下）。如有融化，不可使其再冻，应保持冷却及时检验
固体和半固体样品	注意不要使样品过度潮湿，以防食品中固有的微生物增殖
其他食品	放在常温避光处

二、样品制备

实验室接到送检样品后应认真核对登记，确保样品的相关信息完整并符合检验要求。

实验室应按要求尽快检验。若不能及时检验，应采取必要的措施保持样品的原有状态，防止样品中目标微生物因客观条件的干扰而发生变化。

1. 样品制备一般原则

（1）样品的全部制备过程均应遵循无菌操作程序。开启样品容器前，先将容器表面擦干净，然后用75%的酒精消毒开启部位及其周围。

（2）检样量一般为25 mL（g），检样通常以1:10进行稀释检测（1份样品，9份稀释液）。

（3）从样品的均质到稀释和接种，相隔时间不应超过15 min。

2. 样品的制备方法

不同物理状态的样品应采取不同的制备方法，不同物理状态食品的制备方法见表4—13。

表4—13   不同物理状态食品的制备方法

样品状态	制备（均质）方法
非黏性液体 （黏度不大于牛乳）	（1）检验前应先将其充分摇匀：对盛满样品的容器，应迅速翻转容器25次；对未盛满样品的容器，应于7 s内以30 cm的幅度振摇25次 （2）取样时可直接用吸管吸取样品，加到稀释液中，摇匀。吸管插入样品的深度不要超过2.5 cm （3）含有CO_2的液体，先倒入灭菌的小瓶中，然后覆盖灭菌纱布，轻轻振摇，使气体全部逸出
半固体或黏性液体	用灭菌容器称取混匀后的检样加入预热至45℃的灭菌稀释液中，充分振摇混合
固体样品	先将100 g左右样品剪碎混匀，然后根据不同样品选用以下的制备方法进行操作： （1）捣碎均质法。称取混匀检样25 g放入盛有225 mL稀释液的无菌均质杯中，以8 000～10 000 r/min的速度进行均质；或使用拍打机拍打，使之混匀 （2）剪碎振摇法（较适用于奶酪、冷冻面条类样品）。将混匀检样进一步剪碎，称量25 g放入盛有225 mL稀释液和适量直径为5 mm左右玻璃珠的稀释瓶中，盖紧瓶盖，用力快速振摇（速度以25次/7 s，振幅不小于30 cm） （3）研磨法（较适用于坚果、饼干类样品）。将适量混匀检样于无菌乳钵中充分研磨后，称取25 g放入盛有225 mL稀释液和适量直径为5 mm左右玻璃珠的稀释瓶中，充分摇匀

相关链接

冷冻食品样品应在检验前预先融化。

融化条件：在 45℃ 以下不超过 15 min；或 2 ~ 5℃ 不超过 18 h。解冻后进行检验。

3. 常见检验食品的样品制备

（1）肉与肉制品的检样制备。肉与肉制品样品的采集和送检及检样的处理均以检验肉禽及其制品内的细菌含量从而判断其质量鲜度为目的。

1）生肉及脏器检样的处理。将检样进行表面消毒（沸水内烫 3 ~ 5 s，或烧灼消毒），再用无菌剪子剪取检样深层肌肉 25 g，放入灭菌乳钵内用灭菌剪子剪碎后，加灭菌海砂或玻璃砂研磨，磨碎后加入灭菌水 225 mL，混匀后即为 1:10 稀释液。

2）鲜、冻家禽检样的处理。带毛野禽去毛后，再对检样进行表面消毒，用灭菌剪子或刀去皮后，剪取肌肉 25 g（一般可从胸部或腿部剪取），以下操作同上述生肉检样处理。

3）各类熟肉制品检样的处理。直接称取 25 g 熟肉制品，以下操作同上述生肉检样处理。

4）腊肠、香肚等生灌肠检样的处理。先对生灌肠表面进行消毒，用灭菌剪子剪取内容物 25 g，以下操作同上述生肉检样处理。

（2）乳与乳制品的检样制备

1）鲜奶、酸奶。以无菌的操作方法去掉瓶口的纸罩纸盖，瓶口经火焰消毒后，用无菌操作方法吸取 25 mL（g）检样，放入装有 225 mL 灭菌生理盐水的三角烧瓶内，振摇均匀（酸奶如有水分析出于表层，应先去除）。

2）炼乳。先用温水洗净瓶（罐）表面，再用点燃的酒精棉球对瓶（罐）的上表面进行消毒，然后用灭菌的开罐器打开瓶（罐），以无菌操作方法称取 25 g 检样，放入装有 225 mL 灭菌生理盐水的三角烧瓶内，振摇均匀。

3）奶油。用无菌操作方法打开包装，取适量检样置于灭菌三角烧瓶内，在 45℃ 水浴或温箱中加热，融化后立即将烧瓶取出，用灭菌吸管吸取 25 mL 奶油放入另一盛有 225 mL 灭菌生理盐水或灭菌奶油稀释液的烧瓶内（瓶装稀释液应预置于 45℃ 水浴中保温，作 10 倍递增稀释时所用的稀释液亦同），振摇均匀，从检样融化到接种完毕的时间不应超过

30 min。

奶油稀释液：林格氏液（氯化钠 9 g，氯化钾 0.12 g，氯化钙 0.24 g，碳酸氢钠 0.2 g，蒸馏水 1 000 mL）250 mL，蒸馏水 750 mL，琼脂 1 g，加热溶解，分装，每瓶 225 mL，121℃灭菌 15 min。

4）奶粉。罐装奶粉的开罐取样法同炼乳检样取样法，袋装奶粉应用蘸有 75% 酒精的棉球涂擦消毒袋口，以无菌操作方法开封取样，称取检样 25 g，放入装有适量玻璃珠的灭菌三角烧瓶内，徐徐加入 225 mL 温热的灭菌生理盐水（先用少量生理盐水将奶粉调成糊状，再全部加入，以免奶粉结块），振摇使其充分溶解和混匀。

5）奶酪。先用灭菌刀削去部分表面封蜡，然后用点燃的酒精棉球消毒表面后用灭菌刀切开奶酪，再用无菌操作方法切取表层和深层检样各少许，置于灭菌乳钵内剪碎，加入少量生理盐水研成糊状。

（3）蛋与蛋制品的检样制备

1）鲜蛋外壳。用被灭菌生理盐水浸湿的棉拭充分擦拭蛋壳，将棉拭直接放入培养基内增菌培养；也可将整只鲜蛋放入灭菌小烧杯或平皿中，按检样要求加入定量灭菌生理盐水或液体培养基，用灭菌棉拭将蛋壳表面充分擦洗后，以擦洗液作为检样检验。

2）鲜蛋蛋液。首先将鲜蛋在流水下洗净，待干后再用 75% 酒精棉球消毒蛋壳，然后根据检验要求，打开蛋壳取出蛋白、蛋黄或全蛋液，放入带有玻璃珠的灭菌瓶内，充分摇匀待检。

3）全蛋粉、巴氏消毒全蛋粉、蛋白片、蛋黄粉。将检样放入带有玻璃珠的灭菌瓶内，按比例加入灭菌生理盐水充分摇匀待检。

4）冰全蛋、巴氏消毒冰全蛋、冰蛋白、冰蛋黄。将装有冰蛋检样的瓶浸泡于流动冷水中，使检样融化后取出，放入带有玻璃珠的灭菌瓶中充分摇匀待检。

（4）水产食品的检样制备。水产食品检样的方法和检验部位均以通过检验水产食品肌肉内的细菌含量从而判断其鲜度质量为目的。

1）鱼类。采集检样的部位为背肌。先用流水将鱼体体表冲净，去鳞，再用 75% 酒精棉球擦净鱼背，待干后用灭菌刀在鱼背部沿脊椎切开 5 cm，再切开两端使两块背肌分别向两侧翻开，然后用无菌剪子剪取肉 25 g，放入灭菌乳钵内，用灭菌剪子剪碎，加灭菌海砂或玻璃砂研磨（有条件情况下可用均质器），检样磨碎后加入 225 mL 灭菌生理盐水，混匀成稀释液待检。

相关链接

剪取肉样时，勿触破及沾上鱼皮。鱼糜制品和熟制品应放在乳钵内进一步捣碎后，再加生理盐水混匀成稀释液。

2）虾类。采取检样的部位为腹节内的肌肉。将虾体在流水下冲净，摘去头胸节，用灭菌剪子剪除腹节与头胸节连接处的肌肉，挤出腹节内的肌肉，称取 25 g 放入灭菌乳钵内，以下操作同上述鱼类检样处理。

3）蟹类。采取检样的部位为胸部肌肉。将蟹体在流水下冲净，剥去壳盖和腹脐，再去除鳃条，复置流水下冲净。用 75% 酒精棉球擦拭前后外壁，置灭菌搪瓷盘上待干。用灭菌剪子剪开成左右两片，再用双手将一片蟹体的胸部肌肉挤出（用手指从足根一端向剪开的一端挤压），称取 25 g，置于灭菌乳钵内。以下操作同上述鱼类检样处理。

4）贝壳类。采样部位为贝壳内容物。先用流水刷洗贝壳，刷净后放在铺有灭菌毛巾的清洁的搪瓷盘或工作台上，采样者将双手洗净并用 75% 酒精棉球涂擦消毒后，用灭菌小钝刀从贝壳的张口处缝隙中徐徐切入，撬开壳盖，再用灭菌镊子取出整个内容物，称取 25 g 置于灭菌乳钵内，以下操作同上述鱼类检样处理。

（5）冷冻饮品、饮料的检样制备

1）瓶装饮料。用点燃的酒精棉球烧灼瓶口灭菌，用无菌纱布盖好，塑料瓶口可用 75% 酒精棉球擦拭灭菌，用灭菌开瓶器将盖启开，含有二氧化碳的饮料可倒入另一灭菌容器内，口勿盖紧，覆盖一灭菌纱布，轻轻摇荡。待气体全部逸出后，进行检验。

2）冰棍。用灭菌镊子除去包装纸，将冰棍部分放入灭菌磨口瓶内，木棒留在瓶外，盖上瓶盖，用力抽出木棒，或用灭菌剪子剪掉木棒，置于 45℃ 水浴，融化后立即进行检验，时间不得超过 30 min。

3）冰激凌。放在灭菌容器内，待其融化后，立即进行检验。

（6）调味品的检样制备

1）瓶装调味品。点燃酒精棉球烧灼瓶口灭菌，用无菌纱布盖好，再用灭菌开瓶器将盖启开后进行检验。

2）盒装或塑料袋装调味品。用 75% 酒精棉球擦拭消毒后用灭菌剪子剪开，对其内容物进行检验。

3）固体样品。使用无菌操作方法称取 25 g 样品，放入灭菌容器内，加入 225 mL 蒸馏水，制成混悬液，待检。

4）液体样品。吸取液体 25 mL，加入灭菌蒸馏水 225 mL，制成混悬液，待检。

5）食醋。用 20% ~ 30% 灭菌碳酸钠溶液将其 pH 值调到中性后进行检验。

（7）冷食菜、豆制品的检样制备。以灭菌操作方法称取 25 g 检样，放入 225 mL 灭菌蒸馏水，制成混悬液，待检。

（8）糕点、蜜饯、糖果的检样制备

1）糕点。如为原包装，用灭菌镊子夹下包装纸，采集外部及中心部位样品；如为带馅糕点，取外皮及内馅共 25 g；如为奶花糕点，取奶花及糕点部分各一半共 25 g，加入 225 mL 灭菌生理盐水中，制成混悬液。

2）蜜饯。采集不同部位，称取 25 g 检样，加入灭菌生理盐水 225 mL，制成混悬液。

3）糖果。用灭菌镊子夹取包装纸，称取数块共 25 g，加入预温至 45℃的灭菌生理盐水 225 mL，等溶化后检验。

（9）酒类的检样制备

1）瓶装酒类。用点燃的酒精棉球烧灼瓶口灭菌，用无菌纱布盖好，再用灭菌开瓶器将盖启开，含有 CO_2 的酒类可倒入另一灭菌容器内，口勿盖紧，覆盖一灭菌纱布，轻轻摇荡，待气体全部逸出后，进行检验。

2）散装酒类。外包装消毒后可直接用吸管吸取，进行检验。

4. 棉拭采样法和检样处理

检验肉禽及其制品受外界环境污染的程度或检验其是否带有某种致病菌，应用棉拭采样法。

检验肉禽及其制品受污染的程度，一般可用板孔为 5 cm^2 的金属制规板压在受检物上，将灭菌棉拭稍沾湿，在板孔 5 cm^2 的范围内揩抹多次，将板孔规板移压另一点，用另一棉拭揩抹，如此共移压、揩抹 10 次，总面积为 50 cm^2，共用 10 支棉拭。每支棉拭在揩抹完毕后应立即剪断或烧断拭子棒杆，投入盛有 50 mL 灭菌水的三角烧瓶或大试管中，立即送检。检验时先充分振摇，吸取瓶、管中的液体作为原液，再按要求做 10 倍递增稀释。

第6节　食品加工环节的卫生检验

食品加工环节的卫生检验包括对加工设备、接触器具和加工人员手的卫生检验。在食品的生产过程中，为防止与减少食品成品的二次污染，保障食品卫生，应对食品生产设备、工具、容器和加工人员的卫生状态进行定期的检测，食品加工环节的卫生检验是食品微生物检验的一项重要内容。

一、采集方法

食品加工环节卫生检验样品的采集方法有冲洗法、表面擦拭法。

1. 冲洗法

对一般容器和设备，可用一定量无菌生理盐水反复冲洗与食品接触的表面，用倾注法检查此冲洗液中的活菌总数，必要时进行大肠菌群或致病菌项目的检验。

大型设备，可以用循环水通过设备，采集定量的冲洗水，用滤膜法进行微生物检验。

2. 表面擦拭法

设备表面的微生物检验，也常用表面擦拭法进行取样，一般是用刷子刷洗法或棉签擦拭法。

（1）刷子刷洗法。将无菌刷子在无菌溶液中沾湿，反复刷洗设备表面 $200 \sim 400 \ cm^2$ 的面积，把刷子放入 225 mL 无菌生理盐水的容器中，进行充分洗涤，将此含菌溶液进行微生物检验。

（2）棉签擦拭法。采样时若所采表面干燥，则用无菌稀释液湿润棉签后擦拭；若表面有水，则用干棉签擦拭。擦拭后立即将棉签插入盛样容器中。

1）食品接触的生产设备表面、桌面和盛料容器（>500 g/只容器）。首先将无菌规板（框内面积 $50 \ cm^2$）按在与食品接触的表面上，用被无菌稀释液沾湿的棉签沿规板框架平稳地擦拭三次，同时变换棉签擦拭面。然后将棉签插入装有 5 mL 无菌稀释液的试管中，搅动数次，挤出多余的水，切断棉签杆，封好试管，即为原液。生产设备表面抽样面积应占食品接触总面积的 10% ~ 20%，桌面和盛料容器抽样一般不少于三个区域。

2）勺、匙、刀、叉、杯、碟等类似加工用具。每一个用具用一支棉签蘸无菌稀释液，来回擦拭三次后，将棉签插入装有 5 mL 无菌稀释液的试管中，搅动数次，挤出多余的水，切断棉签，封好试管，即为原液。这类加工用具的抽样比例为实际用具的 5% ~ 10%。

3）操作人员的手。将无菌棉签用无菌稀释液沾湿后，沿右手指（拇指到小指）到手掌，来回平稳地擦拭三次，同时变换棉签擦拭面，将棉签插入装有 5 mL 无菌稀释液的试管中，搅动数次，挤出多余的水，切断棉签，封好试管，即为原液。抽样人数不少于操作人员总数的 20%，均以右手指掌为抽检范围。

相关链接

1. 采样用具必须无菌，且只在采样时打开。
2. 需两人共同进行采样工作。
3. 样品需在采样后 3 h 内完成检验。
4. 清洁消毒或加工前后各取一份样品，对卫生管理的评估更合理。

二、检测方法

食品加工环节卫生检验在接种前要充分振摇有棉签的试管，菌落总数与大肠菌群除按常规的检验方法进行检测外，还应注意以下事项。

1. 菌落总数的检测

将放有棉签的试管充分振摇（原液）。根据污染情况，选择 2~3 个合适的连续稀释度接种，置 36℃±1℃ 培养 48 h±2 h 后计数，报告结果用 CFU/cm^2 或 CFU/个（生产小用具）表示。

2. 大肠菌群的检测

用无菌吸管吸取 1 mL 原液至 9 mL 无菌生理盐水中，按九管发酵法接种；或采用大肠菌群平板计数法进行定量检验。也可将采样后的棉签直接插入装有 10 mL 单料月桂基硫酸盐胰蛋白胨（LST）肉汤管内进行初发酵，再按检验规程进行定性检验。报告结果用大肠菌群 MPN/cm^2 表示。

三、卫生评价参考标准

清洁消毒效果评价：消毒后，原有菌落总数减少 60% 以上为合格，减少 80% 以上为效果良好。

四、空气样品的采集制备与检验

空气虽然不是微生物的良好栖息场所，但由于气流、灰尘和水沫的流动，人和动物的活动等原因，仍存在相当数量的微生物。空气中的微生物指标是以常存于口腔和鼻腔中的链球菌作为卫生指标的，通常以每米^3 中菌落总数的多少及链球菌数的多少来表示，只有在特殊情况下才进行病原微生物的检验。

空气的采样方法有三种，即直接沉降法、过滤法、气流撞击法。在此重点讲述直接沉降法。

1. 空气中细菌的检验

（1）直接沉降法。在检验空气中细菌含量的各种沉降法中，郭霍氏简单平皿法是最早使用的方法之一，到目前为止，这种方法在判断空气中浮游微生物分次自沉现象方面仍具有一定意义。在科研与生产中，常用直接沉降法检测无菌室空气中微生物的数量，以判断空气消毒效果。也可检测实验室或食品车间等空间内的空气，以判断空气卫生质量。

1）采集与培养。郭霍氏简单平皿法就是将营养琼脂平皿或血液琼脂平皿放在空气中暴露一定时间（T），再在36℃±1℃培养48 h±2 h，计数所生长的菌落数，并观察菌落形态特征，必要时做进一步菌类鉴别。

2）计算。按奥梅梁斯基氏菌落计数的方法进行计算，即在面积（A）为100 cm² 的培养基表面，5 min 沉降下来的细菌数（N）相当于10 L 空气中所含的细菌数：

$$1 \text{ m}^3 \text{ 空气中的细菌数} = 1\,000 \div \left(\frac{A}{100} \times T \times \frac{10}{5} \right) \times N$$

由于用直接沉降法检验出的空气中的细菌数约比用气流撞击法检验出的细菌数少2/3。因此，有人建议用面积为100 cm² 的培养基（培养基直径约为11 cm）检验，所得的细菌数看成3 L（而不是10 L）空气中所含有的细菌数：

$$1 \text{ m}^3 \text{ 空气中的细菌数} = 1\,000 \div \left(\frac{A}{100} \times T \times \frac{3}{5} \right) \times N$$

式中　A——所用平皿面积，cm²；

　　　T——平皿暴露于空气中的时间，min；

　　　N——平皿细菌平均菌落数，个。

（2）过滤法。过滤法的原理是定量的空气通过定量吸收剂（无菌生理盐水）时，液体能阻挡空气中的尘粒通过，并吸收附着其上的细菌。取1 mL 生理盐水接种于营养琼脂培养基上，在36℃±1℃下培养48 h±2 h，计算菌落数。此法用于检测一定体积的空气中所含细菌的数量。

（3）气流撞击法。此法需要特殊仪器采样，如空气微生物采样仪（浮游菌采样仪）。用该仪器采集空气中的浮游菌，比直接沉降法更为科学，特别适用于高洁净度环境采样。适用于食品、药品无菌车间、无菌化验室的空气微生物采样。

2. 空气中霉菌的检验

国家虽然没有制定空气中霉菌的参考指标，但也应引起注意，以防止霉菌孢子引起的皮癣、鹅口疮、过敏性哮喘等疾病，以及霉菌对食品的污染。

空气中的霉菌可用马铃薯琼脂培养基或玉米粉琼脂培养基暴露在空气中做直接沉降法检验，在（27±1）℃培养3~4天后，按空气中细菌的计算方法，计算霉菌菌落数。

第7节 菌落总数的检验

菌落总数的测定是用来判定食品被细菌污染的程度及其卫生质量，它反映食品在生产加工过程中是否符合卫生要求，以便对被检食品做出适当的安全性评价。菌落总数的多少标志着食品卫生质量的优劣。所以，食品标准中通常都有菌落总数的限量规定。

平板菌落计数法又称标准平板活菌计数法（简称 SPC 法），是最常用的一种活菌计数法。菌落总数的结果并不表示实际中所有细菌菌落总数，而是指在需氧条件下，36℃±1℃培养48 h±2 h，在平板计数琼脂培养基上生长的微生物菌落总数，因为有些有特殊生理需求的细菌在此条件下难以繁殖生长。细菌生长的条件见表4—14。

表4—14   细菌生长的条件

分类	培养温度	培养时间	氧气状况	营养条件
一般菌落总数	（36±1）℃	（48±2）h	需氧和兼性厌氧	平板计数琼脂

国内外菌落总数测定方法基本一致，从检样处理、稀释、倾注平皿到计数报告无任何明显不同，只是在某些具体要求方面稍有差别。

检验依据：GB 4789.2—2010《食品安全国家标准 食品微生物学检验 菌落总数测定》。

一、设备和材料

菌落总数检验的设备和材料主要有：高压锅、电炉、恒温培养箱、冰箱、恒温水浴锅、天平、均质器或乳钵、菌落计数器、放大镜、酒精灯、试管架、吸管、试管、广口瓶或三角烧瓶、烧杯、平皿、玻璃珠、刀或剪子、镊子、勺子等。

二、培养基和试剂

1. 平板计数琼脂培养基。

2. 0.85%生理盐水稀释液（磷酸盐缓冲液或无菌蒸馏水等）：每支试管装 9 mL，

500 mL 广口瓶内装 225 mL。

3. 75% 酒精棉球。

三、检验程序

菌落总数的检验程序如图 4—15 所示。

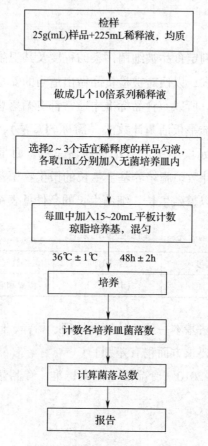

检样
25g(mL)样品+225mL稀释液，均质

做成几个10倍系列稀释液

选择2～3个适宜稀释度的样品匀液，
各取1mL分别加入无菌培养皿内

每皿中加入15~20mL平板计数
琼脂培养基，混匀

36℃±1℃   48h±2h

培养

计数各培养皿菌落数

计算菌落总数

报告

图 4—15　菌落总数的检验程序

四、操作步骤

菌落总数的测定，一般将被检样品制成几种不同的以 10 倍递增的稀释液，从每种稀释液中分别取出 1 mL 置于灭菌平皿中与平板计数琼脂培养基混合，在 36℃ ±1℃ 培养 48 h ±2 h（水产品应在 30℃ ±1℃ 培养 72 h ±3 h），记录每个平皿中形成的菌落数量，依据稀释倍数，计算出每克（或每毫升）原始样品中所含菌落总数。

1. 样品的处理和稀释

菌落总数检验的稀释与接种如图 4—16 所示。

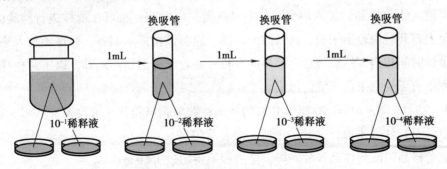

图 4—16　菌落总数检验的稀释与接种

（1）固体和半固体样品。称取 25 g 样品置于盛有 225 mL 磷酸盐缓冲液或生理盐水的无菌均质杯内，以 8 000 ~ 10 000 r/min 均质 1 ~ 2 min；或称取 25 g 样品放入无菌均质袋中，再加入 225 mL 稀释液，用拍击式均质器拍打 1 ~ 2 min，制成 1 : 10 的样品匀液。

相关链接

　　若无均质设备，可按此操作：以无菌操作将检样研磨粉碎，并搅拌均匀，称取 25 g 样品置于盛有 225 mL 稀释液的采样杯中（杯内预置适当数量的无菌玻璃珠），经充分振摇制成 1 : 10 的样品匀液。

（2）液体样品。以无菌吸管吸取 25 mL 样品置于盛有 225 mL 磷酸盐缓冲液或生理盐水的无菌锥形瓶或广口瓶（瓶内预置适当数量的无菌玻璃珠）中，充分混匀，制成 1 : 10 的样品匀液。

（3）用 1 mL 无菌吸管或微量移液器吸取 1 : 10 样品匀液 1 mL，沿管壁缓慢注于盛有 9 mL 稀释液的无菌试管内（注意吸管或吸头尖端不要触及稀释液面），振摇试管或换用 1 支无菌吸管反复吹打使其混合均匀，制成 1 : 100 的样品匀液。

（4）按上述操作顺序，依次制备 10 倍系列稀释样品匀液。如此每递增稀释一次，换用 1 支 1 mL 无菌吸管或吸头。

2. 接种及倾注琼脂

（1）根据对样品污染状况的估计，选择 2 ~ 3 个适宜稀释度的样品匀液（液体样品可从原液做起），使至少一个稀释度的平均菌落数在30～300 CFU之间。在进行10倍递增稀释时，吸取1 mL样品匀液于无菌平板内，每个稀释度做两个平皿。同时，分别吸取1 mL空白稀释液（不含样品）加入两个无菌平皿内做空白对照；也可在取样进行检验的同时，于工作台上打开一块琼脂平板，其暴露的时间，应与该检样从制备、稀释到加入平板时所暴露的最长时间相当，然后与加有检样的平板一并置于恒温箱内培养，以了解检样在检验操作过程中有无受到来自环境的污染。

（2）及时将15～20 mL冷却至46℃的平板计数琼脂培养基（可放置于46℃±1℃恒温水浴箱中保温）注入平皿，并转动平皿，混合均匀。

从制备样品匀液到样品接种完毕，全过程不得超过15 min。

3. 培养

（1）待琼脂凝固后，将平板翻转，置于36℃±1℃培养48 h±2 h（水产品由于其生活环境水温较低，故多采用30℃±1℃培养72 h±3 h）。

（2）如果样品中可能含有在琼脂培养基表面弥漫生长的菌落时，可在凝固后的琼脂表面覆盖一薄层琼脂培养基（约4 mL），凝固后翻转平板，同上面（1）条件进行培养。

相关链接

加入平板内的检样稀释液（特别是10^{-1}的稀释液）有时带有检样颗粒，为了避免与细菌菌落发生混淆，可做一检样稀释液与平板计数琼脂培养基混合的平板，不经培养，于4℃环境中放置，以便在计数检样菌落时用作对照。

4. 菌落计数方法

做平板菌落计数时，可用肉眼观察，必要时用放大镜或菌落计数器，记录各平板稀释倍数和相应的菌落数量。菌落计数以菌落形成单位（CFU）表示。

（1）选取菌落数在30～300 CFU之间、无蔓延菌落生长的平板计数菌落总数。低于30 CFU的平板记录具体菌落数，大于300 CFU的可记录为多不可计。每个稀释度的最终菌落数应采用两个平板的平均值。

（2）若其中一个平板有较大片状菌落生长时，则不宜采用，而应以无片状菌落生长的平板作为该稀释度的菌落数；若片状菌落不到平板的一半，而其余一半中菌落分布又很均匀，则可计算半个平板菌落数后乘以2，代表一个平板菌落数。

（3）当平板上出现菌落间无明显界线的链状生长时，则将每条单链作为一个菌落

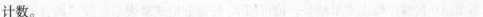

计数。

5. 菌落总数的计算方法

（1）若只有一个稀释度平板上的菌落数在适宜计数范围内，则计算两个平板菌落数的平均值，再将平均值乘以相应稀释倍数，作为每克（每毫升）样品中菌落总数结果。

（2）若有两个连续稀释度的平板菌落数在适宜计数范围内时，按如下公式计算：

$$N = \sum C / (n_1 + 0.1 n_2) d$$

式中：N——样品中菌落数；

$\sum C$——平板（含适宜计数范围菌落数的平板）菌落数之和；

n_1——第一稀释度（低稀释倍数）平板个数；

n_2——第二稀释度（高稀释倍数）平板个数；

d——稀释因子（第一稀释度）。

示例：

稀释度	1:100（第一稀释度）	1:1 000（第二稀释度）
菌落数（CFU）	232，244	33，35

$$N = \sum C / (n_1 + 0.1 n_2) \ d$$
$$= (232 + 244 + 33 + 35) \ / \ [2 + (0.1 \times 2)] \ \times 10^{-2}$$
$$= 24\ 727 \ (CFU)$$

上述数据按规定方式进行数字修约后，应表示为 25 000 CFU 或 2.5×10^4 CFU。

（3）若所有稀释度的平板上菌落数均大于 300 CFU，则对稀释度最高的平板进行计数，其他平板可记录为多不可计，结果按平均菌落数乘以最高稀释倍数计算。

（4）若所有稀释度的平板上菌落数均小于 30 CFU，结果则应按稀释度最低的平均菌落数乘以稀释倍数计算。

（5）若所有稀释度（包括液体样品原液）平板均无菌落生长，则以小于 1 乘以最低稀释倍数计算。

（6）若所有稀释度的平板菌落数均不在 30～300 CFU 之间，其中一部分小于 30 CFU 或大于 300 CFU 时，则以最接近 30 CFU 或 300 CFU 的平均菌落数乘以稀释倍数计算。

6. 菌落总数的报告方法

（1）菌落数小于 100 CFU 时，按"四舍五入"原则修约，采用两位有效数字报告。

（2）菌落数大于等于 100 CFU 时，第 3 位数字采用"四舍五入"原则修约后，取前 2

位数字，后面用 0 代替位数来表示结果；也可用 10 的指数形式来表示，按"四舍五入"原则修约后，采用两位有效数字。

（3）若所有平板上都为蔓延菌落而无法计数，则报告菌落蔓延。

（4）若空白对照上有菌落生长，则此次检测结果无效。

（5）称重取样以 CFU/g 为单位报告，体积取样以 CFU/mL 为单位报告。

【实训 4—1】　糕点中菌落总数的检验

1. 目的

熟悉和掌握菌落总数的检验方法。

2. 设备和材料

检验一份糕点样品，若采用三个稀释度（1:10、1:100、1:1 000），所选取的设备和材料见表 4—15。

表 4—15　　　　　　　　　　　　　　设备和材料

设备和材料	规格与要求	数　　量
电炉	1 000 ~ 2 000 W	1 台
高压灭菌锅	121℃	1 台
均质器或乳钵		1 台（或 1 个）
恒温培养箱	36℃ ±1℃	1 台
恒温水浴锅	46℃ ±1℃	1 台
冰箱	0 ~ 4℃	1 台
天平	精确度 0.1 g	1 台
显微镜	光学显微镜	1 台
菌落计数器或放大镜		1 台（或 1 把）
无菌剪子、镊子、勺子		各 1 把
酒精灯		1 个
三角烧瓶	容量为 500 mL	1 个
量筒	量程为 500 mL	1 个

设备和材料	规格与要求	数　　量
无菌稀释瓶	500 mL	1个
无菌稀释液试管	18 mm×180 mm	3支
无菌吸管	1 mL	3支
无菌玻璃珠	直径约5 mm	数粒
无菌平皿	直径为90 mm	8套
试管架	用于18 mm×180 mm 的试管	1个
玻璃棒	直径约1 cm，长约30 cm	1根
玻璃烧杯	500 mL 或 1 000 mL	1只
橡胶乳头	1 mL	1只
过滤网		1只

3. 培养基和试剂

（1）平板计数琼脂培养基。按成品培养基使用方法正确配制，灭菌。

（2）0.85% 生理盐水。称取 8.5 g 氯化钠，加入 1 000 mL 蒸馏水，溶解。分装于试管（9 mL）和广口瓶（225 mL）中，放入高压灭菌锅灭菌（121℃、15 min）。

（3）75% 酒精棉球。

4. 操作步骤

基本操作：样品的处理与稀释→倾注平皿→36℃±1℃培养48 h±2 h→计数报告。

编号：取无菌平皿8套，分别用记号笔标明不同稀释度各2套，空白对照2套。另取3支9 mL无菌生理盐水试管，依次标明其稀释度和留做空白用。

（1）样品的处理。称取糕点25 g，置于225 mL稀释瓶（内装无菌生理盐水和适当数量的玻璃珠）中，预热至（46±1）℃，摇匀、充分混合，制成1∶10的样品匀液。

（2）样品的稀释。用1 mL灭菌吸管吸取1∶10稀释液1 mL，沿管壁徐徐注入盛有9 mL无菌生理盐水的试管内，振摇试管，混合均匀，制成1∶100的样品匀液。

另取 1 mL 无菌吸管，按上述操作方法，配制 1:1 000 的样品匀液。

（3）平皿的接种。根据标准要求或对污染情况的估计，选择 2～3 个适宜稀释度，在制 10 倍递增稀释的同时，分别以吸取该稀释度的吸管移取 1 mL 样品匀液于无菌平皿中，每种稀释度接种两个平皿。同时，分别吸取 1 mL 空白稀释液（不含样品）加入两个无菌平皿内做空白对照。

（4）倾注平皿培养。将温度约为 46℃ 的平板计数琼脂培养基注入平皿约 15 mL，并转动平皿，混合均匀。同时将平板计数琼脂培养基倾入加有 1 mL 稀释液（不含样品）的无菌平皿内做空白对照。待琼脂凝固后，翻转平板，置于（36±1）℃ 恒温箱内培养（48±2）h。

（5）计数和报告。培养结束后，从培养箱中取出平皿，按菌落计数方法，报告每克糕点中所含菌落总数（CFU）。

5. 菌落总数检验结果记录（检验依据：GB 4789.2—2010）

（1）将选用的设备和培养基、试剂填入表 4—16 中。

（2）填写试验原始记录，见表 4—17。

表 4—16　　　　　　　　　　选用的设备和培养基、试剂

选用设备和培养基、试剂名称	设备编号及计量状态

表4—17　　　　　　　　　　　　　试验原始记录

样品名称		检验方法依据	
样品数量		样品状态	
检样数量		样品编号	

检验结果记录

1 mL（g）内菌落总数（CFU）

稀释度	10^{-1}	10^{-2}	10^{-3}	空白测定
菌落数				
菌落平均值				
检验结果				
结果判定	□ 符合		□ 不符合	
培养条件	温度：		时间：	
判定标准	糕点参考值：≤10 000 CFU/g（冷加工） 或≤1 500 CFU/g（热加工） （GB 7099—2003）			

备注：

第8节　大肠菌群的检验

大肠菌群是指一群在一定培养条件下能发酵乳糖、产酸产气、需氧和兼性厌氧的革兰氏阴性无芽孢杆菌。

检验依据：GB 4789.3—2010《食品安全国家标准　食品微生物学检验 大肠菌群计数》。

此标准中大肠菌群计数有两种方法。第一法 MPN 计数法，适用于大肠菌群含量较低而杂菌含量较高的食品中大肠菌群的计数。第二法平板计数法，适用于大肠菌群含量较高的食品中大肠菌群的计数。

一、设备和材料

大肠菌群检验的设备和材料主要有：高压锅、电炉、恒温培养箱、冰箱、恒温水浴锅、天平、均质器或乳钵、显微镜、酒精灯、载玻片、吸管（1 mL、10 mL）、试管、试管架、稀释瓶或三角烧瓶、烧杯、平皿、玻璃珠、刀或剪子、镊子、勺子等。

二、培养基和试剂

1. 月桂基硫酸盐胰蛋白胨（LST）肉汤。

2. 煌绿乳糖胆盐（BGLB）肉汤。

3. 结晶紫中性红胆盐琼脂（VRBA）。

4. 磷酸盐缓冲液。

5. 0.85% 生理盐水。

6. 无菌 1 mol/ L NaOH。

7. 无菌 1 mol/ L HCl。

三、检验程序

1. 第一法——大肠菌群 MPN 计数法

大肠菌群 MPN 计数法的检验程序如图 4—17 所示。

基本操作：样品的处理与稀释→接种 LST 肉汤管→产气，LST 肉汤管转接 BGLB 肉汤（若不产气直接查 MPN 表）→查 MPN 检索表→结果报告。

大肠菌群计数的操作步骤如图 4—18 所示。

（1）样品的处理和稀释

1）固体和半固体样品。称取 25 g 样品置于盛有 225 mL 磷酸盐缓冲液或生理盐水的无菌均质杯内，以 8 000 ~ 10 000 r/min 均质 1 ~ 2 min；或称取 25 g 样品放入无菌均质袋中，加入 225 mL 稀释液，用拍击式均质器拍打 1 ~ 2 min，制成 1∶10 的样品匀液。

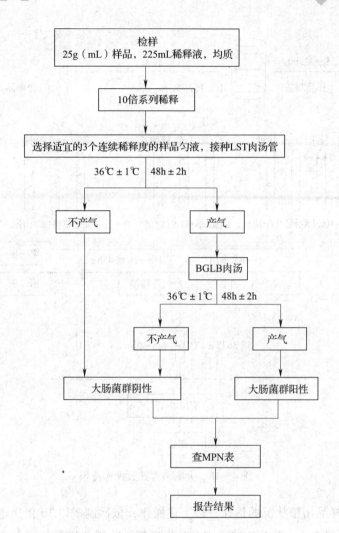

图4—17 大肠菌群 MPN 计数法检验程序

2）液体样品。以无菌吸管吸取 25 mL 样品置于盛有 225 mL 磷酸盐缓冲液或生理盐水的无菌锥形瓶或广口瓶（瓶内预置适当数量的无菌玻璃珠）中，充分混匀，制成 1:10 的样品匀液。

3）样品匀液的 pH 值应在 6.5 ~ 7.5 之间，必要时分别用无菌 1 mol/ L NaOH 或无菌 1 mol/ L HCl 调节。

4）用 1 mL 无菌吸管或微量移液器吸取 1:10 样品匀液 1 mL，沿管壁缓慢注于盛有 9 mL 稀释液的无菌试管内（注意吸管或吸头尖端不要触及稀释液面），振摇试管或换用 1 支无菌吸管反复吹打使其混合均匀，制成 1:100 的样品匀液。

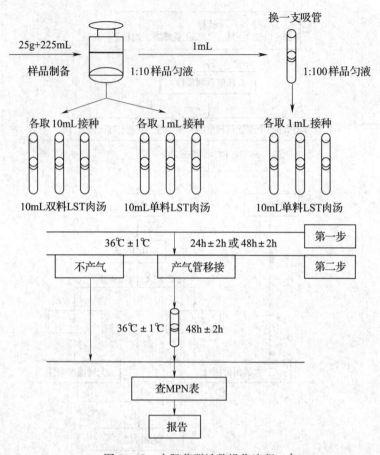

图4—18 大肠菌群计数操作流程

5）根据对样品污染状况的估计，按上述操作，依次制成以10倍递增系列稀释的样品匀液。每递增稀释1次，换用1支1 mL无菌吸管。从制备样品匀液至样品接种完毕，全过程不得超过15 min。

（2）初发酵试验。每个样品，选择3个适宜的连续稀释度的样品匀液（液体样品可以选择原液），每个稀释度接种3管月桂基硫酸盐胰蛋白胨（LST）肉汤，每管接种1 mL（如接种量超过1 mL，用双料LST肉汤；1 mL及1 mL以下者用单料LST肉汤）。将所有发酵管标识好样品编号、接种量（见表4—18）、日期后，置于36℃±1℃培养24 h±2 h，观察导管内是否有气泡产生，在（24±2）h产气的进行复发酵试验，如未产气则继续培养至48 h±2 h，产气的进行复发酵试验，未产气的为大肠菌群阴性。

相关链接

大肠菌群稀释度的选择主要应根据食品安全标准要求或对检样污染情况的估计，选择3种稀释度，每种稀释度接种3管。一般来说，对于大多数食品的接种均可采取1∶10稀释液10 mL、1 mL、1∶100稀释液1 mL。但个别食品例外，如食品包装用纸、冷饮和饮料，由于其大肠菌群标准的限量值都很低，故接种应采用原液10 mL、1 mL和1∶10样品匀液1 mL。

检样量与接种量的概念有所不同，饮料和糕点检样量与接种量的比较见表4—18。

表4—18　　　　　　　　　　饮料和糕点检样量与接种量的比较

检样	LST 肉汤发酵管				
	双料（接种量 10 mL）		单料（接种量 1 mL）		
	原液 （含检样量 10 mL）	稀释液 1∶10 （含检样量 1 g）	原液 （含检样量 1 mL）	稀释液 1∶10 （含检样量 0.1 mL/g）	稀释液 1∶100 （含检样量 0.01 g）
饮料 （管数）	3		3	3	
糕点 （管数）		3		3	3

（3）复发酵试验。用接种环从产气的 LST 肉汤管中分别取培养物1环，移种于煌绿乳糖胆盐肉汤（BGLB）管中，36℃±1℃培养（48±2）h，观察产气情况。产气者，计为大肠菌群阳性管。

（4）大肠菌群最可能数（MPN）的报告。按复发酵试验确证的大肠菌群 LST 阳性管数，检索大肠菌群最可能数（MPN）检索表（见表4—19），报告每克（每毫升）样品中大肠菌群的 MPN 值。

（5）大肠菌群最可能数（MPN）检索表。每克（每毫升）检样中大肠菌群最可能数（MPN）的检索表见表4—19。

表 4—19　　　　　　　　　　　大肠菌群最可能数（MPN）检索表

阳性管数			MPN	95% 可信限		阳性管数			MPN	95% 可信限	
0.10	0.01	0.001		下限	上限	0.10	0.01	0.001		下限	上限
0	0	0	<3.0	..	9.5	2	2	0	21	4.5	42
0	0	1	3.0	0.15	9.6	2	2	1	28	8.7	94
0	1	0	3.0	0.15	11	2	2	2	35	8.7	94
0	1	1	6.1	1.2	18	2	3	0	29	8.7	94
0	2	0	6.2	1.2	18	2	3	1	36	8.7	94
0	3	0	9.4	3.6	38	3	0	0	23	4.6	94
1	0	0	3.6	0.17	18	3	0	1	38	8.7	110
1	0	1	7.2	1.3	18	3	0	2	64	17	180
1	0	2	11	3.6	38	3	1	0	43	9	180
1	1	0	7.4	1.3	20	3	1	1	75	17	200
1	1	1	11	3.6	38	3	1	2	120	37	420
1	2	0	11	3.6	42	3	1	3	160	40	420
1	2	1	15	4.5	42	3	2	0	93	18	420
1	3	0	16	4.5	42	3	2	1	150	37	420
2	0	0	9.2	1.4	38	3	2	2	210	40	430
2	0	1	14	3.6	42	3	2	3	290	90	1 000
2	0	2	20	4.5	42	3	3	0	240	42	1 000
2	1	0	15	3.7	42	3	3	1	460	90	2 000
2	1	1	20	4.5	42	3	3	2	1 100	180	4 100
2	1	2	27	8.7	94	3	3	3	>1 100	420	..

注1：本表采用 3 个稀释度 [0.1g（mL）、0.01 g（mL）和 0.001 g（mL）]，每个稀释度接种 3 管。

2：表内所列检样量如改用 1 g（mL）、0.1 g（mL）和 0.01 g（mL）时，表内数字应相应减小为 1/10；如改用 0.01 g（mL）、0.001 g（mL）、0.000 1 g（mL）时，则表内数字应相应增高 10 倍，其余类推。

2. 第二法——大肠菌群平板计数法

（1）操作步骤

1）样品的处理和稀释。按大肠菌群 MPN 计数法进行。

2）平板计数

①选取 2~3 个适宜的连续稀释度，每个稀释度接种 2 个无菌平皿，每皿 1 mL。同时取 1 mL 生理盐水加入无菌平皿作空白对照。

②及时将 15~20 mL 冷却至 46℃的结晶紫中性红胆盐琼脂（VRBA）倾注于每个平皿中，小心旋转平皿，将培养基与样液充分混合，待琼脂凝固后，再加 3~4 mLVRBA 覆盖琼脂表层。凝固后翻转平板，置于 36℃±1℃培养 18~24 h。

3）平板菌落数的选择。选择菌落数在 15~150 CFU 之间的平板，分别计数平板上出现的典型和可疑大肠菌群菌落。典型菌落为紫红色，菌落周围有红色的胆盐沉淀环，菌落直径为 0.5 mm 或更大。

4）证实试验。从 VRBA 平板上挑取 10 个不同类型的典型和可疑菌落，分别移种于 BGLB 肉汤管内，于 36℃±1℃培养 18~24 h，观察产气情况。凡 BGLB 肉汤管产气，即可报告为大肠菌群阳性。

（2）大肠菌群平板计数的报告。经最后证实为大肠菌群阳性的试管比例乘以操作步骤 3）中计数的平板菌落数，再乘以稀释倍数，即为每克（每毫升）样品中大肠菌群数目。

例：10^{-4}样品稀释液 1mL，在 VRBA 平板上有 100 个典型和可疑菌落，挑取其中 10 个接种 BGLB 肉汤管，证实有 6 个阳性管，则该样品的大肠菌群数为：$100 \times 6/10 \times 10^4 = 6.0 \times 10^5$ CFU/g（mL）。

【实训4—2】 蜂蜜中大肠菌群的计数

检测依据：GB 4789.3—2010（第一法）。

1. 目的

熟悉和掌握大肠菌群的计数方法。

2. 设备和材料

检验一份蜂蜜样品，若采用三个检验量（1 g、0.1 g、0.01 g），基本所需的设备和材料见表4—20。

表4—20　　　　　　　　　　设备和材料

设备和材料	规格与要求	数量
电炉	1 000~2 000 W	1 台

设备和材料	规格与要求	数量
高压灭菌锅	115℃/121℃	1台
恒温培养箱	36℃±1℃	1台
冰箱	0~4℃	1台
天平	精确度0.1 g	1台
显微镜	光学显微镜	1台
酒精灯		1个
接种环		1支
载玻片		2片
三角烧瓶	容量为500 mL	1个
量筒	量程为500 mL	1个
无菌稀释瓶	500 mL	1个
试管	18 mm×180 mm	10支
小倒管（发酵管）		9个
无菌吸管	10 mL/1 mL	1/2支
试管架	用于18 mm×180 mm 的试管	1个
玻璃棒	直径约1 cm，长约30 cm	1根
玻璃烧杯	500 mL 或 1 000 mL	1只
洗耳球	30 mL	1只
橡胶乳头	1 mL	1只

3. 培养基和试剂

（1）月桂基硫酸盐胰蛋白胨（LST）肉汤。

（2）煌绿乳糖胆盐（BGLB）肉汤。

（3）0.85%生理盐水或磷酸盐缓冲液。

（4）无菌1 mol/L NaOH。

（5）无菌1 mol/L HCl。

4. 操作步骤

基本操作：样品的处理与稀释→接种 LST 肉汤管→产气 LST 肉汤管接种 BGLB 肉汤（若不产气直接查表）→查 MPN 检索表→结果报告。

（1）检样的处理

1）用75%的酒精棉球消毒瓶口后启开瓶盖。

2）用无菌采样方法称取25 g蜂蜜，放入含有225 mL无菌生理盐水的采样瓶内，充分振摇使其混合均匀，制成1∶10的样品匀液。

3）用1 mL无菌吸管或微量移液器吸取1∶10样品匀液1mL，沿管壁缓慢注于盛有9 mL无菌生理盐水的试管内（注意吸管或吸头尖端不要触及稀释液面），振摇试管或换用1支无菌吸管反复吹打使其混合均匀，制成1∶100的样品匀液。

（2）初发酵试验。首先分别吸取1∶10的样品匀液10 mL接种3管双料月桂基硫酸盐胰蛋白胨（LST）肉汤；然后分别吸取1∶10的样品匀液1 mL接种3管单料月桂基硫酸盐胰蛋白胨（LST）肉汤；最后分别取1∶100样品匀液1 mL接种3管单料月桂基硫酸盐胰蛋白胨（LST）肉汤。将所有发酵管标识好样品编号、检样量、日期后，于36℃±1℃恒温箱内，培养24 h±2 h。观察试管内是否有气泡产生，若24 h±2 h产气则进行复发酵试验，如未产气则继续培养至48 h±2 h，若产气则进行复发酵试验，若所有LST肉汤管都不产气则为大肠菌群阴性。

（3）复发酵试验。用接种环从产气的LST肉汤管中分别取培养物1环，移种于煌绿乳糖胆盐肉汤（BGLB）管中，36℃±1℃培养48 h±2 h，观察产气情况。产气者，计为大肠菌群阳性管。

（4）大肠菌群最可能数（MPN）的报告。按复发酵试验确证的大肠菌群LST阳性管数，检索MPN表（见表4—19），报告每克蜂蜜中大肠菌群的MPN值。

5．大肠菌群计数的结果记录

检验依据：GB 4789.3—2010（第一法）。

（1）将所选用设备和培养基、试剂填入表4—21。

表4—21　　　　　　　　　选用设备和培养基、试剂

选用设备和培养基、试剂	设备编号及计量状态

（2）填写试验记录表，见表4—22。

表4—22 　　　　　　　　　　　　**试验记录表**

样品名称		检验方法依据	
样品数量		样品状态	
样品编号		培养条件	

检验结果记录

接种量	初发酵结果	复发酵结果	大肠菌群阳性管数
10 mL			
1 mL			
0.1 mL			
0.01 mL			

检验结果：大肠菌群（MPN/g）			结果判定：□ 符合 □ 不符合
判定标准	大肠菌群≤0.3 MPN/g（GB 14963—2011）		
备注			

检验人：　　　　　　　　　检测日期：

第 9 节　霉菌和酵母菌计数

霉菌和酵母菌广泛分布于自然界，可作为食品中正常菌相的一部分。长期以来，人们可利用某些霉菌和酵母菌加工一些食品，但在某些情况下，霉菌和酵母菌也可造成食品腐败变质。因此，霉菌和酵母菌被当成评价食品卫生质量的指示菌，并以霉菌和酵母菌计数来判定食品被污染的程度。

检验依据：GB 4789.15—2010《食品安全国家标准　食品微生物学检验　霉菌和酵母计数》。

一、设备和材料

霉菌和酵母菌计数的设备和材料主要有：高压锅、电炉、恒温培养箱、冰箱、恒温水浴锅、天平、振荡器、均质器或乳钵、菌落计数器、酒精灯、试管架、无菌吸管、无菌试管、无菌稀释瓶或三角烧瓶、烧杯、无菌平皿、玻璃珠、无菌刀或剪子、镊子、勺子、橡胶乳头及洗耳球等。

二、培养基和试剂

1. 马铃薯－葡萄糖琼脂附加抗生素、高盐察氏培养基或孟加拉红培养基。
2. 无菌蒸馏水。每支试管装 9 mL，500 mL 无菌稀释瓶内装 225 mL。
3. 75% 酒精棉球。

三、检验程序

霉菌、酵母菌计数程序如图 4—19 所示。

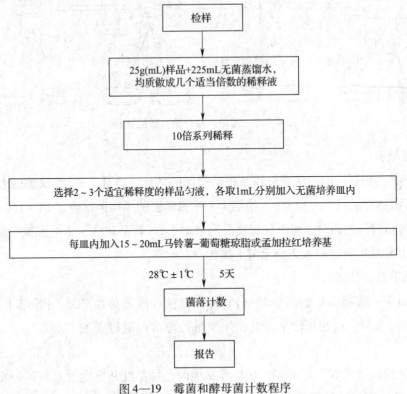

图 4—19　霉菌和酵母菌计数程序

四、操作步骤

1. 样品的处理和稀释（见图4—20）

（1）固体和半固体样品。称取25 g样品置于盛有225 mL无菌蒸馏水的锥形瓶中，放在恒温振荡器上，充分振摇，即为1:10的样品匀液；或称取25 g样品放入无菌均质袋中，加入225 mL稀释液，用拍击式均质器拍打2 min，制成1:10的样品匀液。

（2）液体样品。以无菌吸管吸取25 mL样品置于盛有225 mL无菌蒸馏水的锥形瓶或稀释瓶（瓶内预置适当数量的无菌玻璃珠）中，充分混匀，制成1:10的样品匀液。

（3）取1 mL 1:10样品匀液注入含有9 mL无菌蒸馏水的试管内，振摇试管混合均匀，另换一支1 mL无菌吸管反复吹吸，制成1:100的样品匀液。

（4）另取1 mL灭菌吸管，按上述操作顺序，制备10倍系列递增样品匀液。如此每递增稀释一次即换用1支1 mL无菌吸管。

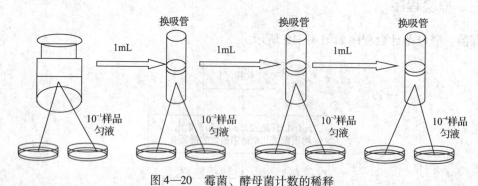

图4—20　霉菌、酵母菌计数的稀释

2. 倾注培养

（1）接种。根据标准要求或对样品污染状况的估计，选择2~3个适宜连续稀释度的样品匀液（液体样品可包含原液），使至少一个稀释度的平均菌落数在10~150 CFU之间。在制10倍递增稀释的同时，每个稀释度分别吸取1 mL样品匀液于2个无菌平皿中。同时分别取1 mL样品稀释液加入2个无菌平皿作空白对照。

（2）培养基的选择

1）马铃薯–葡萄糖琼脂培养基（PDA）。霉菌和酵母菌在PDA培养基上生长良好。用PDA作培养基时，应在倾注平板前，用少量乙醇溶解氯霉素加入培养基中，以抑制细菌生长。

2）孟加拉红（虎红）培养基。该培养基中的孟加拉红和抗生素具有抑制霉菌菌落蔓延生长的功能。倾注平板前，应用少量乙醇溶解氯霉素加入到培养基中摇匀后再倾注。

相关链接

　　粮食和食品中常见的曲霉和青霉在马铃薯-葡萄糖琼脂培养基（PDA）上分离效果良好，它具有抑制细菌和减缓生长速度快的毛霉科菌种生长的作用。若标准要求只做霉菌计数或检验粮食中的霉菌和酵母菌时则用高盐察氏培养基。

　　（3）及时将15~20 mL冷却至46℃左右的马铃薯-葡萄糖琼脂培养基或孟加拉红培养基（可放置于46℃±1℃恒温水浴箱中保温）倾注平板，并转动平板，混合均匀。

　　（4）待琼脂凝固后，将平板倒置，在28℃±1℃培养5天，观察并记录。

3. 菌落计数方法

　　做平板菌落计数时，可用肉眼观察，必要时用放大镜检查，以防遗漏。根据菌落形态分别计数霉菌和酵母菌数，记录各稀释倍数和相应的霉菌和酵母菌数。以菌落形成单位CFU表示。

　　选择菌落数在10~150 CFU之间的平板。霉菌蔓延生长覆盖整个平板的可记录为多不可计。最终菌落数应采用两个平板的平均值。

4. 结果与报告

　　（1）结果

　　1）计算两个平板菌落数的平均值，再将平均值乘以相应稀释倍数进行计算。

　　2）若所有稀释度的平板上菌落数均大于150 CFU，则对稀释度最高的平板进行计数，其他平板可记录为多不可计，结果按平均菌落数乘以最高稀释倍数计算。

　　3）若所有稀释度的平板上菌落数均小于10 CFU，则应按稀释度最低的平均菌落数乘以最低稀释倍数计算。

　　4）若所有稀释度平板均无菌落生长，则以小于1乘以最低稀释倍数计算；若为液体样品原液，则以小于1计数。

　　（2）报告方法

　　1）菌落数小于100 CFU时，按"四舍五入"原则修约，采用两位有效数字报告。

　　2）菌落数大于等于100 CFU时，前3位数字采用"四舍五入"原则修约后，取前两位数字，后面用0代替位数来表示结果；也可用10的指数形式来表示，按"四舍五入"原则修约后，采用两位有效数字。

　　3）若所有平板都为蔓延菌落而无法计数，则报告菌落蔓延或多不可计。

　　4）称重取样以CFU/g为单位报告，体积取样以CFU/mL为单位报告。报告或分别报告霉菌和/或酵母菌数。

【实训 4—3】 发酵乳中霉菌和酵母菌计数

1. 目的

熟悉和掌握霉菌和酵母菌的检验方法。

2. 设备和材料

检验一份发酵乳样品，若采用三个稀释度（1:10、1:100、1:1 000），则所需的设备和材料见表 4—23。

表 4—23　　　　　　　　　　　　　设备和材料

设备和材料	规格与要求	数量
电炉	1 000 ~ 2 000 W	1 台
高压灭菌锅	121℃	1 台
均质器或乳钵		1 台
振荡器		1 台
恒温培养箱	28℃ ±1℃	1 台
恒温水浴锅	46℃ ±1℃	1 台
冰箱	0 ~ 4℃	1 台
天平	精确度 0.1 g	1 台
菌落计数器或放大镜		1 台
显微镜	光学显微镜	1 台
无菌剪子、镊子、勺子		各 1 把
酒精灯		1 个
三角烧瓶	容量为 500 mL	1 个
量筒	量程为 500 mL	1 个
具塞三角烧瓶	500 mL	1 个
无菌试管	18 mm × 180 mm	3 支
无菌吸管	1 mL/10 mL	3 个/1 个

续表

设备和材料	规格与要求	数量
无菌玻璃珠	直径约 5 mm	数粒
无菌平皿	直径为 90 mm	8 套
试管架	用于 18 mm×180 mm 的试管	1 个
玻璃棒	直径约 1 cm，长约 30 cm	1 根
玻璃烧杯	500 mL 或 1 000 mL	1 只
橡胶乳头	1 mL	1 只
洗耳球	30 mL	1 只

3. 培养基和试剂

（1）含氯霉素的马铃薯－葡萄糖琼脂培养基或孟加拉红培养基。

（2）无菌蒸馏水。每支试管装 9 mL，500 mL 广口瓶内装 225 mL。

（3）75% 酒精棉球。

4. 操作步骤

编号：取无菌平板 8 套，分别用记号笔标明 1∶10、1∶100、1∶1 000 各 2 套，空白对照 2 套。另取 3 支 9 mL 无菌生理盐水试管，依次标明其稀释度和留作空白用。

（1）样品的处理和稀释

1）以无菌操作称取 25 g 发酵乳，放于盛有 225 mL 无菌蒸馏水的具塞三角烧瓶内（瓶内预置适当数量的玻璃珠），充分振摇，即为 1∶10 的样品匀液。

2）用 1 mL 无菌吸管吸取 1∶10 样品匀液注入含有 9 mL 无菌蒸馏水的试管内，振摇试管混合均匀，另换一支 1 mL 无菌吸管反复吹吸，制成 1∶100 的样品匀液。

3）另取 1 mL 无菌吸管，按上述操作顺序，制成 1∶1 000 的样品匀液，如此每递增稀释一次即换用 1 支 1 mL 无菌吸管。

（2）倾注培养

1）在制 10 倍递增稀释的同时，以吸取该样品匀液的吸管移取 1 mL 样品匀液于无菌平板中，每个稀释度做两个平板。同时分别取 1 mL 样品稀释液加入 2 个无菌平皿作空白对照。

2）将 15~20 mL 冷却至 46℃左右的孟加拉红或 PDA 培养基注入平板，并转动平板，混合均匀。

待琼脂凝固后，倒置平板，28℃±1℃培养5天，观察并记录。

（3）计数方法。做平板菌落计数时，可用肉眼观察，必要时用放大镜检查，以防遗漏。根据菌落形态分别计数霉菌和酵母菌数，记录各稀释倍数和相应的霉菌和酵母菌数。以菌落形成单位CFU表示。

选择菌落数在10～150 CFU之间的平板。霉菌蔓延生长覆盖整个平板的可记录为多不可计。最终菌落数应采用两个平板的平均值。

（4）结果与报告

1）计数结果

①计算两个平板菌落数的平均值，再将平均值乘以相应稀释倍数进行计算。

②若所有稀释度的平板上菌落数均大于150 CFU，则对稀释度最高的平板进行计数，其他平板可记录为多不可计，结果按平均菌落数乘以最高稀释倍数计算。

③若所有稀释度的平板上菌落数均小于10 CFU，则应按稀释度最低的平均菌落数乘以最低稀释倍数计算。

④若所有稀释度平板均无菌落生长，则以小于1乘以最低稀释倍数计算；若为液体样品原液，则以小于1计数。

⑤若所有稀释度的平板菌落数均不在10～150 CFU之间，其中一部分小于10 CFU或大于150 CFU时，则以最接近10 CFU或150 CFU的平均菌落数乘以稀释倍数计算。

2）报告方法

①菌落数小于100 CFU时，按"四舍五入"原则修约，采用两位有效数字报告。

②菌落数大于等于100 CFU时，前3位数字采用"四舍五入"原则修约后，取前两位数字，后面用0代替位数来表示结果；也可用10的指数形式来表示，按"四舍五入"原则修约后，采用两位有效数字。

③若所有平板都为蔓延菌落而无法计数，则报告菌落蔓延。

④称重取样以CFU/g为单位报告，体积取样以CFU/mL为单位报告。报告或分别报告霉菌和/或酵母菌数。

5. 霉菌、酵母菌计数结果记录

检验依据：GB 4789.15—2010

（1）将所选用设备和培养基填入表4—24。

表 4—24　　　　　　　　　　　　**选用设备和培养基**

选用设备和培养基	设备编号及计量状态

（2）填写试验记录表，见表4—25。

表 4—25　　　　　　　　　　　　**试验记录表**

样品名称		检验方法依据	
样品数量		样品状态	
样品编号		培养条件	

检验结果记录

霉菌、酵母菌数（CFU）

检验对象菌	霉菌			酵母菌			空白
稀释度	10^{-1}	10^{-2}	10^{-3}	10^{-1}	10^{-2}	10^{-3}	
菌落数							
菌落平均值							
检验结果							
结果判定	□ 符合　　□ 不符合			□ 符合　　□ 不符合			
判定标准	标准参考值：霉菌≤30 CFU/g；酵母 ≤100 CFU/g（GB 19302—2010）						

备注：

检验人：　　　　　　　　　　检验日期：

第 10 节　商业无菌及其检验技术概要

本节介绍的商业无菌检验方法适用于食品商业无菌的检验。

一、商业无菌检验的相关术语

1. 低酸性罐藏食品

除酒精饮料外，凡杀菌后平衡 pH 值大于 4.6，水分活度大于 0.85 的灌藏食品，原来是低酸性的水果、蔬菜或蔬菜制品，为加热杀菌的需要而加酸降低 pH 值的，属于酸化的低酸性罐藏食品。

2. 酸性罐藏食品

杀菌后平衡 pH 值小于等于 4.6 的罐藏食品。pH 值小于 4.7 的番茄、梨和菠萝及由其制成的汁，和 pH 值小于 4.9 的无花果均属于酸性罐藏食品。

二、商业无菌检验

食品的商业无菌检验（检验方法详见 GB 4789.26—2013）按以下程序操作：

1. 样品准备

去除表面标签，在包装容器表面用防水的油性记号笔做好标记，并记录容器、编号、产品性状、泄漏情况、是否有小孔或锈蚀、压痕、膨胀及其他异常情况。

2. 称重

1 kg 及以下的包装物精确到 1 g，1 kg 以上的包装物精确到 2 g，10 kg 以上的包装物精确到 10 g，并记录。

3. 保温

每个批次取 1 个样品置于 2～5℃冰箱保存作为对照，将其余样品在（36±1）℃下保温 10 天。保温结束时，再次称重并记录，比较保温前后样品质量有无变化。

4. 开启

如样品有膨胀，则将样品先置于 2～5℃冰箱内冷藏数小时后开启。

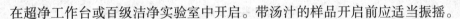

在超净工作台或百级洁净实验室中开启。带汤汁的样品开启前应适当振摇。

5. 留样

开启后，用灭菌吸管或其他适当工具以无菌操作取出内容物至少 30 mL（g）至灭菌容器内，保存在 2~5℃冰箱中，在需要时可用于进一步试验，待该批样品得出检验结论后可弃去。

6. 感官检查

在光线充足、空气清洁无异味的检验室中，将样品内容物倾入白色搪瓷盘内，对产品的组织、形态、色泽和气味等进行观察和嗅闻，按压食品检查产品性状，鉴别食品有无腐败变质的迹象，同时观察包装容器内部和外部的情况，并记录。

7. pH 值测定及分析

根据样品的状态和形状，选择不同的处理方式，制备用于测定 pH 值的样品。待样品制备完成后，进行 pH 值测定。同一个制备试样至少进行两次测定。两次测定结果之差不超过 0.01pH 单位。取两次测定的算术平均值作为结果，报告精确到 0.05pH 单位。

与同批中冷藏保存对照样品相比，比较是否有显著差异。pH 值相差 0.5 及以上判为显著差异。

8. 涂片染色镜检

取样品内容物进行涂片。带汤汁的样品可用接种环挑取汤汁涂于载玻片上，固态食品可直接涂片或用少量灭菌生理盐水稀释后涂片，待干后用火焰固定。油脂性食品涂片自然干燥并火焰固定后，用二甲苯流洗，再次自然干燥。

对上面涂片用结晶紫染色液进行单染色，干燥后镜检，至少观察 5 个视野，记录菌体的形态特征及每个视野的菌数。与同批冷藏保存对照样品相比，判断是否有明显微生物增值现象。菌数有百倍或百倍以上的增长则判为明显增殖。

9. 结果判定

样品经保温试验未出现泄漏；保温后开启，经感官检验、pH 值测定、涂片镜检，确证无微生物增殖现象，则可报告该样品为商业无菌。

样品经保温试验出现泄漏；保温后开启，经感官检验、pH 值测定、涂片镜检，确证有微生物增殖现象，则可报告该样品为非商业无菌。

职业技能鉴定要点

行为领域	鉴定范围	鉴定点	重要程度
理论准备	微生物学的基本知识	微生物学概述	★
		微生物的形态和基本结构	★★★
		微生物的营养	★★
		微生物的代谢	★
		微生物的生长及影响因素	★★
	食品中微生物的污染及控制	影响食品腐败变质的因素	★
		食品中微生物污染的途径	★
		食品生产中微生物污染的变化规律	★
		食品中微生物污染的控制	★
		食品中霉菌毒素的预防与去毒	★
	微生物检验的基本操作	接种和培养	★★
		培养基的制备	★★
		灭菌和消毒	★★★
		染色	★★★
	对微生物检验室的基本要求	微生物实验室的配制	★
		无菌室的基本要求	★★
	微生物检验中的采样及样品制备	采样	★★
		样品制备	★★★
	食品加工环节的卫生检验	采集方法	★
		检测方法	★
		卫生评价参考标准	★
	菌落总数的检验	设备和材料	★
		培养基和试剂	★
		检验程序	★★
		操作步骤	★★★
	大肠菌群的检验	设备和材料	★
		培养基、试剂和染色液	★
		检验程序	★★
		操作步骤	★★★

续表

行为领域	鉴定范围	鉴定点	重要程度
理论准备	霉菌和酵母菌的检验	设备和材料	★
		培养基和试剂	★
		检验程序	★★
		操作步骤	★★★
技能训练	菌落总数的检验	检验前的准备	★★
		检验操作	★★★
		检验报告与结果判定	★★
	大肠菌群的检验	检验前的准备	★★
		检验操作	★★★
		检验报告与结果判定	★★
	霉菌和酵母菌的检验	检验前的准备	★★
		检验操作	★★★
		检验报告与结果判定	★★

测 试 题

一、判断题（下列判断正确的请打"√"，错误的请打"×"）

1. 相对体积而言，微生物表面积较大，这非常有利于微生物通过体表吸收营养和排泄物质。 （ ）

2. 大多数微生物适宜在高渗透压的食品中生长。 （ ）

3. 消毒就是消除有毒的化学物质。 （ ）

4. 根据最适生长温度的不同，可以将微生物分为需氧微生物和厌氧微生物。 （ ）

5. 以氧化有机物获得能量的微生物属于化能型。 （ ）

6. 荚膜有高度的耐热性和抵抗不良环境的能力，能增强病原菌的致病力。 （ ）

7. 无机盐是微生物生命活动中不可缺少的物质，作为自养菌的能源可以调节体温。 （ ）

8. 观察微生物动力学试验的接种方法是穿刺接种。 （ ）

9. 高压蒸汽灭菌法是通过强大的压力将微生物杀死。 （ ）

10. 内毒素属于细胞壁的组成部分，毒力较强，但对热敏感，容易受到破坏。（   ）

11. 如为非冷藏易腐食品，不需要将所取样品冷却到 0～4℃。（   ）

12. 冷冻样品一旦融化，来不及检验，要放回冷冻室保存。（   ）

13. 微生物污染后的冷冻食品仍有传染疾病的可能。（   ）

14. 从样品的均质到稀释和接种，相隔时间不应超过 15 min。（   ）

15. 计算活菌时应用显微镜直接计数法比较好。（   ）

16. 目前菌落总数的测定多用涂布法。（   ）

17. 测定菌落总数的平板计数琼脂的 pH 值应为 7.2～7.4。（   ）

18. 大多数肠道杆菌是肠道的弱致病菌。（   ）

19. 测定大肠菌群数时，37℃培养 24 h，能发酵乳糖产酸产气为阳性。（   ）

20. 霉菌检验程序和步骤与细菌相同。（   ）

二、简答题

1. 原核微生物和真核微生物在结构上有何不同？

2. 微生物有哪些营养类型，吸收营养物质的方式有哪几种？

3. 单细胞微生物的生长曲线包括哪几个时期？各有何特点？

4. 灭菌和消毒的概念是什么？

5. 细菌有哪些特殊结构？各有什么作用？

6. 为什么革兰氏染色法称为鉴别染色法？试述其原理。

7. 食品中微生物污染有哪些途径？试结合实际工作情况举例分析。

8. 无菌室如何测定无菌程度？如何保证无菌室的无菌环境？

9. 按大小不同可将样品分为哪几种？

10. 食品检验为什么要测定细菌菌落总数和大肠菌群数？

11. 用什么溶液调节酸性食品 pH 值后才能进行检验？

12. 大肠菌群检验中为什么首先要用乳糖胆盐发酵管？

13. 为什么平板计数琼脂培养基在使用前要保持其温度在（46±1）℃？

14. 如何使霉菌和酵母菌菌落计数准确？

三、思考题

1. 试分析影响微生物生长的主要因素及它们影响微生物生长繁殖的机制。

2. 什么叫菌落？怎样鉴别酵母菌菌落与细菌菌落？

3. 干热灭菌和湿热灭菌各适用于哪些物质的灭菌？哪种灭菌效果更好，为什么？

4. 为什么倾注培养基的量在 15 mL 左右？

5. 大肠菌群检验为什么要用两步法？

测试题答案

一、判断题

1. √ 2. × 3. × 4. × 5. × 6. × 7. × 8. √ 9. × 10. × 11. × 12. ×
13. √ 14. √ 15. × 16. × 17. √ 18. × 19. √ 20. ×

二、简答题

1. 答：原核微生物和真核微生物在结构上的主要区别在于：原核微生物细胞核分化程度低，仅有原始核，没有核膜与核仁，细胞器不完整。真核微生物细胞内有一个明显的核，细胞核分化程度高，有核膜、核仁和染色体，细胞质内有完整的细胞器。

2. 答：根据微生物对碳源的要求及氢供体和能量的来源不同，可将微生物分为四种营养类型：光能无机自养型、化能无机自养型、光能有机异养型和化能有机异养型。吸收营养物质的方式有单纯扩散、促进扩散、主动运输和基团移位。

3. 答：单细胞微生物的生长曲线包括延迟期、对数期、稳定期和衰亡期四个时期。其中延迟期细菌细胞分裂迟缓、代谢活跃；生长速度趋于零；细胞体积增长较快；对不良的环境较敏感，易死亡。对数期细菌生长速度最快；菌体大小、形态、生理特性比较一致；酶系活跃、代谢旺盛。稳定期群体生长速度等于零；总菌数和代谢产物均达到高峰。衰亡期细菌活菌数急剧下降，出现了"负生长"；会发生自溶等现象。

4. 答：灭菌是杀灭物体中或物体上所有微生物（包括病原微生物和非病原微生物）的繁殖体和芽孢的过程。消毒是用物理、化学或生物学的方法杀死病原微生物的过程。

5. 答：细菌的特殊结构有芽孢、荚膜、鞭毛等。它们均可作为细菌分类鉴定的依据之一。其中荚膜可作为细菌的养料储藏库、废物堆积场所，并可加强病原菌的致病力；芽孢可作为灭菌指标并有利于菌种的保藏；鞭毛具有运动功能，是细菌的运动器官。

6. 答：因为通过革兰氏染色法可以将细菌分为 G^+ 菌和 G^- 菌，所以革兰氏染色法称为鉴别染色法。革兰氏染色原理主要是：由于 G^+ 菌和 G^- 菌这两类菌的细胞壁结构和成分不同，所以可以通过染色鉴别细菌，并将细菌分为 G^+ 菌和 G^- 菌。G^- 菌的细胞壁中含有较多类脂质，肽聚糖层较薄、交联度低，故用乙醇或丙酮脱色时溶解了类脂质，增加了细胞壁的通透性，使初染的结晶紫和碘的复合物易于渗出，细菌被脱色，再经番红复染后呈红色。而 G^+ 菌细胞壁中类脂质含量少，肽聚糖层较厚且与其特有的磷壁酸交联构成了三维网状结构，经脱色剂处理后，肽聚糖层的孔径缩小，通透性降低，因此细菌仍保留初染时的颜色。

7. 答：微生物通过对土壤、水、空气、人和动物、用具及杂物的污染，从而造成对食品的污染。举例分析略。

8. 答：无菌室无菌程度测定方法：将已制备好的 3~5 个琼脂平皿放置在无菌室工作位置的左、中、右等处，并开盖暴露 15 min，然后倒置于 36℃ 培养箱中培养 48 h，取出观察。

要保证无菌室的无菌环境，首先要严格遵守无菌室的使用要求，如，无菌室每次使用前后应用紫外线灭菌灯消毒，照射时间不低于 30 min；必须穿专用的工作服和鞋帽，严格按照无菌操作的要求进行等。其次应每月检查无菌室的菌落数，如超过限度，应分析原因，并采取相应的措施，如延长紫外线灭菌灯灭菌时间及采取熏蒸等相应的灭菌措施。

9. 答：按大小不同可将样品分为大样、中样和小样。

10. 答：从食品卫生观点来看，食品中菌落总数越多，说明食品质量越差，被病原菌污染的可能性越大；当菌落总数仅少量存在时，被病原菌污染的可能性就会降低，或者几乎不存在。

大肠菌群主要来源于人和动物的粪便。凡被粪便污染的食品，就有可能受到肠道致病菌的污染，故以大肠菌群数作为食品被粪便污染的指标。

用菌落总数和大肠菌群数来评价食品的卫生质量，具有广泛的卫生学意义。

11. 答：用碳酸钠溶液调节酸性食品 pH 值至中性后才能进行检验。醋一般用 20%~30% 的灭菌碳酸钠溶液调节；饮料等食品一般用 10% 的灭菌碳酸钠溶液调节。

12. 答：大肠菌群是一群发酵乳糖、产酸产气的革兰氏阴性细菌，月桂基硫酸盐胰蛋白胨肉汤中的月桂基硫酸盐是革兰氏阳性菌的抑菌剂。试验表明，适量的月桂基硫酸盐对于大肠菌群的生长无影响。所以将月桂基硫酸盐胰蛋白胨肉汤用于大肠菌群的初发酵增菌培养。

13. 答：琼脂的凝固温度接近 40℃，温度过高会影响细菌生长，过低琼脂容易凝固而不能与样液充分混匀。

14. 答：（1）检样制备要有代表性。（2）样品稀释时要反复吹打均匀，使霉菌孢子充分打开。（3）培养基的选择要合理。（4）选择合适的稀释度。（5）倾注培养基的温度要适宜。（6）菌落计数要准确。

三、思考题

答案略。

第 5 章

数据处理

引 导 语

　　食品质量的判断是以分析检验结果为依据的。由于在实际的检测过程中受到计量器具的准确度、检验方法的不完善、检验人员的主观性、试验环境的波动、检验样品的不均匀性等各种因素的影响，常使检测结果不能完全准确。食品检验中由测定值直接得出结果的检验是少数，多数是通过对测定值进行运算才得出结果。因此运算后量值的有效位数能综合反映整个测定步骤的准确度。只有正确运用科学的数据处理方法，才能从中找出其规律性，保证检测结果的可靠性和准确性。

　　本章重点介绍法定计量单位、误差、有效位数、修约规则、数据判断及原始数据的填写等知识。

学 习 要 点

◉ **熟悉**

法定计量单位的组成，误差的来源。

◉ **掌握**

食品中常用的法定计量单位，原始表格的设计。

◉ **熟练掌握**

有效数字的运算规则，单项数值的判断方法。

第1节　法定计量单位

所谓计量，就是实现单位统一、量值准确可靠的活动。它不同于一般生活中的测量，而是科学技术活动中的术语，包含单位和量值两个含义，其中单位更确切地称为计量单位。

每个国家都十分重视计量单位，我国法定计量单位从 1986 年 7 月 1 日起施用。

一、法定计量单位的组成

法定计量单位的组成如下。

$$
\text{法定计量单位}
\begin{cases}
\text{国际单位制计量单位（SI 基本单位）} \\
\text{SI 辅助单位} \\
\text{SI 导出单位} \\
\text{国家选定的非国际制单位} \\
\text{组合单位} \\
\text{构成的十进倍数和分数单位}
\end{cases}
$$

其主要内容为国际单位制的基本单位，共有 7 个〔长度——米（m）、质量——千克（kg）、时间——秒（s）、电流——安（A）、热力学温度——开尔文（K）、物质的量——摩尔（mol）、发光强度——坎德拉（cd）〕；国际单位制的辅助单位 2 个；国际单位制的导出单位 19 个；国家选定的非国际制单位 16 个；由以上单位构成的组合单位；构成的十进倍数和分数单位，用于构成倍数和分数单位的词头有 20 个。

二、食品中常用的法定计量单位

食品检验中常用的量很多，如，物质的量（摩尔）、密度、相对密度、压力、时间、黏度、摄氏温度等，食品中常用的法定计量单位见表5—1。

表 5—1　　　　　食品中常用的法定计量单位

量 的 名 称	单 位 名 称	单 位 符 号
质量	千克，克，毫克，微克	kg, g, mg, μg
体积	升，毫升，微升	L, mL, μL

量 的 名 称	单 位 名 称	单 位 符 号
物质的量	摩尔，毫摩尔	mol, mmol
摩尔质量	千克每摩尔，克每摩尔	kg/mol, g/mol
密度	千克每米^3，克每厘米^3	kg/m^3, g/cm^3
相对密度	无量纲	—
压力	帕斯卡	Pa
摄氏温度	摄氏度	℃
热量	焦耳	J
时间	小时，分，秒	h, min, s
黏度	帕·秒，厘帕·秒	Pa·s, cPa·s
波长	纳米	nm

相关链接

摩［尔］是物质的量的单位，它不是质量单位，更不是浓度单位。ppm 曾是浓度单位，但现已不再使用。

三、法定计量单位的使用规则

1. 简称在不混淆、不产生误解的情况下可等效其全称使用。如："摩"是"摩尔"的简称。

2. 单位符号用小写体，如，物质的量的单位"摩尔"，写成"mol"。若来源于人名，则符号的第一个字母为大写，如：压力的单位"帕斯卡"，写成"Pa"。

3. 表示因数小于 10^6 的词头符号用小写体；大于等于 10^6 的词头符号用大写体。如，表示千的 10^3 的词头用 k；表示兆的 10^6 的词头用 M。

4. 单位符号一律不用复数形式。如，容量 3 升，写成"3 L"。

5. 单位名称或符号应作为一个整体使用，不应拆开。如，20 摄氏度不能写成摄氏 20 度。

6. 不得重复使用词头。如：波长单位"纳米"为"nm"，而不用"mμm"（毫微米）。

第 2 节　误　差

误差是指某特定量的给出值与真值之差。真值是指与某特定量定义一致的量值。根据误差的定义，误差是一个差值，而不表示一个区间。也就是说误差是一个具有确定符号的量值，或正、或负，但不应当以"±"号的形式表示。

一、误差的来源

在食品检验中，分析的目的是为了得到准确的分析结果，然而即使使用最可靠的分析方法、最精密的仪器和熟练细致的操作，所测得的数据也不可能和真实值完全一致，这说明误差是客观存在的。误差的来源涉及许多方面，如，仪器误差、方法误差、试剂误差、操作误差及测量时的环境温度、湿度和气压的微小波动等。

二、随机误差和系统误差

1. 随机误差

随机误差是指"测量结果与在重复性条件下，对同一被测量物进行无限多次测量所得结果的平均值之差"。随机误差是由于各种因素的偶然变动而引起的单次测定值对平均值的偏离。这些因素包括测量仪器、试剂、环境及分析人员的操作等。随机误差决定结果的精密度，用测量结果的标准偏差来表示。

2. 系统误差

系统误差是指"在重复性条件下，对同一被测量物进行无限多次测量所得结果的平均值与被测量物的真值之差"。系统误差的来源是多方面的，可来自仪器（如砝码不准）、试剂（如试剂不纯）、操作不当（如过滤洗涤不当）、个人的主观因素（如观察滴定终点或读取刻度的习惯）及方法本身的不完善（如分离不完全）等。系统误差决定结果的准确度。

三、绝对误差和相对误差

1. 绝对误差

绝对误差是指某特定量的给出值与真值的差值。

$$绝对误差（E）＝测定值（x）－真值（T）$$

如：某一蜜饯中总糖的质量分数测定值为 57.30%，真值为 57.34%，则绝对误差 $(E) = x - T = 57.30\% - 57.34\% = -0.04\%$。

当比较两个不同量值时，绝对误差就无法说明其准确度，因而引进相对误差。

2. 相对误差

相对误差是指某特定量的绝对误差与真值之比。

$$相对误差（E'）= [测定值（x）- 真值（T）] \times 100\% / 真值（T）$$

如：测定某一品牌的酱菜的水分，测得其质量分数为 80.35%，真值为 80.39%，则相对误差 $(E') = (80.35 - 80.39) \times 100\% / 80.39 = -0.04 \times 100\% / 80.39 = -0.05\%$。

由于在实际工作中，真值很难确定，所以常将用标准方法通过多次重复测定，所求出的算术平均值作为真值。

四、相对相差

在食品分析中，一般把两个平行测定得出的结果的平均值作为真值，因而引进另一个误差，相对相差。相对相差是指某特定量的两次测量值之差与其算术平均值之比。

$$相对相差 X(\%) = (X_1 - X_2) \times 100\% / [(X_1 + X_2)/2]$$

如：对某品牌的糕点进行两次总糖的测定，测得总糖的质量分数分别为 35.4%、35.8%，则相对相差 $(X) = (35.8 - 35.4) \times 100\% / [(35.4 + 35.8)/2] = 1.1\%$。

五、准确度和精密度

1. 准确度

准确度表示测量结果中的系统误差大小，反映测得结果与真值接近的程度。

2. 精密度

精密度表示测量结果中的随机误差大小，反映在同一试验中，每次测得的结果与其平均值的接近程度。

由于被测量的真值是不知道的，因此通常根据测定结果的精密度来衡量分析工作的质量，精密度是保证准确度的先决条件。精密度低，所得结果一定不可靠，但高的精密度也不一定能保证高的准确度。

第3节 有效数字

一、有效数字的概念

为了取得准确的分析结果，不仅要准确地测量，而且还要正确记录与计算。所谓正确记录是指正确记录数字的位数。因为数字位数不仅表示数据的大小，也反映测量的准确程度。有效数字是指在分析工作中实际上能测量到的数字，如仪器上能够测得的数字。"0"具有双重意义：一种是作为数字定位，如"0.12、0.012 3"中的"0"；另一种是有效数字，如"10.102 5、1.150"中的"0"。

二、有效数字的运算规则

检验工作中仪器报出的数由有效数字组成，其最末一位是近似数，前几位是准确数。由于在检验中以测定值直接作为报出结果的是少数，多数结果需经过计算才能得出，因此，运算后量值的有效位数能反映出整个测量过程的准确度，故应有一套运算规则来确定结果的有效位数。有效位数过多会造成虚假的高准确度；反之，会降低测定的准确度。

1. 加减法的运算——以小数点后位数最少的数为准

如：$20.4 + 6.25 + 1.325 = 27.975$，小数点后位数最少的是 1 位（20.4），故结果为 28.0。

2. 乘除法的计算——以有效数字位数最少的数为准

如：$2.41 \times 0.12 \times 10.35 = 2.993\ 22$，有效数字位数最少的是 2 位（0.12），故结果为 3.0。

3. 常数值不参与有效位数计算

如：测定蔗糖质量分数，$(11.30 - 4.654) \times 0.95 = 6.313\ 7$，因 0.95 是常数，所以只考虑括号内的数，小数点后位数最少的是 2 位（11.30），故结果为 6.31。

第4节 数值修约与判断方法

一、数值修约

1. 数值修约的定义

在数据处理过程中，根据有效数字的要求，常常要弃去多余的数字，这个过程称为数值的修约。在修约中必须注明数值修约到 n 位小数或有效位数。

2. 有效位数

对没有小数位且以若干个零结尾的数值，从非零数字最左一位向右数得到的位数减去无效零（即仅为定位用的零）的个数；对其他十进位数，从非零数字最左一位向右数而得到的位数，就是有效位数。

如：35 000，若有 2 个无效零，则为 3 位有效位数，应写为 350×10^2；若有 3 个无效零，则为 2 位有效位数，应写为 35×10^3。

又如：3.2，0.32，0.032，0.003 2 均为 2 位有效位数；0.032 0 为 3 位有效位数；12.490 为 5 位有效位数。

3. 修约规则

修约按国家标准 GB/T 8170—2008《数值修约规则与极限数值的表示和判定》中的规定进行。

（1）确定修约间隔

1）指定修约间隔为 10^{-n}（n 为正整数），或指明将数值修约到 n 位小数。

2）指定修约间隔为 1，或指明将数值修约到"个"数位。

3）指定修约间隔为 10^n（n 为正整数），或指明将数值修约到 10^n 数位，或指明将数值修约到"十""百""千"等数位。

（2）进舍规则

1）拟舍弃数字的最左一位数字小于 5，则舍去，保留其余各位数字不变。

例：将 12.147 2 修约到个位数，得 12；将 12.147 2 修约到一位小数，得 12.1。

2）拟舍弃数字的最左一位数字大于 5，则进一，即保留数字的末位数字加 1。

例：将 1 262 修约到"百"数位，得 13×10^2（特定场合可写为 1 300）。

注：本示例中"特定场合"是指修约间隔明确时。

3）拟舍弃数字的最左一位数字是 5，且其后有非 0 数字时进一，即保留数字的末位数字加 1。

例：将 12.500 02 修约到"个"数位，得 13。

4）拟舍弃数字的最左一位数字是 5，且其后无数字或皆为 0 时，若所保留的末位数字为奇数（1、3、5、7、9）则进一，即保留数字的末位数字加 1；若所保留的末位数字为偶数（0、2、4、6、8），则舍去。

例：将 12.150 0 修约到一位小数，得 12.2；将 12.35 修约到一位小数，得 12.4；将 12.250 0 修约到一位小数，得 12.2；将 12.45 修约到一位小数，得 12.4。

5）负数修约时，先将它的绝对值按上述的规定进行修约，然后在所得值前面加上负号。

例：将 - 12.150 0 修约到一位小数，得 - 12.2；将 - 125 修约到"十"数位，得 - 120。

（3）不允许连续修约。拟修约数字应在确定修约间隔或指定修约数位后一次修约获得结果，不得多次按上述规则连续修约。

例 1：修约 15.46，修约间隔为 1。

正确的做法：15.46→15。

不正确的做法：15.46→15.5→16。

例 2：修约 19.454 6，修约间隔为 1。

正确的做法：19.454 6→19。

不正确的做法：19.454 6→19.455→19.46→19.5→20。

二、数值判断方法

在标准中规定以数量形式考核某个指标时，表示符合标准要求的数值范围的界限值，称为极限数值。在判定检测数据是否符合标准要求时，应将检验所得的测定值或其计算值与标准规定的极限值作比较。比较的方法有全数值比较法和修约值比较法。

1. 全数值比较法

全数值比较法是将检验所得的测定值或其计算值不经修约处理（或虽经修约处理，但应表明它是经舍、进或未舍、未进而得），而用数值的全部数字与标准规定的极限值作比较，只要越出规定的极限值（不论越出程度大小），都判定为不符合标准要求。全数值比较法判断结果以符合或不符合标准要求表示，全数值比较法数值判断方法示例见表 5—2。

表5—2   全数值比较法数值判断方法示例

项　　目	极限数值	测定值或计算值	或写成	是否符合标准要求
某样品中镉的质量分数（%）	≤0.05	0.046	0.05（－）	符合
		0.054	0.05（+）	不符合
		0.055	0.06	不符合
某样品中锰的质量分数（%）	0.30～0.60	0.294	0.29	不符合
		0.295	0.30（－）	不符合
		0.605	0.60（+）	不符合
		0.606	0.61	不符合

2. 修约值比较法

修约值比较法是将测定值或计算值进行修约，修约位数与标准的极限数值书写位数一致，将修约后的数值与标准规定的极限数值进行比较，以判断其是否符合标准的要求。修约值比较法判断结果以符合或不符合标准要求表示。修约值比较法数值判断方法示例见表5—3。

表5—3   修约值比较法数值判断方法示例

项　　目	极限数值	测定值或计算值	修约值	是否符合标准要求
某样品中镉的质量分数（%）	≤0.05	0.046	0.05	符合
		0.054	0.05	符合
		0.055	0.06	不符合
某样品中锰的质量分数（%）	0.30～0.60	0.294	0.29	不符合
		0.295	0.30	符合
		0.605	0.60	符合
		0.606	0.61	不符合

由此可见，全数值比较法比修约值比较法严格。

3. 使用说明

（1）有一类极限数值为绝对极限，写为"≥0.2"和写为"≥0.20"或"≥0.200"，具有同样的界限上的意义，对此类极限数值，用测定值或其计算值判定是否符合要求，需要用全数值比较法。

（2）对附有极限偏差值的数值，以及涉及安全性能指标和计量仪器中有误差传递的数值或其他重要指标，应优先采用全数值比较法。

（3）标准中各种极限数值（包括带有极限偏差值的数值）未加说明时，均指采用全数值比较法；如规定采用修约值比较法，应在标准中加以注明。

第 5 节　原　始　记　录

一、原始记录表格的设计

1. 原始记录的定义

原始记录是阐明所取得的结果或提供所完成的活动的一种证据文件。它可为可追溯性提供文件和验证、预防措施和纠正措施的证据。

2. 原始记录的分类

实验室认可准则将原始记录分成质量记录和技术记录两种。

3. 原始记录表格设计的要求

（1）安全保护和保密的要求。

（2）记录的时效性要求。在批准起用新的原始记录格式时，原有的老格式应予以废除停用。

（3）实验室根据所进行的检测、校准、抽样项目、质量管理体系等的不同要求来设计原始记录表格的格式，而与检验频次无关。

二、原始记录包括的内容

原始记录必须包含足够的信息。根据这些信息可以在接近原来的情况下复现检测活动并识别出产生不确定度的影响因素。原始记录中包括：样品名称、样品数量、取样日期、检验日期、所用设备、环境温度、湿度、抽样人员、检验人员和校核人员的姓名等。

三、原始记录的填写要求

1. 原始记录必须在检测过程中现场填写，不允许在工作完成后补写。

2. 填写准确。准确是指用词、计算、有效位数、计量单位等规范。

3. 修改规范。原始记录填写出现差错时，应遵循记录的更改原则。被更改的原记录仍需清晰可见，不允许涂掉（应采用"杠改法"，每一个错误应画两杠）。更改后的值应填写在被更改值附近，并有更改人签名。电子存储记录更改也必须遵循记录的更改原则，以免原始数据丢失或改动。

职业技能鉴定要点

行为领域	鉴定范围	鉴定点	重要程度
理论准备	法定计量单位	法定计量单位的组成	★
		食品中常用的法定计量单位	★★
		法定计量单位的使用规则	★★★
	误差	误差的来源	★
		随机误差和系统误差	★
		绝对误差和相对误差	★★
		相对相差	★★
		准确度和精密度	★★
	有效数字	有效数字的概念	★
		有效数字的运算规则	★★★
	数值修约与判断方法	数值修约	★★
		数值判断方法	★★
	原始记录	原始记录表格的设计	★
		原始记录包括的内容	★★
		原始记录的填写要求	★★★

测 试 题

一、判断题（下列判断正确的请打"√"，错误的请打"×"）

1. 我国的计量单位就是国际制单位。　　　　　　　　　　　　　　　（　　）

2. 误差肯定是一个正值，没有负值。　　　　　　　　　　　　　　　（　　）

3. "0"有时不一定是有效数字。　　　　　　　　　　　　　　　　　（　　）

4. 在数值修约时，可以进行多次修约。　　　　　　　　　　　　　　（　　）

5. 全数值比较法比修约值比较法严格。　　　　　　　　　　　　　　（　　）

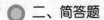

二、简答题

1. 什么是计量？

2. 法定计量单位的主要内容有哪些？

3. 系统误差的来源主要有哪些？

4. 什么是修约值比较法？

5. 当数值出现错误时，如何规范修改？

6. 有一月饼样品，经两次测定，得到脂肪的质量分数为 24.87% 和 24.93%，而脂肪的实际质量分数为 25.05%。求测定结果的绝对误差和相对误差。

7. 下列数据中包含几位有效数字？

(1) 0.036 8　　　(2) 1.205　　　(3) 0.210　　　(4) 18×10^{-3}

8. 根据有效数字运算规则，计算下列各式：

(1) 2.15×0.853

(2) $0.185 - 0.15$

(3) $0.312 + 0.358 4 + 0.14$

(4) $0.68 / 0.158$

三、思考题

1. 精密度与准确度有何区别？

2. 试验中的原始记录填写有什么要求？

测试题答案

一、判断题

1. ×　2. ×　3. √　4. ×　5. √

二、简答题

1. 答：计量就是实现单位统一、量值准确可靠的活动。

2. 答：法定计量单位的主要内容有：国际单位制的基本单位 7 个；国际单位制的辅助单位 2 个；国际单位制的导出单位 19 个；国家选定的非国际制单位 16 个；由以上单位构成的组合单位；构成的十进倍数和分数单位。

3. 答：系统误差是指在重复性条件下，对同一被测量物进行无限次测量所得结果的平均值与被测量物的真值之差。它的来源主要有仪器、试剂、人员、方法等多方面。

4. 答：修约值比较法是将测定值或计算值进行修约，修约位数与标准的极限数值书写位数一致。将修约后的数值与标准规定的极限数值进行比较，以判断其是否符合标准的要求。

5. 答：所谓规范修改就是当记录出现差错时，应遵循记录的更改原则。被更改的原记录仍需清晰可见，不允许涂掉（应采用"杠改法"，每一个错误应画两杠）。更改后的值应填写在被更改值附近，并有更改人签名。

6. 答：两次测定结果的绝对误差分别为 -0.18% 和 -0.12%；相对误差分别为 -0.72% 和 -0.48%。

7. 答：(1) 3 位　(2) 4 位　(3) 3 位　(4) 2 位

8. 答：(1) 1.83　(2) 0.04　(3) 0.81　(4) 4.3

三、思考题

答案略。

职业技能鉴定考核简介

食品检验工（四级）职业资格鉴定采用非一体化鉴定方式，分为理论知识考核和操作技能考核两部分。理论知识考核采用闭卷笔试（机考）方式，操作技能考核采用现场实际操作方式。理论知识考试和操作技能考核均实行百分制，成绩达 60 分及以上者为合格。

一、理论知识鉴定组卷方案（90 min）

题型	鉴定方式	鉴定题量	分值	配分
判断题	（机考）	60	0.5 分/题	30
单选题		140	0.5 分/题	70
小计	—	200	—	100

二、操作技能鉴定组卷方案

项目名称 鉴定方式	鉴定方式	题库量	鉴定题量	配分（分）	鉴定时间（min）
食品理化检验	操作	15	1	100	240
食品微生物检验	操作	15			
合计	—	30	1	100	240

理论知识考试模拟试卷（一）

一、判断题（下列判断正确的填"√"，错误的填"×"；每题0.5分，共30分）

1. 检验是指测量和试验的过程。 （　　）

2. 质量特性是指产品、过程或体系与要求有关的固有特性。 （　　）

3. 质量检验是为了获得一个或多个质量特性的特性值。 （　　）

4. 质量检验的"鉴别功能"是"把关功能"的前提。 （　　）

5. 测量和试验前后，检验人员需要确认仪器设备的状态是否正常。 （　　）

6. 企业标准可以严于国家标准。 （　　）

7. 我国标准分为强制性标准和推荐性标准两种性质的标准。 （　　）

8. 样品的个数称为样本容量或样本量。 （　　）

9. 按检验的目的，感官检验方法可分为差别检验、标度和类别检验、分析或描述检验。 （　　）

10. 微生物检验过程中所用的带菌材料应及时冲洗于水槽内。 （　　）

11. 我国《计量法》规定，计量检定工作应当按照经济合理的原则，就地就近进行，不受行政区划和部门管辖的限制。 （　　）

12. 食品生产经营人员每年应当进行健康检查，取得健康证明后方可参加工作。 （　　）

13. 玻璃的化学成分主要是 SiO_2、Si_2O_3。 （　　）

14. 蒸发皿可以耐高热，不宜骤冷。 （　　）

15. 电热恒温干燥箱一般由箱体、电热系统和自动恒温控制系统三部分组成。 （　　）

16. 培养箱应放置在清洁整齐、干燥密闭的场所。 （　　）

17. 玻璃容器储存样品时，需注意防止温度骤降使容器破裂，造成样品损失或污染。 （　　）

18. 大部分的食品样品不能直接进行检测，必须经过处理后才可以进行检测。 （　　）

19. 无机痕迹分析（如原子吸收光谱分析、电化学分析）一定要用一级水。 （　　）

20. 标准滴定溶液标定、直接制备和使用时所用分析天平、滴定管、容量瓶等均须定期校正。 （　　）

21. B 的质量分数是单位体积溶液中所含溶质 B 的质量。　　　　　（　　）

22. B 的物质的量浓度指单位体积溶液中所含 B 的物质的量。　　　（　　）

23. 容量分析法具有加入标准溶液物质的量与被测物质的量恰好是化学计量关系。
　　　　　　　　　　　　　　　　　　　　　　　　　　　　　　（　　）

24. 在任何溶液中，酸碱指示剂的两种颜色必定同时存在。　　　　（　　）

25. 络合滴定法是以络合反应为基础的一种容量分析法。　　　　　（　　）

26. 直接滴定法测定还原糖时，在加热沸腾的状态下，样液直接精确滴定碱性酒石酸铜液标准溶液。　　　　　　　　　　　　　　　　　　　　　　　　（　　）

27. 直接滴定法测定还原糖时，样品前处理沉淀蛋白质时，可加入铜盐作为澄清剂。
　　　　　　　　　　　　　　　　　　　　　　　　　　　　　　（　　）

28. 食品中蔗糖测定时，转化前、后样液分别滴定碱性酒石酸铜甲乙液。转化前样液进行预滴定后，可省略转化后样液进行预滴，直接进行精滴。　　　　（　　）

29. 凯氏定氮法测定中，定氮蒸馏装置使用时，玻璃器皿的磨口连接处要密封闭合，防止气体的逸出。　　　　　　　　　　　　　　　　　　　　　　　（　　）

30. 在测定油脂中酸价的过程中，所用的乙醇 – 乙醚混合溶液的 pH 值与试验结果无关。　　　　　　　　　　　　　　　　　　　　　　　　　　　　　（　　）

31. 沉淀法是使被测成分以难溶化合物的形式沉淀出来，分离后，称取沉淀质量，依据沉淀物的质量来计算被测成分在样品中的质量分数。　　　　　　　（　　）

32. 蒸馏法是测定水分的一种间接方法。　　　　　　　　　　　　（　　）

33. 真空烘箱应连接空气干燥装置，使得进入仪器的空气是干燥的。（　　）

34. 灰分是表示食品中有机成分总量的一项指标。　　　　　　　　（　　）

35. 在水不溶性灰分测定中，M_1 是坩埚和水不溶性灰分质量，M_2 是坩埚质量，M_3 是坩埚和样品质量，则其计算公式是 $\dfrac{M_3 - M_2}{M_1 - M_2}$。　　　　　　　　（　　）

36. 索氏抽提法测定脂肪时，所用的有机溶剂是乙醚和丙酮。　　　（　　）

37. 当 20℃ 时，将标准氢电极电位规定为 0，即 $E{H^+}/{H_2} = 0$。　　（　　）

38. pH 计常用的指示电极为玻璃电极，其电位随着溶液 pH 值的不同而改变。
　　　　　　　　　　　　　　　　　　　　　　　　　　　　　　（　　）

39. 微生物是一群形体微小、结构复杂，用肉眼难以看到，必须借助普通光学显微镜甚至电子显微镜才能看清的低等生物的总称。　　　　　　　　　　（　　）

40. 微生物的结构比较简单，大多以单细胞、简单多细胞和非细胞构成。（　　）

41. 酵母菌是一种多细胞的微生物。　　　　　　　　　　　　　　（　　）

42. 微生物吸收营养物质，单纯扩散是利用浓度差，从浓度低的向浓度高的进行扩散。　　　　　　　　　　　　　　　　　　　　　　　　　　　　　（　　）

43. 微生物在生命活动中需要的能量主要是通过生物氧化获得的。　　　（　　）

44. 不断加温，可以增加细菌的生物化学反应速率和细菌的生长速度。　（　　）

45. 空气的含菌量与空气的含尘量呈非线性关系。　　　　　　　　　　（　　）

46. 食品加工工艺中可以通过提高水分活度、pH 值的调控，冷藏冷冻、热处理及添加抑制剂或改变包装中的气体等方法来抑制微生物的生长。　　　　　　（　　）

47. 微生物检验时，对已打开包装但未使用完的器皿，可以重新包装好留待下次使用。　　　　　　　　　　　　　　　　　　　　　　　　　　　　　　（　　）

48. 由于微生物个体很小，细胞又较透明，不易观察到其形态，故必须借助于染色的方法使菌体着色，增加与背景的明暗对比，才能在光学显微镜下较为清楚地观察其个体形态和部分结构。　　　　　　　　　　　　　　　　　　　　　　　　（　　）

49. 无菌室的无菌程度测定方法：将已制备好的 3～5 个琼脂平皿放置在无菌室工作位置的左中右等处，并开盖暴露 15 min，然后倒置于 36℃培养箱中培养 24 小时，取出观察。
　　　　　　　　　　　　　　　　　　　　　　　　　　　　　　（　　）

50. 用于微生物检验的样品必须能代表总体，按随机取样原则操作。　　（　　）

51. 微生物检验样品制备的全部过程均应遵循无菌操作程序。开启样品容器前，先将容器表面擦干净，然后用 75% 酒精棉球消毒开启部位及其周围。　　　　（　　）

52. 菌落总数测定是用来判定食品被细菌污染的程度及其卫生质量，它反映食品在生产加工过程中是否符合卫生要求，以便对被检食品做出适当的卫生学评价。　　（　　）

53. 大肠菌群是一群在 36℃条件下培养 24h 能发酵乳糖、产酸产气、需氧和兼性厌氧的革兰氏阴性无芽孢杆菌。　　　　　　　　　　　　　　　　　　　　（　　）

54. 霉菌、酵母报告时，若只有一个稀释度平板上的菌落数在适宜计数范围内，计算两个平板菌落数的平均值，再将平均值乘以相应稀释倍数，作为每克（或毫升）中霉菌和酵母菌的菌落结果。　　　　　　　　　　　　　　　　　　　　　　　（　　）

55. 一个计量单位既可能是国际单位制计量单位，也可能是我国法定计量单位。
　　　　　　　　　　　　　　　　　　　　　　　　　　　　　　（　　）

56. 误差分析中，考虑误差来源要求不遗漏、不重复。　　　　　　　　（　　）

57. 用万分之一天平称量 1.234 5g 物体，有效数字为 5 位，最后一位"5"为可疑数字，其余数字都是准确的。　　　　　　　　　　　　　　　　　　　　　（　　）

58. 修约间隔是修约值的最小数值单位，修约间隔的数值一经确定，修约值即应为该数值的整数倍。　　　　　　　　　　　　　　　　　　　　　　　　　（　　）

59. 原始记录应遵循记录的时效性要求。 （   ）

60. 原始记录应做到妥善保存，存取方便，便于检索。 （   ）

二、单项选择题（下列每题选项中，只有一个是正确的，请将其代号填在横线空白处；每题 0.5 分，共 70 分）

1. 质量是一组固有特性满足_____的程度。

　　A. 标准　　　　　　B. 规定　　　　　　C. 要求　　　　　　D. 需求

2. 对产品的一个或多个质量特性进行观察、测量、试验，以确定每项质量特性合格情况的技术性检查活动是_____。

　　A. 质量审核　　　　B. 过程鉴定　　　　C. 质量检验　　　　D. 质量检测

3. 产品的质量特性一般都可以转化为_____技术要求。

　　A. 固有的　　　　　B. 相对的　　　　　C. 具体的　　　　　D. 抽象的

4. 产品质量特性是在_____过程中形成的。

　　A. 产品销售　　　　B. 产品实现　　　　C. 产品使用　　　　D. 产品检验

5. 质量检验的基本任务之一是：_____。

　　A. 对进货、作业、产品实现各阶段、各过程的产品质量进行符合性检验

　　B. 对最终成品进行检验

　　C. 对产品形成过程某一过程的产品进行观察、试验、测量

　　D. 依据采购合同对进货原材料检验把关

6. 质量波动是_____。

　　A. 可以避免的　　　B. 潜在的　　　　　C. 客观存在的　　　D. 明示的

7. 贯彻_____是现代质量管理的核心与精髓。

　　A. 预防原则　　　　　　　　　　　　　　B. 质量体系认证

　　C. 产品质量监督检查　　　　　　　　　　D. 严格质量检验

8. 将检验数据，经汇总整理分析后写成报告，为管理层进行质量决策提供了重要的信息和依据，是质量检验的_____。

　　A. 鉴别功能　　　　B. "把关"功能　　　C. 预防功能　　　　D. 报告功能

9. 检验的准备中，对批量产品还需要确定_____来确定检验方法。

　　A. 产品的价值　　　　　　　　　　　　　B. 产品的使用功能

　　C. 批的产地　　　　　　　　　　　　　　D. 批的抽样方案

10. 应控制记录的_____。

　　A. 标识、储存　　　　　　　　　　　　　B. 保护检索

　　C. 保存期限和处置　　　　　　　　　　　D. 以上都是

11. 抽样检验合格批中_____不合格品。

    A. 不允许包括　　　　B. 必须全部换掉　　　C. 一定不包括　　　　D. 可能包括

12. 标准是对_____事物和概念所做的统一规定。

    A. 重复性　　　　　　B. 特殊性　　　　　　C. 普遍性　　　　　　D. 统一性

13. _____是对产品的物理量及其在力、电、声、光、热的作用下表现的物理性能和机械性能的检验或以物质的化学反应为基础，求出被测组分含量。

    A. 感官　　　　　　　　　　　　　　　　B. 仪器分析

    C. 物理化学分析法　　　　　　　　　　　D. 生物分析法

14. "科学求实、公正公平"就是要依据客观、科学的检测数据，_____地做出判断。

    A. 准确、公正　　　B. 独立、公正　　　C. 客观、公正　　　D. 科学、精确

15. 抽样的随机性是指_____。

    A. 随意抽取总体中的样品

    B. 抽取总体中随意数量的样品

    C. 抽取总体中随意批次的样品

    D. 总体中每一个体独立和等概率地被抽取

16. 抽样检验基本流程包括_____。

    A. 制定抽样方案　　　　　　　　　　　B. 进行样品采集

    C. 检验和统计推断　　　　　　　　　　D. 以上都是

17. 将总体中的个体按存放位置顺序编号，然后以等距离或等间距抽取样品的方法称为_____。

    A. 纯随机抽样　　　　　　　　　　　　B. 类型抽样

    C. 等距抽样　　　　　　　　　　　　　D. 等比例抽样

18. 填写采样记录，并在盛放样品的容器上贴上标签，_____是不需要注明的。

    A. 样品批号或编号　　　　　　　　　　B. 样品组成成分

    C. 检验项目　　　　　　　　　　　　　D. 样品的名称

19. 四分法的操作步骤中，从样品顶部中心按"十"字均匀分成四部分，取_____的两部分样品混匀。

    A. 水平方向　　　B. 垂直方向　　　C. 对角　　　D. 任意部位

20. 若无特殊要求，对于水产品，应按_____的方法采样。

    A. 除去外壳　　　B. 取可食部分　　　C. 去鳞、内脏　　　D. 以上都需要

21. 检验食品样品的色泽，使用的是_____的感官检验方法。

A. 视觉检验　　　　　B. 嗅觉检验　　　　　C. 触觉检验　　　　　D. 味觉检验

22. 确定两种产品之间是否存在感官差别的检验方法属于感官检验中的（　　　）方法。

　　A. 差别检验　　　　　B. 标度检验　　　　　C. 类别检验　　　　　D. 描述性检验

23. 食品检验中，_____不是感官检验必须满足的条件。

　　A. 独立的感官检验室　　　　　　　　B. 保证供水质量

　　C. 冷冻保存条件　　　　　　　　　　D. 配备合适的盛样容器

24. 用于感官检验的样品应保证_____。

　　A. 足够的数量　　　　　　　　　　　B. 适宜的温度

　　C. 确定的编号　　　　　　　　　　　D. 以上都必须满足

25. 感官分析检验员的任务是鉴定食品的_____。

　　A. 质量　　　　　B. 性能　　　　　C. 特性　　　　　D. 参数

26. 检验员在_____状态下，可以进行食品质量感官检验。

　　A. 饥饿或过饱　　　　　　　　　　　B. 身体不适

　　C. 使用有气味的化妆品　　　　　　　D. 身体健康且无上述状况

27. 当发生有毒有害物质（如化学液体等）喷溅到检验人员身体、脸或眼时，采用_____迅速将危害降到最低，以保障检验人员的安全。

　　A. 水喷淋　　　　　B. 滤纸擦　　　　　C. 75% 酒精擦　　　　　D. 喝牛奶

28. 微生物检验过程中，如污染物落在皮肤表面，应用_____处理。

　　A. 自来水　　　　　　　　　　　　　B. 纯净水

　　C. 消毒药水　　　　　　　　　　　　D. 无菌生理盐水

29. _____加热时应采用水浴或沙浴，并注意避免明火。

　　A. 腐蚀性物品　　　　　B. 剧毒物质　　　　　C. 易燃溶剂　　　　　D. 易爆物品

30. 企业生产的产品没有国家标准和行业标准的_____制定企业标准，作为组织生产的依据。

　　A. 不可以　　　　　B. 可以　　　　　C. 应当　　　　　D. 禁止

31. 根据《产品质量法》规定，生产者、销售者应当建立健全_____。

　　A. 内部财务制度　　　　　　　　　　B. 内部人事管理制度

　　C. 内部管理制度　　　　　　　　　　D. 内部产品质量管理制度

32. 被吊销食品生产许可证的企业，_____年内不得再次申请食品生产许可证。

　　A. 1　　　　　B. 2　　　　　C. 3　　　　　D. 4

33. _____试剂不能长时间存放于玻璃器皿中。

A. 50% NaOH　　　B. 98% 硫酸　　　C. 高锰酸钾　　　D. 硫酸亚铁

34. 不能用火直接加热的容器是_____。

A. 容量瓶　　　B. 烧杯　　　C. 蒸发皿　　　D. 平底烧瓶

35. 使用冷凝管时，_____操作是不正确的。

A. 使用仪器时，先打开冷却水，再进行加热试验

B. 从上口进水，下口出水

C. 开始进水需缓慢，水流不能太大

D. 可以根据需要，选择不同规格、种类的冷凝管

36. 沾有油污的玻璃量器，如滴定管、移液管、容量瓶等可用铬酸洗液洗涤。洗涤步骤有：①先将器皿内的废液倒净。②加入少量洗液于器皿内，并慢慢倾斜转动器皿，使其内壁全部被洗液湿润。③将器皿转动几圈后，将洗液倒回洗液杯中。④用自来水冲洗壁上残留的洗液，再用蒸馏水冲洗 3 ~ 4 次。正确的洗涤顺序为_____。

A. ①③④②　　　B. ①②③④　　　C. ①④③②　　　D. ②①③④

37. 下列玻璃器皿中，不能在 105 ~ 120℃烘箱中烘干的是_____。

A. 烧杯　　　B. 称量瓶　　　C. 锥形瓶　　　D. 移液管

38. _____制品，除熔融态钠和液态氟外，能耐一切强酸强碱、强氧化剂的腐蚀。

A. 聚四氟乙烯　　　B. 聚乙烯　　　C. 陶瓷　　　D. 铂

39. 天平的托盘中未放物体时，如指针不在刻度零点附近，可用_____进行调节。

A. 刻度盘　　　B. 横梁

C. 游码　　　D. 平衡调节螺钉

40. 电热恒温水浴锅的使用步骤有下面①~⑤条：①关闭放水阀门，将水浴箱内注入清水至适当深度。②安装地线，接电源线。③顺时针调节调温旋钮到适当位置。④开启电源，红灯亮显示电阻丝通电加热。⑤电阻丝加热后温度计的指数上升到离预定温度约2℃时，应反向转动调温旋钮至红灯熄灭，此后红灯不断熄亮，表示温控在起作用，这时再略微调节调温旋钮即可达到预定温度。正确的操作顺序为_____。

A. ①②③④⑤　　　B. ①③④②⑤　　　C. ①②④⑤③　　　D. ②③①④⑤

41. 高温马弗炉的维护和保养正确的是_____。

A. 当马弗炉第一次使用或长期停用后再次使用时，必须进行烘炉

B. 根据技术要求，定期经常检查控制器

C. 热电偶不要在高温时骤然拔出，以防外套炸裂

D. 以上都是

42. 实验室主要采用_____，将样品安全快速地捣碎和拍打成匀浆，以利于提取其

中成分。

    A. 搅拌器和拍打器   B. 组织捣碎器和搅拌器

    C. 组织捣碎器和拍打器   D. 组织捣碎器和组织分离器

43. _____在使用前，应检定其压力控制系统是否符合要求。

    A. 电热恒温干燥箱   B. 高温马弗炉

    C. 高压蒸汽灭菌锅   D. 恒温振荡水浴锅

44. 显微镜使用操作步骤有：①安置、②调光源、③调目镜、④调聚光器、⑤观察、⑥擦镜、⑦复原，正确的操作顺序是按_____进行。

    A. ①②③④⑤⑥⑦   B. ①③②④⑤⑥⑦

    C. ①⑥②③④⑤⑦   D. ①③②⑤④⑥⑦

45. 蔬菜、水果等含水量高的食物，其样品应用_____的方法制备。

    A. 充分搅拌   B. 捣碎   C. 粉碎   D. 研磨

46. 食品中灰分的测定，使用的是_____样品处理方法。

    A. 有机质破坏法   B. 沉淀法

    C. 吸附法   D. 有机溶剂提取法

47. 《分析实验室用水规格和试验方法》（GB/T 6682—2008）将适用于化学分析和无机痕量分析等试验用水分为_____个级别。

    A. 1   B. 2   C. 3   D. 4

48. 实验室可通过_____方法获得无二氧化碳水。

    A. 将蒸馏水通过阳离子交换树脂

    B. 蒸馏水加入硫酸使 pH 值小于 2，然后进行蒸馏

    C. 蒸馏水用 1% 石油醚萃取分离

    D. 将蒸馏水煮沸 15min，冷至室温

49. 实验室配制溶液时，下列操作中错误的是_____。

    A. 把溶质直接放入容量瓶中溶解或稀释

    B. 溶解时产生放热反应的，冷却至室温后才移液

    C. 需避光试剂储存于棕色瓶中

    D. 加水定容时超过了刻度线，重新配制

50. 将 25mL 甲醇溶于 100mL 蒸馏水中，该溶液中甲醇的体积分数为_____。

    A. 20%   B. 22%   C. 25%   D. 30%

51. 标定 0.1mol/L 氢氧化钠标准溶液的基准试剂是_____。

    A. 碳酸钠   B. 硫酸铵   C. 邻苯二甲酸氢钾   D. 乙酸锌

52. _____不属于氧化还原滴定法。

    A. 水中化学耗氧量测定   B. 食品中过氧化值的测定

    C. 食品中总糖的测定   D. 食品中总酸含量测定

53. _____属于氧化还原滴定法。

    A. 高锰酸钾法   B. 碘量法   C. 溴酸盐法   D. 以上都是

54. 碘量法专属的指示剂是_____。

    A. 淀粉   B. 亚甲基蓝   C. 酸性靛蓝   D. 中性红

55. 关于乙二胺四乙酸（EDTA），下列说法正确的是_____。

    A. 易溶于水

    B. 易溶于酸和有机溶剂

    C. 与无色金属离子形成的络合物呈无色

    D. 与有色金属离子形成的络合物呈无色

56. 直接滴定法测定还原糖时，加入的蛋白质沉淀剂是_____。

    A. 碱性酒石酸铜甲乙液

    B. 盐酸、氢氧化钠

    C. 亚铁氰化钾和乙酸锌

    D. 乙酸铅和草酸钠溶液

57. 直接滴定法测定还原糖，操作步骤正确的是_____。

    A. 样品处理→样液预滴→精滴→标定碱性酒石酸铜溶液

    B. 样品处理→样液精滴→预滴→标定碱性酒石酸铜溶液

    C. 样品处理→标定碱性酒石酸铜溶液→样液预滴→精滴

    D. 样液预滴→精滴→样品处理→标定碱性酒石酸铜溶液

58. 高锰酸钾滴定法测定还原糖时，样液中加入的反应试剂是_____，参与氧化还原反应。

    A. 硫酸铁   B. 硝酸铁   C. 硫酸铜   D. 硝酸铜

59. 蛋白质测定时，消化样品常加入的催化剂为_____。

    A. 硫酸 - 硫酸铜   B. 硫酸 - 硫酸钾

    C. 硫酸铜 - 硫酸钾   D. 硫酸铜 - 碳酸钾

60. 在大米蛋白粉的蛋白质测定中，称量 2.000 g 大米蛋白粉，消化后，将消化液定容至 100 mL 容量瓶中，取出 10 mL 溶液进行蒸馏，用 0.1 000 mol/L 的盐酸溶液进行滴定，消耗盐酸 4.70 mL，此大米蛋白粉中蛋白质含量是（空白 0.05 mL）_____。

    A. 1.94%   B. 24.87%   C. 19.4%   D. 2.49%

61. _____属于质量分析法中的沉淀法。

    A. 水样中亚硝酸盐的测定

    B. 水样中氯化物的测定

    C. 水样中总硬度的测定

    D. 水样中硫化物的测定

62. 直接干燥法测定水分叙述有错误的是_____。

    A. 水分是唯一的挥发物质

    B. 水分的排出情况良好

    C. 食品在加热中发生的化学反应而引起的重量变化可忽略

    D. 加热过程中允许有副反应发生

63. 直接干燥法测定食品中水分时，M_1 为称量皿和样品的质量 54.162 9 g，M_2 为称量皿和样品干燥后的质量 52.145 7 g，M_0 为称量皿的质量 36.914 2 g，该试验结果是_____。

    A. 11.69%   B. 11.7%   C. 11.694 8%   D. 12%

64. 食品灰分测定中，将样品在电炉上加热至完全发黑至无烟的过程称为样品的_____。

    A. 灰化   B. 碳化   C. 乳化   D. 炭化

65. 灰分测定中，应用经_____的坩埚加入样品后，准确称量。

    A. 恒温   B. 恒湿   C. 恒重   D. 恒量

66. 索氏抽提法测定得到的脂肪称为样品的_____。

    A. 游离态和结合态脂肪   B. 结合态脂肪

    C. 粗脂肪   D. 细脂肪

67. 盖勃法所适用的食品应是_____。

    A. 糕点   B. 豆制品

    C. 肉制品   D. 鲜乳及乳制品

68. 酸水解法测定脂肪时，水解的设备是_____。

    A. 水浴锅   B. 电炉   C. 恒温烘箱   D. 马弗炉

69. 电化学分析法中，铜锌原电池的正负两极间用盐桥相连，盐桥应是一个装有_____溶液和琼脂的倒置 U 形管。

    A. 饱和氯化钠   B. 饱和氯化钾   C. 氯化钠   D. 氯化钾

70. 对于电位分析法，电极电位随溶液中金属离子浓度不同而改变，这种电极称为_____。

A. 参比电极　　　　　B. 指示电极　　　　　C. 玻璃电极　　　　　D. 金属电极

71. pH 计使用时，甘汞电极中充以饱和_____溶液，溶液中应保留有少量结晶。

　　A. 氯化钠　　　　　B. 氯化钾　　　　　C. 碘化钾　　　　　D. 碘化钠

72. 电导率仪的使用中，盛放待测溶液的烧杯应用_____清洗 3 次，以避免离子污染。

　　A. 自来水　　　　　B. 蒸馏水　　　　　C. 待测溶液　　　　　D. 重蒸馏水

73. 螺旋菌按其弯曲程度不同分为螺菌、_____和螺旋体。

　　A. 长杆菌　　　　　B. 短杆菌　　　　　C. 球菌　　　　　D. 弧菌

74. 球菌的直径一般在_____之间。

　　A. 0.5~2 nm　　　　B. 0.5~2 μm　　　　C. 0.5~2 mm　　　　D. 0.5~2 cm

75. 细菌芽孢内的耐热性物质是_____。

　　A. 二氨基庚二酸　　　　　　　　　　　B. N – 乙酰胞壁酸

　　C. β – 羟基丁酸　　　　　　　　　　　D. 2，6 – 吡啶二羧酸

76. 微生物中_____属于光能自养型微生物。

　　A. 蓝细菌　　　　　B. 霉菌　　　　　C. 腐生菌　　　　　D. 寄生菌

77. 病原性细菌引起机体发生传染的因素有一定的毒力、一定的数量和_____。

　　A. 一定的质量　　　B. 适当的温度　　　C. 适当的侵入途径　　D. 适当的空气

78. 菌体最佳收获期是在_____。

　　A. 延迟期　　　　　B. 对数期　　　　　C. 稳定期　　　　　D. 衰亡期

79. 肉、鱼等食品容易受到_____分解能力很强的变形杆菌、青霉等微生物的污染。

　　A. 脂肪　　　　　　B. 糖类　　　　　　C. 蛋白质　　　　　D. 明胶

80. 将食品储存在 6.5℃环境中有利_____生长。

　　A. 嗜冷菌　　　　　B. 嗜温菌　　　　　C. 耐温菌　　　　　D. 耐冷菌

81. 鼠、蝇、蟑螂等动物的体表及_____均有大量微生物，食品制造、储藏的场所要防范这些动物的出没。

　　A. 口腔　　　　　　B. 消化道　　　　　C. 毛发　　　　　　D. 肢体

82. 可能引起人体或动物发生感染的致病微生物，有_____、沙门氏菌、志贺氏菌等，食品加工应加以控制。

　　A. 大肠菌群　　　　　　　　　　　　　B. 金黄色葡萄球菌

　　C. 酵母菌　　　　　　　　　　　　　　D. 枯草芽孢杆菌

83. 霉菌毒素通常具有_____、无抗原性，主要侵害实质器官的特点。

A. 耐低温　　　　　B. 耐高温　　　　　C. 耐碱　　　　　D. 耐酸

84. 通常产生毒素的霉菌种类有黄曲霉、_____、镰刀菌等中的一些种类。

　　A. 青霉　　　　　B. 根霉　　　　　C. 毛霉　　　　　D. 黑曲霉

85. 微生物检验常用的分离工具有接种针和_____等。

　　A. 接种环　　　　B. 接种锄　　　　C. 接种钩　　　　D. 接种圈

86. 用于细菌检验的半固体培养基的琼脂加入量为_____。

　　A. 0.5% ~1.0%　　　　　　　　　B. 0.5% ~0.8%

　　C. 0.1% ~0.5%　　　　　　　　　D. 0.2% ~0.5%

87. 微生物检验培养基中常见的酸碱指示剂有酚红、中性红、溴甲酚紫、煌绿和_____等。

　　A. 甲基红　　　　B. 美兰　　　　　C. 孟加拉红　　　　D. 伊红

88. 灭菌是杀灭物体中或物体上所有微生物的繁殖体和_____的过程。

　　A. 荚膜　　　　　B. 芽孢　　　　　C. 鞭毛　　　　　D. 菌毛

89. 新洁尔灭是能损伤细菌_____的表面活性剂。

　　A. 内膜的阳离子　　　　　　　　　B. 内膜的阴离子

　　C. 外膜的阳离子　　　　　　　　　D. 外膜的阴离子

90. 微生物单染色法的基本步骤是_____。

　　A. 涂片、固定、染色、水洗　　　　B. 涂片、染色、水洗、固定

　　C. 涂片、染色、固定、水洗　　　　D. 涂片、水洗、固定、染色

91. 微生物实验室房间数可按照条件允许配置，但必须有独立的_____。

　　A. 培养基配制室　　B. 无菌室　　　C. 显微镜观察室　　D. 菌落观察室

92. 二级采样方案设有 n、c 和 m 值，下列_____的注解是错误的。

　　A. n：同一批次产品应采集的样品件数

　　B. c：最大可允许超出 m 值的样品数

　　C. m：微生物指标的最高安全限量值

　　D. M：微生物指标可接受水平的限量值

93. 一批样品采样类型：$n = 5$，$c = 2$，$m = 100$ CFU/g，$M = 1\ 000$ CFU/g。下列_____的理解是错误的。

　　A. 5 件样品的检验结果均小于 m 值，这批样品可接受

　　B. 5 件样品中有 2 件样品的结果在 m 和 M 之间，这批样品可接受

　　C. 5 件样品中有 3 件样品的结果在 m 和 M 之间，这批样品不可接受

　　D. 5 件样品有 1 件样品的结果大于 M，这批样品可接受

94. 微生物检验采样时，大块固体食品割取时应_____，应用无菌刀具和镊子从不同部位割取。

    A. 兼顾表面与深部   B. 兼顾表面和底部

    C. 只取表面   D. 只取中心

95. 微生物检验采样时，盛样容器的标签应_____、清楚。

    A. 清洁   B. 清晰   C. 整洁   D. 完整

96. 微生物检验时，半固体或黏性液体在样品制备时，应用灭菌勺充分搅拌样品后再称量，称取后的检样与预热至_____℃的灭菌稀释液充分振摇混合。

    A. 35   B. 37   C. 42   D. 45

97. 用于微生物检验的冰棍、糖果、奶粉和_____等检验样品制备时，应将称取后的样品与预先置于 45℃ 水浴中的稀释液混合，待溶解后（控制时间在 15 min 内）再按操作程序检验。

    A. 酸奶   B. 奶酪   C. 饼干   D. 面条

98. 食品加工使用的一般容器和设备的卫生检验，是用一定量_____反复冲洗与食品接触的表面，采集、收集冲洗液作微生物检验。

    A. 无菌生理盐水   B. 生理盐水   C. 无菌营养液   D. 营养液

99. 表面擦拭法采样作菌落检验时，用无菌吸管吸取混匀后的 1mL 样液到无菌平皿中，培养温度为_____℃。

    A. 25   B. 30   C. 36   D. 55

100. 消毒后原有菌落总数减少_____以上，食品加工环节卫生检验清洁消毒效果评价为合格。

    A. 40%   B. 50%   C. 60%   D. 70%

101. 空气中霉菌检验是为了防止霉菌孢子引起皮癣、鹅口疮、过敏性哮喘等疾病，以及对_____的污染。

    A. 环境   B. 呼吸道   C. 工器具   D. 食品

102. 菌落总数测定所用的稀释液有生理盐水、蒸馏水和_____等。

    A. 肉浸液   B. BP 缓冲液

    C. 酵母浸液   D. 磷酸盐缓冲液

103. 菌落总数计数的报告单位以_____表示。

    A. cfu/mL   B. CFU/g   C. CFU/ML   D. GFU/G

104. 菌落总数报告时，若空白对照平板上有菌落生长时，则此次检测结果_____。

    A. 减去空白对照上的菌落数

B. 不受空白对照上菌落数的影响

C. 此次检测结果无效

D. 不减空白对照上菌落数，但加强检查空白对照上菌落生长的原因

105. 大肠菌群计数初发酵所用的培养基是_____。

A. LST   B. SS   C. EMB   D. BGLB

106. 大肠菌群计数从制备样品均液至样品接种完毕，全过程不得超过_____ min。

A. 10   B. 15   C. 20   D. 30

107. 大肠菌群计数初发酵肉汤最长培养时间是_____。

A. 24 h ± 2 h   B. 24 h ± 3 h   C. 48 h ± 2 h   D. 48 h ± 3 h

108. 霉菌和酵母计数原理是依据霉菌和酵母菌通常在 pH 值低、湿度高、_____、低温储存等并含有抗生素的食品中出现而制定的检验方法。

A. 高氮低盐   B. 高氮低糖   C. 高盐高糖   D. 低糖低盐

109. 霉菌和酵母计数用的稀释液是无菌_____。

A. 生理盐水   B. 磷酸盐缓冲液   C. 缓冲蛋白胨水   D. 蒸馏水

110. 霉菌、酵母计数在接种完毕，待琼脂凝固后，翻转平皿，置于_____℃温箱内培养。

A. 25   B. 28   C. 30   D. 32

111. 国际单位制基本单位有_____个基本量。

A. 6   B. 7   C. 8   D. 9

112. 摩［尔］是_____单位。

A. 物质的量的单位   B. 质量单位

C. 浓度单位   D. 密度单位

113. 下面单位中不属于国际单位制基本单位的是_____。

A. 米/m   B. 秒/s   C. 克/g   D. 安培/A

114. 使用法定计量单位时，词头符号的字母当其所表示的因数小于_____时，一律用小写体。

A. 10^3 B. 10^4 C. 10^5 D. 10^6

115. 下列关于法定计量单位及其使用的说法，_____是正确的。

A. 加速度单位 m/s^2 的中文名称是米每平方秒。

B. m、A、L、min 都是法定计量单位符号

C. 国际单位制的基本单位中热力学温度单位的符号是℃

D. 瓦特是光能量的计量单位

116. 关于随机误差的描述中，_____是不正确的。

    A. 可以通过增加测定次数的办法在某种程度上减小随机误差

    B. 引起随机误差的因素在一定条件下是恒定的

    C. 随机误差导致了重复观测中的分散性

    D. 随机误差决定检验结果的精密度

117. 关于系统误差的描述，_____是不正确的。

    A. 引起系统误差的因素在一定条件下是恒定的

    B. 误差的符号偏向同一个方向

    C. 系统误差可以进行修正

    D. 增加测定次数可以减小系统误差

118. 关于绝对误差的描述，_____是不正确的。

    A. 绝对误差为某特定量的给出值与其客观真值之差

    B. 绝对误差具有与给出值相同的量纲

    C. 绝对误差可以比较两个不同量值的准确度

    D. 绝对误差是有正号或负号的量值

119. 关于相对误差的描述，_____是正确的。

    A. 相对误差为某特定量的给出值与其客观真值之差

    B. 相对误差具有与给出值相同的量纲

    C. 相对误差是没有量纲的

    D. 相对误差是某特定量的给出值与其客观真值之比

120. 对某品牌的冷饮进行两次总糖的测定，测得结果为：32.4%、31.8%，则相对相差为_____。

    A.1.9%   B. −1.9%   C.3.2%   D.0.6%

121. 关于准确度的描述，_____是不正确的。

    A. 准确度表示测得结果与真实值接近的程度

    B. 准确度是指在同一试验中，每次测得的结果与其平均值接近的程度

    C. 误差越大，准确度越低

    D. 添加回收率是确定准确度的一种方法

122. 关于精密度的描述，_____是不正确的。

    A. 精密度是指在同一试验中，每次测得的结果与其平均值接近的程度

    B. 精密度是反映随机误差大小的一个量，测定值越集中，测定精密度越高

    C. 精密度可因与测定有关的试验条件的改动而有所改动

D. 分析结果的精密度与样品中待测物质的浓度水平无关

123. ＿＿＿＿具有三位有效数字。

　　A. 2.8×10^3　　　B. 0.28　　　　　　C. 0.034　　　　　D. 0.340

124. $20.1 + 6.13 + 0.312$ 的计算结果应为＿＿＿＿。

　　A. 26.54　　　　B. 26.542　　　　C. 26.5　　　　D. 26

125. $2.18 \times 0.22 \times 14.61$ 的计算结果为＿＿＿＿。

　　A. 7.01　　　　B. 7.007　　　　C. 7.0070　　　　D. 7.0

126. $1.09 \times 1.234\,0 \times 4.1$ 的计算结果为＿＿＿＿位有效数字。

　　A. 2　　　　　B. 3　　　　　　C. 4　　　　　D. 5

127. 设 F 为常量，其数值 $F = 0.959\,0$，则 $3.1 \times 0.648 \times F$ 的计算结果为＿＿＿＿。

　　A. 1.9　　　　B. 1.93　　　　C. 1.926　　　　D. 1.926 4

128. 用量筒量取 25 mL 水，量筒的精度为 ±1 mL，故应记录为＿＿＿＿ mL。

　　A. 25.0　　　　B. 25.00　　　　C. 25　　　　D. 以上都可以

129. 将 27.024 5 修约为四位有效数字，结果为＿＿＿＿。

　　A. 27.02　　　　B. 27.03　　　　C. 27.024　　　　D. 27.025

130. 当标准或有关文件中，若对极限数值（包括带有极限偏差值的数值）无特殊规定时，应使用＿＿＿＿。

　　A. 全数值比较法　B. 修约值比较法　　C. 都可以　　　　D. 无法判定

131. 某样品中镉含量测定结果为 6.02%，判定的极限数值为 ≤6.0%，用修约值法判定的结果为＿＿＿＿标准要求。

　　A. 符合　　　　B. 不符合　　　　C. 都可以　　　　D. 无法判定

132. 关于数值判断的说法，＿＿＿＿是不正确的。

　　A. 判断检验结果是否符合标准要求的方法有全数值比较法和修约值比较法

　　B. 当测定值位于极限数值附近时，由于选择的比较方法不同，可能会产生不同的判断结果

　　C. 对附有极限偏差值的数值，涉及安全性能指标时，应优先采用修约值比较法

　　D. 全数值比较法比修约值比较法相对严格

133. 原始记录是一种＿＿＿＿。

　　A. 证据文件　　　B. 表格形式　　　C. 程序文件　　　D. 检测手段

134. 记录可以是书面的，也可以储存在＿＿＿＿。

　　A. 磁盘　　　　B. 录像　　　　C. 照片　　　　D. 以上都是

135. 实验室认可准则将记录可以分为两种：＿＿＿＿记录和技术记录。

A. 数量   B. 质量   C. 原始   D. 校准

136. 原始记录应有_____识别号码。

A. 时效性   B. 一致性   C. 唯一性   D. 重要性

137. 原始记录的内容须包括样品名称、检测人员、_____和计算公式等。

A. 产品配方比例   B. 方法依据   C. 工艺流程   D. 生产人员

138. 原始记录填写出现差错时，出错的记录信息_____。

A. 可以涂改

B. 可以消失

C. 应采用"杠改"，被更改后的原记录仍清晰可见

D. 任意处理

139. 关于原始记录的填写要求，_____是不正确的。

A. 原始记录可以在工作完成后补写

B. 电子存储记录更改也必须遵循记录的更改原则，以免原始数据丢失或改动

C. 原始记录更改后应有更改人签名

D. 原始记录填写要求有效位数确认

140. 关于电子形式存储记录的保存，_____是不正确的。

A. 记录应有备份

B. 记录有唯一性标识

C. 记录应防止未经授权的侵入或修改

D. 过了保存期的记录不经批准即可销毁

理论知识考试模拟试卷（一）答案

一、判断题

1. ×　2. √　3. ×　4. √　5. √　6. √　7. √　8. √　9. √　10. ×　11. √　12. √
13. ×　14. √　15. √　16. ×　17. √　18. √　19. ×　20. √　21. ×　22. √　23. √
24. √　25. √　26. √　27. ×　28. ×　29. √　30. √　31. √　32. √　33. √　34. ×
35. ×　36. ×　37. ×　38. √　39. ×　40. √　41. ×　42. ×　43. √　44. ×　45. ×
46. ×　47. ×　48. √　49. ×　50. √　51. √　52. √　53. ×　54. √　55. √　56. √
57. √　58. √　59. √　60. √

二、单项选择题

1. C　2. C　3. C　4. B　5. A　6. C　7. A　8. D　9. D　10. D　11. D　12. A　13. C
14. B　15. D　16. D　17. C　18. B　19. C　20. D　21. A　22. A　23. C　24. D　25. A
26. D　27. A　28. C　29. C　30. C　31. D　32. C　33. A　34. A　35. B　36. B　37. D
38. A　39. D　40. A　41. D　42. C　43. C　44. A　45. B　46. A　47. C　48. D　49. A
50. A　51. C　52. D　53. D　54. C　55. C　56. C　57. C　58. C　59. C　60. C　61. B
62. D　63. B　64. D　65. C　66. C　67. C　68. A　69. B　70. B　71. B　72. C　73. D
74. B　75. D　76. A　77. C　78. C　79. C　80. A　81. B　82. B　83. B　84. A　85. A
86. D　87. A　88. B　89. C　90. A　91. C　92. C　93. D　94. C　95. D　96. D　97. B
98. A　99. C　100. C　101. D　102. D　103. B　104. C　105. A　106. B　107. C
108. C　109. D　110. B　111. B　112. A　113. C　114. D　115. B　116. B　117. D
118. C　119. C　120. A　121. B　122. C　123. D　124. C　125. D　126. A　127. A
128. C　129. A　130. A　131. A　132. C　133. A　134. D　135. B　136. C　137. B
138. C　139. A　140. D

理论知识考试模拟试卷（二）

一、判断题（下列判断正确的填"√"，错误的填"×"；每题 0.5 分，共 30 分）

1. 质量"把关"是质量检验最重要、最基本的功能。　　　　　　　　　（　　）

2. 在质量体系文件中，记录属于证实性的文件。　　　　　　　　　　（　　）

3. 现代抽样检验主要以随机抽取样本和统计推断方法为其理论依据。　（　　）

4. 感官检验室与样品准备室可在一起，但要保持舒适的温度和通风。　（　　）

5. 感官检验法就是凭借人体自身的感觉器官，鉴定和评价食品的外观形态、色泽、气味、滋味、组织及状态。　　　　　　　　　　　　　　　　　　　　（　　）

6. 常用的抽样方法主要有纯随机抽样、类型抽样、等距抽样、整群抽样和等比例抽样。　　　　　　　　　　　　　　　　　　　　　　　　　　　　　　　（　　）

7. 对于大型桶装液体样品，采样的方法为虹吸法吸取上、中、下层样品各 0.5 L。　　　　　　　　　　　　　　　　　　　　　　　　　　　　　　　　　（　　）

8. 高温马弗炉主要用于质量分析中灼烧沉淀、灰分测定等分析检验工作。　　　　　　　　　　　　　　　　　　　　　　　　　　　　　　　　　　（　　）

9. 样品浓缩的目的是为了提高被测组分的检出限。　　　　　　　　　（　　）

10. 为保证实验室用水的质量能符合分析工作的要求，必须对其主要指标进行质量检验。　　　　　　　　　　　　　　　　　　　　　　　　　　　　　（　　）

11. 检验方法中所使用的水，未注明其他要求时，均指蒸馏水或去离子水。　　　　　　　　　　　　　　　　　　　　　　　　　　　　　　　　　（　　）

12. 体积分数是一种用来表示溶质为固体的一般溶液浓度的表示方法。　（　　）

13. g/L 是物质 B 的体积分数浓度的单位。　　　　　　　　　　　　（　　）

14. 金属离子指示剂变色范围与 pH 值无关。　　　　　　　　　　　（　　）

15. 直接滴定法测定还原糖时，为保证实验的准确性，碱性酒石酸铜甲乙液加入量要精准。　　　　　　　　　　　　　　　　　　　　　　　　　　　　　　（　　）

16. 高锰酸钾滴定法测定食品还原糖时，不需要做试剂空白。　　　　（　　）

17. 高锰酸钾滴定法测定食品还原糖时，需控制好热源强度，保证在 2 min 内加热至沸点，否则误差较大。　　　　　　　　　　　　　　　　　　　　　　　（　　）

18. 食品总糖测定时，所用试剂都可用分析纯配制的。（　　）

19. 食品中蔗糖属于单糖，没有还原性。（　　）

20. 用碱性铜盐可直接测定食品中的蔗糖。（　　）

21. 食品中蔗糖测定时，样品用酸水解后可用测定还原糖方法进行测定。（　　）

22. 食品中蛋白质是含氮的有机化合物。（　　）

23. 凯氏定氮测定时，无须空白试验。（　　）

24. 高的酸价意味着精炼油的质量差，或者在储存或使用过程中发生脂的分解。（　　）

25. 酸价测定中，需进行平行样的测定。（　　）

26. 过氧化值测定中，无须进行空白试验。（　　）

27. 质量分析法的萃取法中萃取剂要易于蒸干除去，才能保证实验结果的准确性。（　　）

28. 减压干燥法测定水分时，样品干燥后，烘箱内压力恢复至常压后，才能打开烘箱门，取出样品。（　　）

29. 干燥法测定食品中水分时，其样品预处理、测定过程中，要防止组分发生化学变化。（　　）

30. 灰分测定中，平行试验结果的绝对差值应不超过算术平均值的 10%。（　　）

31. 索氏抽提法和酸水解法是常用的两种脂肪测定方法。（　　）

32. 索氏抽提法测定脂肪中，W_2 是接收瓶和脂肪质量，W_1 是接收瓶质量，W 是样品质量，则样品中脂肪含量是 $\dfrac{W_2 - W_1}{W - W_1}$。（　　）

33. 酸水解法测定脂肪时，应将样品放入 70 ~ 80℃ 恒温燥箱进行水解。（　　）

34. 罗兹－哥特里法可以测定食品中的乳脂肪。（　　）

35. pH 计的使用中，当 pH 计接通电源后，预热 5 ~ 10 min 就可测定。（　　）

36. 电导率仪的工作原理是在电解质的溶液中，带电的离子在电场作用下产生移动电子，因而具有导电作用。（　　）

37. 直接干燥法测定水分时，M_1 为称量瓶和样品的质量，M_2 为称量瓶和样品干燥后的质量，M_0 为称量瓶的质量，则水分含量为 $\dfrac{M_1 - M_2}{M_0} \times 100$。（　　）

38. 微生物可分为细菌、放线菌、霉菌和酵母菌四大类。（　　）

39. 细胞质是细胞新陈代谢的主要场所。（　　）

40. 微生物检验培养基可根据配方，称量于适当大小的烧杯中，由于其中干粉极易吸

潮，故称量时要迅速。 （　）

41. 微生物染色的染料按其组成成分可以分为自然染料和人工染料。 （　）

42. 微生物检验样品的采样类型分为二级和三级采样方案。 （　）

43. 食品加工环节卫生检验，如在清洁消毒或加工前后各取一份样品，对卫生管理的评估更合适。 （　）

44. 菌落总数测定的设备主要有高压锅、恒温培养箱、恒温水浴锅、天平、均质器或乳钵等。 （　）

45. 菌落是指一群细菌在固体培养基表面繁殖形成肉眼可见的集团。 （　）

46. 降低食品或食品原料中的水分（控制合适的 A_w）和提高空气的相对湿度是防霉的有效措施。 （　）

47. 菌落总数平皿计数时，可用肉眼观察，必要时用放大镜或菌落计数器，以防遗漏。记录稀释倍数和相应的菌落数量。 （　）

48. 煌绿乳糖胆盐（BGLB）肉汤中的牛胆盐起抑制革兰氏阳性菌的作用。 （　）

49. 霉菌和酵母计数的制备样品时，以 1：10 稀释样品，充分振摇，其目的是为了使样品和稀释液充分混合，霉菌孢子散开。 （　）

50. 微生物检验时，含有二氧化碳的液体检验前，应用无菌操作程序先将液体倒入小瓶中，然后覆盖纱布，轻轻振摇，使气体全部逸出。 （　）

51. 菌落总数报告时，若只有一个稀释度平板上的菌落数在适宜计数范围内，计算两个平板菌落数的平均值，再将平均值乘以相应稀释倍数，作为每克（或毫升）中菌落总数结果。 （　）

52. 按我国法定计量单位的使用规则，15℃应读成 15 摄氏度。 （　）

53. 测量误差是测量结果减去被测量真值所得的差，又称测量的绝对误差。 （　）

54. 相对相差指某特定量的两次测量值之差与其算术平均值之比。 （　）

55. 在加减运算中，结果的保留应以小数点后位数最少的数据为根据。 （　）

56. 1.234 g 与 1.234 0 g 的含义是相同的。 （　）

57. 对同样的极限数值，若其本身符合要求，则全数值比较法比修约值比较法相对严格。 （　）

58. 当测定值位于极限数值附近时，由于选择的比较方法不同，可能会产生不同的判断结果。 （　）

59. 原始记录应做到妥善（安全）保护并保密。 （　）

60. 原始记录填写的内容必须满足信息足够的原则。 （　）

二、单项选择题（下列每题选项中，只有一个是正确的，请将其代号填在横线空白处；每题 0.5 分，共 70 分）

1. 质量具有广义性、_____和相对性。

   A. 固有性　　　　B. 时效性　　　　C. 潜在性　　　　D. 赋予性

2. 不同的产品和同一产品的不同用途，其_____是有所不同的。

   A. 质量参数　　　B. 质量特性　　　C. 产品特性　　　D. 产品参数

3. _____不属于规定的要求。

   A. 产品标准　　　B. 图样　　　　　C. 合同　　　　　D. 惯例

4. 只有通过鉴别才能判断_____是否合格。

   A. 产品质量　　　B. 产品价格　　　C. 产品特性　　　D. 产品参数

5. 产品实现过程中，前过程（工序）的把关，对后过程（工序）就是_____。

   A. 积淀　　　　　B. 负责　　　　　C. 预防　　　　　D. 财富

6. 将确定的检验方法和方案用技术文件形式做出书面规定，制定规范化的规程，该规程被称为_____。

   A. 操作流程　　　B. 检验方案　　　C. 作业指导书　　D. 标准流程

7. 质量检验的记录要求_____。

   A. 填写出错时可以涂改　　　　　　B. 数据客观、真实

   C. 仅记录检验数据　　　　　　　　D. 数据不可以修改

8. _____由企业自行制定，企业法人或法人代表授权的主管领导批准发布，在发布后 30 日内至有关部门办理备案。

   A. 国家标准　　　B. 行业标准　　　C. 地方标准　　　D. 企业标准

9. 《计量法》规定，国际单位制计量单位和国家选定的其他计量单位，为国家法定计量单位。非国家法定计量单位_____。

   A. 应当废除　　　B. 继续使用　　　C. 选择使用　　　D. 应当保留

10. 属于《审查通则》中规定的食品生产加工企业是_____。

    A. 销售食品企业

    B. 流通制作食品加工厂点

    C. 现制现销企业

    D. 有固定场所、相应生产加工设备工艺流程的制造企业

11. 在食品残留分析中，下列食品样品制备方法中正确的是_____。

    A. 蔬菜、水果应除去明显腐烂的叶、浆果等

    B. 玉米应除掉玉米壳和穗轴

C. 蛋要去壳

D. 以上都对

12. _____不是样品前处理的目的之一。

A. 排除干扰因素   B. 浓缩被测物质

C. 获得均匀性样品   D. 提取被测物质

13. 一般化学分析试验，除另有规定外，用_____就能满足检测要求。

A. 一级水   B. 二级水   C. 三级水   D. 二级水以上

14. 用于衡量其他物质化学量，主体成分含量高且准确可靠的是_____。

A. 优级纯试剂   B. 分析纯试剂   C. 化学纯试剂   D. 基准试剂

15. 标定标准滴定溶液的浓度时，须完成_____，取测定结果的平均值为测定结果。

A. 单人两平行   B. 双人两平行   C. 单人四平行   D. 双人四平行

16. 碱液和金属溶液用_____存放。

A. 聚乙烯瓶   B. 玻璃瓶   C. 棕色瓶   D. 以上都可以

17. 配制质量分数 35% 的氯化钠溶液 100 g，需加_____g 水。

A. 35   B. 50   C. 65   D. 100

18. 配制体积分数 75% 的乙醇 1 L，需要无水乙醇_____mL。

A. 500   B. 750   C. 700   D. 800

19. 当溶质相等时，溶液浓度与溶液的量成_____。

A. 不变   B. 正比   C. 反比   D. 双倍

20. 食品中过氧化值的测定方法属于_____。

A. 酸碱滴定法   B. 氧化还原滴定法   C. 沉淀滴定法   D. 络合滴定法

21. 强碱滴定强酸，用酚酞作指示剂，滴定终点时的颜色变化为_____。

A. 无色→蓝色   B. 无色→浅红色

C. 浅红色→黄色   D. 浅红色→无色

22. 在滴定无色或浅色溶液时，自身可做指示剂的标准溶液是_____。

A. 高锰酸钾   B. 碘   C. 硫代硫酸钠溶液   D. 硝酸银

23. 铬黑 T 作指示剂测定水中总硬度时，终点颜色变化是_____。

A. 酒红色→纯蓝色   B. 紫红色→亮黄色

C. 红色→蓝色   D. 红色→橙色

24. 食品中糖类化合物以双糖形式存在的是_____。

A. 葡萄糖   B. 乳糖   C. 果糖   D. 果胶

25. 直接滴定法测定还原糖时，_____是不需用的设备和器皿。

    A. 分析天平   B. 恒温水浴锅   C. 滴定管   D. 调温电炉

26. 高锰酸钾滴定法测定食品中还原糖时，配制碱性酒石酸铜甲液，称取适量硫酸铜且要加入一定量的_____，并用精石棉过滤。

    A. 次甲基蓝   B. 甲基红   C. 硝酸   D. 硫酸

27. 高锰酸钾滴定法测定食品还原糖时，反应终点是以高锰酸钾标准溶液滴至样品_____。

    A. 无色   B. 蓝色   C. 微绿色   D. 微红色

28. 高锰酸钾滴定法测定食品还原糖时，由于要使用测定反应过程中产生的 Fe^{2+} 量来做计算依据，所以样品前处理中加入的澄清剂不能用_____。

    A. 碱性硫酸铜   B. 磷酸氢二钠

    C. 氢氧化铝   D. 亚铁氧化钾和乙酸锌

29. 食品总糖测定时，样液加酸水解的酸是_____。

    A. 硝酸   B. 盐酸   C. 硫酸   D. 高氯酸

30. 食品中总糖测定的操作步骤正确的是_____。

    A. 沉淀蛋白→取滤液→水解→调 pH 值→滴定

    B. 沉淀蛋白→水解→调 pH 值→取滤液→滴定

    C. 沉淀蛋白→调 pH 值→水解→取滤液→滴定

    D. 沉淀蛋白→取滤液→调 pH 值→水解→滴定

31. 食品中总糖测定时，样液需置于_____℃水浴锅中水解。

    A. 60～65   B. 65～68   C. 68～70   D. 70～75

32. 食品中的蔗糖是属于_____。

    A. 单糖   B. 双糖   C. 多糖   D. 麦芽糖

33. 食品中蔗糖测定时，样液加酸水解的酸是_____。

    A. HCl   B. HNO_3 C. H_2SO_4 D. $HClO_4$

34. 食品中蔗糖测定时，样品水解后，吸取 50.00 mL 滤液所用的量器是_____。

    A. 滴定管   B. 刻度移液管   C. 单标移液管   D. 量杯

35. 食品中蔗糖测定的计算公式中，_____是还原糖（以葡萄糖计）换算为蔗糖的系数。

    A. 0.90   B. 0.92   C. 0.95   D. 0.97

36. 食品中蔗糖测定时，所用的分析天平的精密度要求是_____g。

    A. 0.01   B. 0.1   C. 0.001   D. 0.000 1

37. 食品中蔗糖测定时，不需要严格控制的操作条件是_____。
    A. 酸的浓度与用量　　　　　　　　　　B. 样品溶液体积
    C. 水解温度与时间　　　　　　　　　　D. 样品称样量须一致

38. 蛋白质相对分子质量的变化范围通常为_____。
    A. 1 000 ~ 5 000　　　　　　　　　　B. 5 000 ~ 10 000
    C. 5 000 ~ 100 000　　　　　　　　　D. 5 000 ~ 1 000 000

39. 凯氏定氮测定中，其滴定时选用的指示剂是_____。
    A. 甲基红 – 溴甲酚绿　　　　　　　　　B. 甲基红 – 次甲基蓝
    C. 酚酞 – 溴甲酚绿　　　　　　　　　　D. 溴甲酚绿 – 次甲基蓝

40. 凯氏定氮法测定食品中蛋白质时，样品蒸馏过程中冷凝管的连接是_____。
    A. 上进水下出水　　　　　　　　　　　B. 下进水上出水
    C. 上下同时进水　　　　　　　　　　　D. 上下同时出水

41. 在蛋白质测定的计算公式中，F 值是将氮换算为蛋白质的系数，一般食品为 6.25，乳制品为 6.38，高粱为 6.24，肉与肉制品为 6.25，大豆及其制品是_____。
    A. 5.70　　　　　　　B. 5.71　　　　　　　C. 5.82　　　　　　　D. 5.95

42. 凯氏定氮法测定食品中蛋白质，其精密度要求是_____。
    A. 5%　　　　　　　　B. 20%　　　　　　　C. 5.0%　　　　　　　D. 10%

43. 蛋白质测定中，平行试验结果 $X_1 = 13.0\%$，$X_2 = 14.0\%$，则此次实验结果相对相差是_____。
    A. 7.4%　　　　　　　B. 0.007 4%　　　　　C. 3.10%　　　　　　　D. 0.031%

44. 按照 GB/T 5009.37—2003 的要求，在测定油脂中酸价时，计算结果应保留_____位有效数字。
    A. 3　　　　　　　　　B. 2　　　　　　　　　C. 4　　　　　　　　　D. 1

45. 测定油脂中酸价时，使用是_____标准溶液进行滴定。
    A. 氢氧化铜　　　　　B. 氢氧化钾　　　　　C. 氢氧化镁　　　　　D. 氨水

46. 当样品油脂凝固，需溶解时，选用_____。
    A. 电炉　　　　　　　B. 马弗炉　　　　　　C. 水浴锅　　　　　　D. 煤气灯

47. 油脂的酸价测定时，指示剂加入量应该是_____。
    A. 1 ~ 2 滴　　　　　B. 2 ~ 3 mL　　　　　C. 2 ~ 3 滴　　　　　D. 1 吸管

48. 关于食品中酸价测定中可用_____替代 KOH 溶液，计算公式不变。
    A. $Cu(OH)_2$　　　　B. 氨水　　　　　　　C. NaOH　　　　　　　D. $Mg(OH)_2$

49. 食品中过氧化值增高说明其过氧化物增多，将导致植物油的氧化劣变，产生大量的_____等对人体有害的物质。

    A. 醛酮低分子
    B. 碳水化合物

    C. 高分子有机物
    D. 高分子聚合物

50. 测定油脂中过氧化值时，所用溶剂应是_____。

    A. 乙醚 – 乙醇
    B. 乙醚 – 冰乙酸

    C. 三氯甲烷 – 冰乙酸
    D. 乙醇 – 三氯甲烷

51. 过氧化值测定步骤正确的是_____。

    A. 加 KI，振摇，暗处静置，$Na_2S_2O_3$ 滴定

    B. 振摇，加 KI，暗处静置，$Na_2S_2O_3$ 滴定

    C. 暗处静置，加 KI，振摇，$Na_2S_2O_3$ 滴定

    D. 加 KI，暗处静置，$Na_2S_2O_3$ 滴定，振摇

52. 关于过氧化值的测定中，以下描述错误的是_____。

    A. 三氯甲烷有毒，应在通风条件下操作

    B. 三氯甲烷有毒，应在通风橱里操作

    C. 三氯甲烷有毒，应带上防毒面具操作

    D. 三氯甲烷有毒，操作时间短，可不在通风条件下操作，只要喝牛奶解毒即可

53. 过氧化值测定时，样品中加入饱和的碘化钾后，振摇及暗处静置作用应该是_____。

    A. 充分溶解样品
    B. 样品中氧化物与碘充分反应

    C. 加快反应速度
    D. 抑制副反应的产生

54. 挥发法可应用某种吸收剂将逸出的挥发性物质吸收，根据吸收剂_____的质量来计算被测成分的含量。

    A. 膨胀
    B. 减少
    C. 增加
    D. 缩小

55. 水分的测定方法通常分为_____两大类。

    A. 直接法和间接法
    B. 挥发法和沉淀法

    C. 分离法和干燥法
    D. 化学法和光谱法

56. 水分分析法是在一定的时间和温度之间寻找一个平衡点以控制样品的_____。

    A. 蒸发
    B. 结合
    C. 分解
    D. 沉淀

57. 直接干燥法测定食品中水分时，所用称量皿的材质是_____。

    A. 玻璃
    B. 银制品
    C. 瓷制品
    D. 铜制品

58. 直接干燥法测定水分时，M_1 为称量皿和样品的质量，M_2 为称量皿和样品干燥后的质量，M_0 为称量皿的质量，该实验结果是_____。

A. $\dfrac{M_1 - M_2}{M_1 - M_0} \times 100\%$ 　　　　　　B. $\dfrac{M_1 - M_0}{M_2 - M_0} \times 100\%$

C. $\dfrac{M_2 - M_0}{M_1 - M_0} \times 100\%$ 　　　　　　D. $\dfrac{M_1 - M_2}{M_0} \times 100\%$

59. 水分测定中，干燥皿中变色硅胶的量应占底部体积_____为宜。

   A. 1/4 ~ 1/2　　　　B. 1/3 ~ 1/2　　　　C. 1/2 ~ 2/3　　　　D. 1/4 ~ 1/3

60. 减压干燥法测定食品水分是在一定的_____情况下干燥至恒重，失去的物质质量为水分质量。

   A. 温度　　　　　　　　　　　　B. 真空度

   C. 温度及真空度　　　　　　　　D. 真空度及湿度

61. 减压干燥法测定水分时，真空烘箱所需的压力为_____。

   A. 4 ~ 5 kPa　　　　B. 40 ~ 53 kPa　　　　C. 400 ~ 500 kPa　　　　D. 43 ~ 53 MPa

62. 减压干燥法测食品中水分时，试验人员测定样品中两次平行测定结果的绝对差值应不超过算术平均值的_____％。

   A. 5　　　　　　　　B. 10　　　　　　　　C. 20　　　　　　　　D. 1.0

63. 减压干燥法测定水分时，样品放入烘箱从_____时开始计时保温4h。

   A. 入烘箱　　　　　　　　　　　B. 打开机器

   C. 达到一定的温度和压力　　　　D. 抽好真空

64. 食品中的灰分除总灰分外，按溶解性分类，错误的是_____。

   A. 水溶性　　　　B. 水不溶性　　　　C. 酸溶性　　　　D. 酸不溶性

65. 灰分测定中，所用的器皿是_____。

   A. 玻璃坩埚　　　　B. 瓷坩埚　　　　C. 铜坩埚　　　　D. 铝坩埚

66. 灰分测定中，对坩埚进行前处理应用_____煮1 ~ 2 h，洗净后使用。

   A. 稀碱　　　　B. 铬酸洗液　　　　C. 稀盐酸　　　　D. 稀硫酸

67. 灰分测定中，_____可直接放入坩埚内在电炉上小火加热进行前处理。

   A. 牛奶　　　　B. 果汁　　　　C. 面粉　　　　D. 果酱

68. 灰分测定中，样品在马弗炉中灼烧的温度应该为_____℃。

   A. 400 ± 25　　　　B. 450 ± 25　　　　C. 550 ± 25　　　　D. 650 ± 25

69. 坩埚清洗后，应用一定浓度的盐酸浸泡_____后用水冲净。

   A. 3 ~ 5 min　　　　B. 10 ~ 20 h　　　　C. 10 ~ 20 min　　　　D. 1 ~ 2 天

70. 在水不溶性灰分测定中，应选用_____。

   A. 定性滤纸　　　　B. 定量滤纸　　　　C. 称量纸　　　　D. 无灰滤纸

71. 在水不溶性灰分测定中，M_1 是坩埚和水不溶性灰分质量，M_2 是坩埚质量，M_3 是坩埚和样品质量，则试验结果正确的是_____。

    A. $\dfrac{M_3 - M_2}{M_1 - M_2} \times 100\%$ B. $\dfrac{M_3 - M_2}{M_1 - M_2} \times 100\%$

    C. $\dfrac{M_1 - M_2}{M_3} \times 100\%$ D. $\dfrac{M_1 - M_2}{M_3 - M_2} \times 100\%$

72. 水溶性灰分测定中，水溶性灰分为 X_1，总灰分为 X_0，水不溶性灰分为 X_2，酸不溶性灰分为 X_3，则计算公式正确的是_____。

    A. $X_1 = X_0 - X_2 - X_3$ B. $X_0 = X_1 + X_2$

    C. $X_1 = X_2 - X_0$ D. $X_1 = X_0 - X_3$

73. 在酸不溶性灰分测定中，应该加入 25 mL _____盐酸，加热处理。

    A. 1.0 mol/L   B. 0.1 mol/L   C. 0.01 mol/L   D. 1%

74. 测定_____脂肪含量应选用酸水解法。

    A. 鸡蛋   B. 面包   C. 蛋糕   D. 牛奶

75. 脂肪测定中，各种液态乳、炼乳、奶粉等能在碱性溶液中溶解的乳品的检测方法应是_____。

    A. 索氏抽提法   B. 罗兹－哥特里法   C. 酸水解法   D. 盖勃法

76. 索氏抽提法中，回收溶剂后得到的是_____。

    A. 总脂肪   B. 结合态脂肪   C. 游离脂肪   D. 细脂肪

77. 索氏抽提法测定脂肪时，接收瓶和脂肪质量 $W_2 = 37.6142$ g，接收瓶 $W_1 = 37.1469$ g，样品质量 $W = 3.1044$，则样品中脂肪含量是_____。

    A. 19.38%   B. 19.4%   C. 15.1%   D. 1.53%

78. 索氏抽提法测定脂肪时，滤纸筒高于回流弯管，有机溶剂不能浸透样品，可导致检测结果_____。

    A. 正常   B. 偏高

    C. 偏低   D. 以上都有可能

79. 酸水解法测定脂肪时，脂肪瓶在干燥皿内的冷却时间为_____min。

    A. 5   B. 15   C. 30   D. 60

80. 盖勃法测定脂肪时，所用的酸应是_____。

    A. 盐酸   B. 硫酸   C. 硝酸   D. 高氯酸

81. 对于 pH 计，下列_____说法是错误的。

    A. pH 计主体是一个精密的电位计

    B. pH 计有一玻璃电极和一甘汞电极共同插入溶液中时，即组成一个电池，这个电池的电位差与溶液的 pH 值有关

    C. 测定电池的电位差即可求出溶液的 pH 值

    D. 玻璃电极的电位取决于玻璃的质量

82. 电导率仪的使用中，如预先不知道被测液的电导率大小，应把量程选择开关 K 扳在_____。

    A. 最小电导率测量挡

    B. 最小电导率测量挡，然后逐挡上升

    C. 最大电导率测量挡

    D. 最大电导率测量挡，然后逐挡下降

83. 一部分微生物与人类形成共生的关系，在自然界达到_____。

    A. 动态平衡   B. 数量增多   C. 生态平衡   D. 数量减少

84. _____不属于非细胞型微生物的结构成分。

    A. DNA   B. RNA   C. 脂肪   D. 蛋白质

85. 食品微生物检验的目的就是要为生产出安全、卫生、_____的食品提供科学依据。

    A. 美观   B. 美味   C. 符合标准   D. 营养丰富

86. 细菌的基本形态是球菌、杆菌和_____。

    A. 葡萄球菌   B. 放线菌   C. 螺旋菌   D. 芽孢菌

87. 细胞膜的主要功能是控制细胞内外一些物质的_____。

    A. 存储遗传信息   B. 交换渗透

    C. 传递遗传信息   D. 维持细胞外形

88. 细菌常以_____进行繁殖。

    A. 断裂增殖   B. 二分裂法   C. 通过孢子   D. 通过芽孢

89. 产生荚膜的细菌在培养基上菌落表面不可能出现的是_____。

    A. 表面湿润   B. 边缘光滑   C. 黏稠透明   D. 表面粗糙

90. 在自然界中，微生物种类繁多，其中_____分布最广。

    A. 真菌   B. 霉菌   C. 细菌   D. 病毒

91. 从生物学的观点来看，_____不属于真菌的特点。

    A. 没有叶绿素   B. 没有完整的细胞核构造

    C. 无根、茎、叶分化   D. 能通过有性或无性繁殖

92. 酵母菌细胞比细菌细胞_____。

    A. 一样大   B. 大得多   C. 一样小   D. 小得多

93. 酵母菌最常见的无性繁殖方式主要是_____。

    A. 孢子　　　　　　B. 断裂增殖　　　　　C. 二分裂法　　　　　D. 芽殖

94. 酵母菌菌落的颜色多为_____。

    A. 金黄色　　　　　B. 红色　　　　　　　C. 黑色　　　　　　　D. 乳白色

95. 微生物常会引起食物变质，但_____在传统发酵及近代发酵工业中，起着积极的作用。

    A. 细菌　　　　　　B. 蓝细菌　　　　　　C. 霉菌　　　　　　　D. 放线菌

96. 微生物在渗透酶和提供能量的前提下，将体外的营养物质逆浓度运送至体内，这就是_____的作用。

    A. 单纯扩散　　　　B. 促进扩散　　　　　C. 主动运输　　　　　D. 基团移位

97. 化能异养微生物的碳源是_____。

    A. CO_2　　　　　B. 无机还原物　　　　C. 无机物　　　　　　D. 有机物

98. 在有充分氧的环境中，糖被微生物彻底分解为_____和水。

    A. 丙酮酸　　　　　B. 乳酸　　　　　　　C. 乙醇　　　　　　　D. 二氧化碳

99. 微生物代谢的调节，实际上就是控制酶的_____和活性的变化。

    A. 种类　　　　　　B. 质量　　　　　　　C. 能量　　　　　　　D. 数量

100. 在相同的条件下，细菌种类不同，延迟期长短也不一样。这是由该种细菌的_____所决定的。

    A. 结构特性　　　　B. 形态特性　　　　　C. 大小不同　　　　　D. 遗传特性

101. 食品中含有蛋白质、糖类、脂肪、无机盐、维生素和_____等，这正契合了微生物生长的需要。

    A. 水　　　　　　　B. 葡萄糖　　　　　　C. 钙　　　　　　　　D. 磷

102. 蔬菜、鱼、肉和乳等食品，适合于大多数_____的生长。

    A. 啤酒酵母　　　　B. 霉菌　　　　　　　C. 酵母菌　　　　　　D. 细菌

103. 高温微生物造成的食品变质主要为分解_____而引起。

    A. 脂肪　　　　　　B. 蛋白质　　　　　　C. 糖类　　　　　　　D. 有机物

104. 一般来讲，在有氧的环境中，食品变质速度_____。

    A. 减慢　　　　　　B. 不变　　　　　　　C. 不一定　　　　　　D. 加快

105. 相当一部分食品的原料都来自田地，而土壤素有_____的"大本营"之说。

    A. 有机物　　　　　B. 矿物质　　　　　　C. 维生素　　　　　　D. 微生物

106. 食品质量安全市场准入制度（QS）中对_____用水有严格要求。

    A. 工业　　　　　　B. 农业　　　　　　　C. 民用　　　　　　　D. 军用

107. 在食品加工中，人的_____是造成食品微生物污染最为常见的原因。

    A. 皮肤   B. 手   C. 衣帽   D. 头发

108. 食品在加工过程中，要进行_____、加热或灭菌等工艺操作过程。这些操作过程若正常进行，可以使食品达到菌群减少或无菌状态。

    A. 清洗   B. 分级   C. 拣选   D. 包装

109. 反映粪便污染程度的指示菌有大肠菌群、粪大肠菌群和_____。

    A. 志贺氏菌   B. 大肠埃希氏菌   C. 沙门氏菌   D. 变形杆菌

110. 适宜霉菌产毒的基质主要是糖和少量的_____及矿物质。

    A. 氮   B. 维生素   C. 脂肪   D. 碳

111. 获取单个菌落的方法可通过稀释倾注平板、稀释涂布平板或平板_____等技术完成。

    A. 点值法   B. 穿刺法   C. 划线法   D. 浸洗法

112. 微生物检验接种食品样品前，先用洗手液洗手，然后用_____酒精棉球消毒手面。

    A. 100%   B. 75%   C. 50%   D. 95%

113. 微生物培养时用焦性没食子酸、磷等用以_____。

    A. 除去氢气   B. 除去二氧化碳   C. 吸收氧气以除氧   D. 降低氧化还原电位

114. 配制微生物检验培养基分装三角瓶时，以不超过三角瓶容积的_____为宜。

    A. 2/3   B. 1/3   C. 1/2   D. 3/5

115. 灭菌物品中含菌数越多时，灭菌越是_____。

    A. 显著   B. 容易   C. 好   D. 困难

116. 微生物染色的染料按其电离后染料离子所带电荷的性质，分为酸性染料、碱性染料、_____染料和单纯染料四大类。

    A. 简单   B. 中性（复合）

    C. 天然   D. 人工（合成）

117. 革兰氏染色法将细菌分为 G^+、G^- 两大类，这是由其_____结构和组成不同决定的。

    A. 鞭毛   B. 细胞质   C. 细胞膜   D. 细胞壁

118. 实验设备应放置于适宜的环境条件下，便于维护、清洁、消毒和校准，并保持_____的工作状态。

    A. 整洁   B. 良好   C. 整洁与良好   D. 正常

119. 无菌室每次使用前后应用紫外线灭菌灯消毒，照射时间大于_____ min。关闭紫外线灯 30 min 后才能进入。

    A. 30   B. 45   C. 60   D. 130

120. 微生物检验采样时，采样标签应_____，具防水性，字迹不会被擦掉或脱色。

    A. 固定   B. 牢固   C. 稳固   D. 耐久磨损

121. 微生物检验培养基灭菌时，既要保证灭菌效果又不能损伤培养基的有效成分，普通培养基灭菌条件一般是_____。

    A. 121℃/10 min   B. 121℃/20 min   C. 115℃/20 min   D. 115℃/30 min

122. 微生物检验时从样品的均质到稀释和接种，相隔时间不应超过_____ min。

    A. 15   B. 30   C. 45   D. 60

123. 食品加工使用的一般容器和设备的卫生检验，应用_____检查冲洗液中的活菌总数。

    A. 活菌计数法   B. 涂布法   C. 倾注法   D. 滤膜法

124. _____不是空气样品的采样方法。

    A. 过滤法   B. 直接沉降法   C. 气流吸附法   D. 气流撞击法

125. 空气中霉菌检验的培养条件是_____培养 3～4 天后，按空气中细菌的计算方法，计算霉菌菌落数。

    A. 25℃±1℃   B. 27℃±1℃   C. 30℃±1℃   D. 36℃±1℃

126. GB 4789.2—2010 菌落总数测定用的培养基是_____。

    A. 营养琼脂   B. 平板计数琼脂   C. 伊红美兰琼脂   D. 营养肉汤

127. 菌落总数计数时当平板上若有蔓延菌落生长，其片状不到平板的一半，而其中一半中菌落分布又很均匀，即可计算_____，代表一个平板菌落数。

    A. 其中菌落分布很均匀菌落的总和

    B. 半个平板后乘以 2

    C. 将片状菌落与分布很均匀菌落相加

    D. 将两个平板上片状菌落与分布很均匀菌落相加，除以 2

128. 大肠菌群计数酸性饮料应采用_____调节至中性。

    A. 1 mol/L 盐酸   B. 10 mol/L 盐酸

    C. 1 mol/L 氢氧化钠   D. 10 mol/L 氢氧化钠

129. 大肠菌群计数复发酵试验是在 36℃±1℃培养，所需最长时间是_____观察生长情况。

    A. 24 h±2 h   B. 24 h±3 h   C. 48 h±2 h   D. 48 h±3 h

130. 霉菌和酵母计数的意义是：在某些情况下，霉菌和酵母菌不仅造成食品的腐败变质，有些霉菌还能够合成有毒代谢产物_____。

    A. 抗生素　　　　　B. 内毒素　　　　　C. 外毒素　　　　　D. 霉菌毒素

131. 马铃薯－葡萄糖－琼脂培养基中氯霉素在_____加入。

    A. 与各成分同时称取混合、灭菌

    B. 待其他成分溶解后再加入、灭菌

    C. 灭菌后立即加入

    D. 倾注平板前加入

132. 霉菌在培养过程中菌落观察时要注意轻拿轻放，避免_____散开，造成结果偏高。

    A. 孢子　　　　　B. 菌丝　　　　　C. 鞭毛　　　　　D. 芽孢

133. 霉菌、酵母计数报告时，若有三个连续稀释度的平板菌落数，霉菌在 1:10 稀释度的菌落为多不可计；1:100 稀释度的菌落是 110，111；在 1:1 000 稀释度的菌落是 9，8；则样品中霉菌数为_____。

    A. 11 100　　　　　B. 11 000　　　　　C. 11 050　　　　　D. 110

134. 市场上出售电冰箱，用法定计量单位表示容积是_____。

    A. 170 升　　　　　B. 170 立升　　　　　C. 170 公升　　　　　D. 170 毫升

135. 误差的来源包括人员误差、设备误差和_____。

    A. 样品均匀性带来的误差　　　　　B. 方法误差

    C. 环境误差　　　　　D. 以上都是

136. 关于修正值的描述，_____是不正确的。

    A. 修正值等于负的系统误差

    B. 修正值只能对系统误差进行有限程度的补偿

    C. 测定结果以代数和的方式与修正值相加后，其系统误差的绝对值可能为零

    D. 修正值本身含有不确定度

137. 对某一酱菜进行两次氯化钠的测定，测得结果为：9.31%、9.75%。则相对相差为_____。

    A. 3.6%　　　　　B. 2.4%　　　　　C. 4.8%　　　　　D. 4.6%

138. 精密度和准确度的描述，_____是不正确的。

    A. 精密度高的测定结果不一定准确

    B. 精密度是保证准确度的先决条件

    C. 精密度高的测定结果一定准确

D. 精密度低，所测结果不可靠

139. 3.1×1.098÷5.76 的计算结果为_____。

   A. 0.59   B. 0.591   C. 0.590 9   D. 0.6

140. 关于记录储存的要求，_____是不正确的。

   A. 规定了原始观测记录的保存期限

   B. 所有记录应予安全保护和保密

   C. 保存在具有防止损坏、变质、丢失等适宜环境的设施中

   D. 原始记录可以在工作完成后补写

理论知识考试模拟试卷（二）答案

一、判断题

1. √ 2. √ 3. √ 4. × 5. √ 6. √ 7. √ 8. √ 9. √ 10. √ 11. √ 12. ×
13. × 14. × 15. √ 16. × 17. × 18. √ 19. √ 20. × 21. √ 22. √ 23. ×
24. √ 25. √ 26. × 27. √ 28. √ 29. √ 30. × 31. √ 32. × 33. × 34. √
35. × 36. √ 37. × 38. × 39. √ 40. √ 41. × 42. √ 43. √ 44. √ 45. ×
46. × 47. √ 48. √ 49. √ 50. × 51. √ 52. √ 53. √ 54. √ 55. √ 56. ×
57. √ 58. √ 59. √ 60. √

二、单项选择题

1. B 2. B 3. D 4. A 5. C 6. C 7. B 8. D 9. A 10. D 11. D 12. C 13. C
14. D 15. D 16. A 17. C 18. B 19. C 20. B 21. B 22. A 23. A 24. B 25. B
26. D 27. D 28. D 29. B 30. A 31. C 32. B 33. A 34. C 35. C 36. A 37. D
38. D 39. A 40. B 41. B 42. D 43. A 44. B 45. B 46. C 47. C 48. C 49. A
50. C 51. A 52. D 53. C 54. C 55. C 56. C 57. C 58. A 59. B 60. C 61. B
62. B 63. C 64. C 65. C 66. C 67. C 68. C 69. C 70. D 71. C 72. B 73. B
74. A 75. B 76. C 77. C 78. C 79. C 80. B 81. D 82. D 83. C 84. C 85. C
86. C 87. B 88. D 89. B 90. C 91. B 92. C 93. D 94. D 95. C 96. C 97. D
98. D 99. D 100. D 101. A 102. C 103. C 104. D 105. D 106. A 107. B
108. A 109. B 110. A 111. C 112. B 113. C 114. A 115. D 116. B 117. D
118. C 119. A 120. B 121. B 122. A 123. C 124. C 125. B 126. B 127. B
128. C 129. C 130. D 131. D 132. A 133. B 134. A 135. D 136. C 137. D
138. C 139. A 140. D

操作技能模拟试卷（一）

试 题 单

试题代码：×．×．×

试题名称：酱油中菌落总数测定

考核时间：240 min

1．操作条件

（1）酱油样品。

（2）无菌室。

（3）常用玻璃器皿。

（4）常用平板计数琼脂培养基和稀释液。

（5）检验标准（GB 4789.2—2010）第一法、GB/T 4789.22—2003。

（6）符合标准要求的常用设备。

（7）常用耗材（记号笔、酒精灯、打火机、消毒酒精棉球、镊子、吸球、洗耳球、量筒、采样瓶）。

2．操作内容

（1）选用检测设备、培养基及试剂。

（2）测定酱油中菌落总数，对考场提供的菌落培养结果计数。

（3）填写检验原始记录。

（4）对检测结果做出符合性判定，并进行试验后消毒处理。

3．操作要求

（1）正确选择检测设备、培养基及试剂。

（2）按标准正确操作

1）无菌操作。

2）样品制备。

3）菌落总数测定操作步骤。

4）检验结果观察与判断。

（3）正确填写试验记录。

（4）对所测内容做出正确的判断。

答 题 卷

试题代码：×．×．×

试题名称：酱油中菌落总数测定

考生姓名：　　　　　　　　　准考证号：

考核时间：240 min

1. 将选用的设备和培养基、试剂填入表卷—1 中

表卷—1

选用设备、设备编号及计量状态	选用培养基、试剂

2. 试验结果记录（填写于表卷—2）

表卷—2　酱油中菌落总数测定记录表

样品名称		检验方法依据	
样品编号		样品性状	
样品数量		阳性培养物编号	

检 验 结 果 记 录

稀释度						空白值	
实测值							
计算方法							
实测结果							
标准值							
单项检验结论							
培养条件	温度：　　　　　　时间：						

备注：

检验人员：　　　　　　　　　检验日期：

操作技能模拟试卷 （一） 评分标准

操作要求	配分	评 分 要 素
正确选择检验设备、培养基和试剂，正确进行样品制备	20	1. 正确选择恒温培养箱36℃±1℃，有计量合格标识，且在有效鉴定周期内 2. 正确选择恒温水浴箱46℃±1℃ 3. 正确选择平板计数琼脂培养基 4. 正确选择无菌蒸馏水稀释液 5. 样品的制备：要求无菌操作，吸取样品25 mL放入有适当数量无菌玻璃珠的均质杯内，加入225 mL无菌蒸馏水，充分混合均匀（观察混匀方法）
按标准正确操作	50	一、符合无菌操作 二、正确的操作步骤 1. 吸管的使用：无菌操作，稀释液沿管壁缓慢注于盛有9 mL灭菌稀释液的试管内（观察吸管使用方法） 2. 稀释液的制备：每递增一个稀释度换一支吸管，选择3个适宜连续稀释度（观察稀释方法） 3. 平皿的接种：每1个稀释度分别取1 mL稀释液接种两个平皿（稀释同时接种平皿）。 （观察稀释度标示内容） 4. 按操作步骤稀释、接种 5. 空白对照：分别取1 mL空白稀释液加入两个无菌平皿 6. 平皿浇注：将46℃左右，15~20 mL培养基倾注平皿，转动平皿混合均匀（观察旋转平皿方法） 7. 培养：琼脂凝固后，翻转平皿；置于36℃±1℃培养箱，培养48 h±2 h（观察平皿上标示内容）
正确填写原始记录	10	1. 正确填写每一项内容 2. 空缺项规范表示"/" 3. 修改规范，杠改"="，签名 4. 试验记录清晰，杠改不大于3处 5. 结果报告正确（CFU/mL）

操作要求	配分	评 分 要 素
正确判断检验结果	20	1. 记录检样量应与操作检样量相一致 2. 计数：选取菌落在 30~300 CFU 之间的平板 3. 计算：只有 1 个稀释度符合要求时，取 2 个平皿的平均值乘以稀释度；若有 2 个连续稀释度符合要求时，按计算公式： $N = \sum C / (n_1 + 0.1 n_2) d$ 计算 4. 计数正确 5. 计算正确 6. 报告正确 7. 判断：对照参考标准做出符合性判断 8. 整理试验器具，用酒精棉球消毒台面
合计配分	100	

操作技能模拟试卷（二）

试　题　单

试题代码：×. ×. ×

试题名称：冷饮中总糖的测定

考核时间：240 min

1. 操作条件

（1）冷饮样品。

（2）常用玻璃器皿。

（3）常用设备。

（4）常用化学试剂。

（5）检验依据（SB/T 10009—2008）。

（6）冷饮中总糖的标准值。

2. 操作内容

（1）选定所需的检测设备及工具。

（2）按标准要求进行检测。

（3）填写实验结果记录表。

（4）对所测结果做出符合性判断。

（5）试验后清洁和整理。

3. 操作要求

（1）正确选定有效检测设备（工具）。

（2）严格按标准要求进行操作，每个样品进行初滴定一次，精滴定两次。

（3）正确填写总糖试验结果记录表，空缺项规范表示"/"。

（4）对所测结果做出正确的判断。

操作技能答题卷

试题代码：× . × . ×

试题名称：冷饮中总糖的测定

考生姓名： 准考证号：

考核时间：240 min

1. 将选用的设备情况填入表卷—3 中

表卷—3

选用设备、设备编号	计量状态

2. 试验结果记录（填写于表卷—4）

表卷—4 冷饮中总糖的测定记录表

样品名称			取样/检测日期		
仪器名称			检验依据		
标准溶液名称			仪器编号		
环境温度/湿度（℃/%）			标准溶液浓度		$A =$
平行实验			1		2
取样量 m	□（g）				
	□（mL）				
样液耗量 V（mL）	初 滴				
	精滴1				
	精滴2				
	精滴平均				
计算公式： $X = \dfrac{A \times 250 \times 100}{m \times V \times 50} \times 0.95 \times 100\%$	计算过程				
测定值 X（%）					
平 均 值（%）					
标准值					
单项检验结论					
相对相差（%）					

备 注：

检测人：

操作技能模拟试卷（二）评分标准

操作要求	配分	评分要素
正确选用合适的检验设备	20	1. 天平、恒温水浴锅、移液管、滴定管选择正确 2. 天平、恒温水浴锅、移液管、滴定管有计量合格标识 3. 天平、恒温水浴锅、移液管、滴定管使用期均在有效鉴定周期内 4. 选用费林甲、乙液、乙酸锌，亚铁氰化钾
正确按照标准操作	50	1. 称取样品：先观察天平水平仪是否水平，正确取样 2. 样品处理：加沉淀剂（乙酸锌，亚铁氰化钾各 5 mL），加水至刻度，摇匀，沉淀，静置 30 min，过滤，弃去初滤液，滤液备用，滤液透明 3. 样品转化：吸取上述滤液 50 mL 于 100 mL 容量瓶中，加 5 mL 盐酸（1 + 1），在 68 ~ 70℃水浴中水解 15 min 4. 中和：冷却后加 2 滴甲基红指示剂用氢氧化钠中和至中性 5. 预滴定：准确吸取费林甲、乙液各 5 mL 于 150 mL 锥形瓶中，加水 10 mL，加入玻璃珠 2 粒，置于电炉上控制在 2 min 内加热至沸腾，趁热以先快后慢的速度从滴定管中滴加样液，并保持沸腾状态。待溶液颜色变浅时，以每 2 s 1 滴的速度滴定，直至溶液蓝色刚好消失为终点，记录消耗样液的体积 6. 精滴：准确吸取费林甲、乙液各 5 mL 于 150 mL 锥形瓶中，加水 10 mL，加入玻璃珠 2 粒，从滴定管中滴加比预滴定体积少 1 mL 的样液，置于电炉上加热至沸腾，以每 2 s 1 滴的速度滴定，直至溶液蓝色刚好消失为终点，记录消耗样液的体积 7. 同法平行操作两份，取其平均值
正确填写实验结果记录表	10	1. 正确填写每一项内容，空缺项规范表示"/" 2. 修改规范"杠改 ="，签名 3. 试验记录清晰，杠改不大于 3 处 结果单位正确（按照标准值） 样品平行相对相差单位 :% 原始记录当场填写

操作要求	配分	评 分 要 素
对检测结果做出正确的评价	20	1. 有效位数修约正确 2. 样品试验结果计算正确，计算公式：$X = \dfrac{A \times 250 \times 100}{m \times V \times 50} \times 0.95 \times 100\%$ 3. 样品平行试验结果相对相差计算正确 4. 样品平行试验两次结果之差要求≤5%
合计配分	100	

相当于氧化亚铜质量的葡萄糖、果糖、乳糖、转化糖的质量表

mg

氧化亚铜	葡萄糖	果糖	乳糖（含水）	转化糖
11.3	4.6	5.1	7.7	5.2
12.4	5.1	5.6	8.5	5.7
13.5	5.6	6.1	9.3	6.2
14.6	6.0	6.7	10.0	6.7
15.8	6.5	7.2	10.8	7.2
16.9	7.0	7.7	11.5	7.7
18.0	7.5	8.3	12.3	8.2
19.1	8.0	8.8	13.1	8.7
20.3	8.5	9.3	13.8	9.2
21.4	8.9	9.9	14.6	9.7
22.5	9.4	10.4	15.4	10.2
23.6	9.9	10.9	16.1	10.7
24.8	10.4	11.5	16.9	11.2
25.9	10.9	12.0	17.7	11.7
27.0	11.4	12.5	18.4	12.3
28.1	11.9	13.1	19.2	12.8
29.3	12.3	13.6	19.9	13.3
30.4	12.8	14.2	20.7	13.8
31.5	13.3	14.7	21.5	14.3
32.6	13.8	15.2	22.2	14.8
33.8	14.3	15.8	23.0	15.3
34.9	14.8	16.3	23.8	15.8
36.0	15.3	16.8	24.5	16.3
37.2	15.7	17.4	25.3	16.8

氧化亚铜	葡萄糖	果糖	乳糖（含水）	转化糖
38.3	16.2	17.9	26.1	17.3
39.4	16.7	18.4	26.8	17.8
40.5	17.2	19.0	27.6	18.3
41.7	17.7	19.5	28.4	18.9
42.8	18.2	20.1	29.1	19.4
43.9	18.7	20.6	29.9	19.9
45.0	19.2	21.1	30.6	20.4
46.2	19.7	21.7	31.4	20.9
47.3	20.1	22.2	32.2	21.4
48.4	20.6	22.8	32.9	21.9
49.5	21.1	23.3	33.7	22.4
50.7	21.6	23.8	34.5	22.9
51.8	22.1	23.3	35.2	23.5
52.9	22.6	23.9	36.0	24.0
54.0	23.1	25.4	36.8	24.5
55.2	23.6	26.0	37.5	25.0
56.3	24.1	26.5	38.3	25.5
57.4	24.6	27.1	39.1	26.0
58.5	25.1	27.6	39.8	26.5
59.7	25.6	28.2	40.6	27.0
60.8	26.1	28.7	41.4	27.6
61.9	26.5	29.2	42.1	28.1
63.0	27.0	29.8	42.9	28.6
64.2	27.5	30.3	43.7	29.1
65.3	28.0	30.9	44.4	29.6
66.4	28.5	31.4	45.2	30.1
67.6	29.0	31.9	46.0	30.6
68.7	29.5	32.5	46.7	31.2
69.8	30.0	33.0	47.5	31.7
70.9	30.5	33.6	48.3	32.3

氧化亚铜	葡萄糖	果糖	乳糖（含水）	转化糖
72.1	31.0	34.1	49.0	32.7
73.2	31.5	34.7	49.8	33.2
74.3	32.0	35.2	50.6	33.7
75.4	32.5	35.8	51.3	34.3
76.6	33.0	36.3	52.1	34.8
77.7	33.5	36.8	52.9	35.3
78.8	34.0	37.4	53.6	35.8
79.9	34.5	37.9	54.4	36.3
81.1	35.0	38.5	55.2	36.8
82.2	35.5	39.0	55.9	37.4
83.3	36.0	39.6	56.7	37.9
84.4	36.5	40.1	57.5	38.4
85.6	37.0	40.7	58.2	38.9
86.7	37.5	41.2	59.0	39.4
87.8	38.0	41.7	59.8	40.0
88.9	38.5	32.4	60.5	40.5
90.1	39.0	42.8	61.3	41.0
91.2	39.5	43.4	62.1	41.5
92.3	40.0	43.9	62.8	42.0
93.4	40.5	44.5	63.6	42.6
94.6	41.0	45.0	64.4	43.1
95.7	41.5	45.6	65.1	43.6
96.8	42.0	46.1	65.9	44.1
97.9	42.5	46.7	66.7	44.7
99.1	43.0	47.2	67.4	45.2
100.2	43.5	47.8	68.2	45.7
101.3	44.0	48.3	69.0	46.2
102.5	44.5	48.9	69.7	46.7
103.6	45.0	49.4	70.5	47.3
104.7	45.5	50.0	71.3	47.8

氧化亚铜	葡萄糖	果糖	乳糖（含水）	转化糖
105.8	46.0	50.5	72.1	48.3
107.0	46.5	51.1	72.8	48.8
108.1	47.0	51.6	73.6	49.4
109.2	47.5	52.2	74.4	49.9
110.3	48.0	52.7	75.1	50.4
111.3	48.5	53.3	75.9	50.9
112.6	49.0	53.8	76.7	51.5
113.7	49.5	54.4	77.4	52.0
114.8	50.0	54.9	78.2	52.5
116.0	50.6	55.5	79.0	53.0
117.1	51.1	56.0	79.7	53.6
118.2	51.6	56.6	80.5	54.1
119.3	52.1	57.1	81.3	54.6
120.5	52.6	57.1	82.1	55.2
121.6	53.1	58.2	82.8	55.7
122.7	53.6	58.8	83.6	56.2
123.8	54.1	59.3	84.4	56.7
125.0	54.6	59.9	85.1	57.3
126.1	55.1	60.4	85.9	57.8
127.2	55.6	61.0	86.7	58.3
128.3	56.1	61.6	87.4	58.9
129.5	56.7	62.1	88.2	59.4
130.6	57.2	62.7	89.0	59.9
131.7	57.7	63.2	89.8	60.4
132.8	58.2	63.8	90.5	61.0
134.0	58.7	64.3	91.3	61.5
135.1	59.2	64.9	92.1	62.0
136.2	59.7	65.4	92.8	62.6
137.4	60.2	66.0	93.6	63.1
138.5	60.7	66.5	94.4	63.6

氧化亚铜	葡萄糖	果糖	乳糖（含水）	转化糖
139. 6	61. 3	67. 1	95. 2	64. 2
140. 7	61. 8	67. 7	95. 9	64. 7
141. 9	62. 3	68. 2	96. 7	65. 2
143. 0	62. 8	68. 8	97. 5	65. 8
144. 1	63. 3	69. 3	98. 2	66. 3
145. 2	63. 8	69. 9	99. 0	66. 8
146. 4	64. 3	70. 4	99. 8	67. 4
147. 5	64. 9	71. 0	100. 6	67. 9
148. 6	65. 4	71. 6	101. 3	68. 4
149. 7	65. 9	72. 1	102. 1	69. 0
150. 9	66. 4	72. 7	102. 9	69. 5
152. 0	66. 9	73. 2	103. 6	70. 0
153. 1	67. 4	73. 8	104. 4	70. 6
154. 2	68. 0	74. 3	105. 2	71. 1
155. 4	68. 5	74. 9	106. 0	71. 6
156. 5	69. 0	75. 5	106. 7	72. 2
157. 6	69. 5	76. 0	107. 5	72. 7
158. 7	70. 0	76. 6	108. 3	73. 2
159. 9	70. 5	77. 1	109. 0	73. 8
161. 0	71. 1	77. 7	109. 8	74. 3
162. 1	71. 6	78. 3	110. 6	74. 9
163. 2	72. 1	78. 8	111. 4	75. 4
164. 4	72. 6	79. 4	112. 1	75. 9
165. 5	73. 1	80. 0	112. 9	76. 5
166. 6	73. 7	80. 5	113. 7	77. 0
167. 8	74. 2	81. 1	114. 4	77. 6
168. 9	74. 7	81. 6	115. 2	78. 1
170. 0	75. 2	82. 2	116. 0	78. 6
171. 1	75. 7	82. 8	116. 8	79. 2
172. 3	76. 3	83. 3	117. 5	79. 7

氧化亚铜	葡萄糖	果糖	乳糖（含水）	转化糖
173. 4	76. 8	83. 9	118. 3	80. 3
174. 5	77. 3	84. 4	119. 1	80. 8
175. 6	77. 8	85. 0	120. 6	81. 3
176. 8	78. 3	85. 6	121. 4	81. 9
177. 9	78. 9	86. 1	122. 2	82. 4
179. 0	79. 4	86. 7	122. 9	83. 0
180. 1	79. 9	87. 3	123. 7	83. 5
181. 3	80. 4	87. 8	124. 5	84. 0
182. 4	81. 0	88. 4	125. 3	84. 6
183. 5	81. 5	89. 0	126. 0	95. 1
184. 5	82. 0	89. 5	126. 8	85. 7
185. 8	82. 5	90. 1	127. 6	86. 2
186. 9	83. 1	90. 6	128. 4	86. 8
188. 0	83. 6	91. 2	129. 1	87. 3
189. 1	84. 1	91. 8	129. 9	87. 8
190. 3	84. 6	92. 3	130. 7	88. 4
191. 4	85. 2	92. 9	131. 5	88. 9
192. 5	85. 7	93. 5	132. 2	89. 5
193. 6	86. 2	94. 0	133. 0	90. 0
194. 8	86. 7	94. 6	133. 8	90. 6
195. 9	87. 3	95. 2		91. 1
197. 0	87. 8	95. 7	134. 6	91. 7
198. 1	88. 3	96. 3	135. 3	92. 2
199. 3	88. 9	96. 9	136. 1	92. 8
200. 4	89. 4	97. 4	136. 9	93. 3
201. 5	89. 9	98. 0	137. 7	93. 8
202. 7	90. 4	98. 6	138. 4	94. 4
203. 8	91. 0	99. 2	139. 2	94. 9
204. 9	91. 5	99. 7	140. 0	95. 5
206. 0	92. 0	100. 3	140. 8	96. 0

氧化亚铜	葡萄糖	果糖	乳糖（含水）	转化糖
207.2	92.6	100.9	141.5	96.6
208.3	93.1	101.4	142.3	97.1
209.4	93.6	102.0	143.1	97.7
210.5	94.2	102.6	143.9	98.2
211.7	94.7	103.1	144.6	98.8
212.8	95.2	103.7	145.4	99.3
213.9	95.7	104.3	146.2	99.9
215.0	96.3	104.8	146.2	100.4
216.2	96.8	105.4	147.0	101.0
217.3	97.3	106.0	147.7	101.5
218.4	97.9	106.6	148.5	102.1
219.5	98.4	107.1	149.3	102.6
220.7	98.9	107.7	150.1	103.2
221.8	99.5	108.3	150.8	103.7
222.9	100.0	108.8	151.6	104.3
224.0	100.5	109.4	152.4	104.8
225.2	101.1	110.0	153.2	105.4
226.3	101.6	110.6	153.9	106.0
227.4	102.0	111.1	154.7	106.5
228.5	102.7	111.7	155.5	107.1
229.7	103.2	112.3	156.3	107.6
230.8	103.8	112.9	157.0	108.2
231.9	104.3	113.4	157.8	108.7
233.1	104.8	114.0	158.6	109.3
234.2	105.4	114.6	159.4	109.8
235.3	105.9	115.2	160.2	110.4
236.4	106.5	115.7	160.9	110.9
237.6	107.0	116.3	161.7	111.5
238.7	107.5	116.9	162.5	112.1
239.8	108.1	117.5	163.3	112.6

氧化亚铜	葡萄糖	果糖	乳糖（含水）	转化糖
240.9	108.6	118.0	164.0	113.2
			164.8	
242.1	109.2	118.6	165.6	113.7
243.1	109.7	119.2	166.4	114.3
244.3	110.2	119.8	167.1	114.9
245.4	110.8	120.3	169.9	115.4
246.6	111.3	120.9	168.7	116.0
247.7	111.9	121.5	169.5	116.5
248.8	112.4	122.1	170.3	117.1
249.9	112.9	122.6	171.0	117.6
251.1	113.5	123.2	171.8	118.2
252.2	114.0	123.8	172.6	118.8
253.3	114.6	124.4	173.4	119.3
254.4	115.1	125.0	174.2	119.9
255.6	115.7	125.5	174.9	120.4
256.7	116.2	126.1	175.7	121.0
257.8	116.7	126.7	176.5	121.6
258.9	117.3	127.3	177.3	122.1
20.1	117.8	127.9	178.1	122.7
261.2	118.4	128.4	178.8	123.3
262.3	118.9	129.0	179.6	123.8
263.4	119.5	129.6	180.4	124.4
264.6	120.0	130.2	181.2	124.9
265.7	120.6	130.8	181.9	125.5
266.8	121.1	131.3	182.7	126.1
268.0	121.7	131.9	183.5	126.6
270.2	122.2	132.5	184.3	127.2
271.3	122.7	133.1	185.1	127.8
272.5	123.3	133.7	185.8	128.3
273.6	123.8	134.2	186.6	128.9

氧化亚铜	葡萄糖	果糖	乳糖（含水）	转化糖
274.7	124.4	134.8	187.4	129.5
275.8	124.9	135.4	188.2	130.0
277.0	125.5	136.0	189.0	130.6
278.1	126.0	136.2	189.7	131.2
279.2	126.6	137.2	190.5	131.7
280.3	127.1	137.7	191.3	132.3
281.5	127.7	138.3	192.1	132.9
282.6	128.2	138.9	192.9	133.4
283.7	128.8	139.5	193.6	134.0
284.8	129.3	140.1	194.4	134.6
286.0	129.9	140.7	195.2	135.1
287.1	130.4	141.3	196.0	135.7
288.2	131.0	131.8	196.8	136.3
289.3	131.6	142.4	197.5	136.8
290.5	132.1	143.0	198.3	137.4
291.6	132.7	143.6	199.1	138.0
292.7	133.2	144.2	199.9	138.6
293.8	133.8	144.8	200.7	139.1
295.0	134.3	145.4	201.4	139.7
296.1	134.9	145.9	202.2	140.3
297.2	135.4	146.5	203.0	140.8
298.3	136.0	147.1	203.8	141.4
299.5	136.5	147.7	204.6	142.0
300.6	137.1	148.3	205.3	142.6
301.7	137.7	148.9	206.1	143.1
301.7	138.2	149.5	206.9	143.7
302.9	138.8	150.1	207.7	144.3
304.0	139.3	150.6	208.5	144.8
305.1	139.9	151.2	109.2	145.5
306.2	140.4	151.8	210.0	146.0

续表

氧化亚铜	葡萄糖	果糖	乳糖（含水）	转化糖
307.4	141.0	152.4	210.8	146.6
308.5	141.6	153.0	211.6	147.1
309.6	142.1	153.6	212.4	147.7
310.7	142.7	154.2	213.2	148.3
311.9	143.2	154.8	214.0	148.9
313.0	143.8	155.4	214.7	139.4
314.1	144.4	156.0	215.5	150.0
315.2	144.9	156.5	216.3	150.6
316.4	145.5	157.1	217.1	151.2
317.5	146.0	157.7	217.9	151.8
318.6	146.6	158.3	218.7	152.3
319.7	147.2	158.9	219.4	152.9
320.9	147.7	159.5	220.2	153.5
322.0	148.3	160.1	221.0	154.1
323.1	148.8	160.7	221.8	154.6
324.2	149.4	161.3	222.6	155.2
325.4	150.0	161.9	223.3	155.8
326.5	150.5	162.5	224.1	156.4
327.6	151.1	163.1	224.9	157.0
328.7	151.7	163.7	225.7	157.5
329.9	152.2	164.3	226.5	158.1
331.0	152.8	164.9	227.3	158.7
332.1	153.4	165.4	228.0	159.3
333.3	153.9	166.0	228.8	159.9
334.4	154.5	166.6	229.6	160.5
335.5	155.1	167.2	230.4	161.0
336.6	155.6	167.8	231.2	161.6
337.8	156.2	168.3	232.0	162.2
338.9	156.8	169.0	232.7	162.8
340.0	157.3	169.6	233.5	163.4

氧化亚铜	葡萄糖	果糖	乳糖（含水）	转化糖
341.1	157.9	170.2	234.3	164.0
342.3	158.5	170.8	235.1	164.5
343.4	159.0	171.4	235.9	165.1
344.5	159.6	172.0	236.7	165.7
345.6	160.2	172.6	237.4	166.3
346.8	160.7	173.2	238.2	166.9
347.9	161.3	173.8	239.0	167.5
349.0	161.9	174.4	239.8	168.0
350.1	162.5	175.0	240.6	168.6
351.3	163.0	175.6	241.4	169.2
352.4	163.6	176.2	242.2	169.8
353.5	164.2	176.8	243.0	170.4
354.6	164.7	177.4	243.7	171.0
355.8	165.3	178.0	244.5	171.6
356.9	165.9	178.6	245.3	172.2
358.0	166.5	179.2	246.1	172.8
359.1	167.0	179.8	246.9	173.3
360.3	167.6	180.4	247.7	173.9
361.4	168.2	181.0	248.5	174.5
362.5	168.8	181.6	249.2	175.1
363.6	169.3	182.2	250.0	175.7
364.8	169.9	182.8	250.8	176.3
365.9	170.5	183.4	251.6	176.9
367.0	171.1	184.0	252.4	177.5
368.2	171.6	184.6	253.2	178.1
369.3	172.2	185.2	253.9	178.7
370.4	172.8	185.8	254.7	179.2
371.5	173.4	186.4	255.5	179.8
372.7	173.9	187.0	256.3	180.4
373.8	174.5	187.6	257.1	181.0

氧化亚铜	葡萄糖	果糖	乳糖（含水）	转化糖
374.9	175.1	188.2	257.9	181.6
376.0	175.7	188.8	258.7	182.2
377.2	176.3	189.4	259.4	182.8
378.3	176.8	190.1	260.2	183.4
379.4	177.4	190.7	261.0	184.0
380.5	178.0	191.3	261.8	184.6
381.7	178.6	191.9	262.6	185.2
382.8	179.2	192.5	263.4	185.8
383.9	179.7	193.1	264.2	186.4
385.0	180.3	193.7	265.0	187.0
386.2	180.9	194.3	265.8	187.6
387.3	181.5	194.9	266.6	188.2
388.4	182.1	195.5	267.4	188.8
389.5	182.7	196.1	268.1	189.4
390.7	183.2	196.7	268.9	190.0
391.8	183.8	197.3	269.7	190.6
392.9	184.4	197.9	270.5	191.2
394.0	185.0	198.5	271.3	191.8
395.2	185.6	199.2	272.1	192.4
396.3	186.2	199.8	272.9	193.0
397.4	186.8	200.4	273.7	193.6
398.5	187.3	201.0	274.4	194.2
399.7	187.9	201.6	275.2	194.8
400.8	199.5	202.2	276.0	195.4
401.9	189.1	202.8	276.8	196.0
403.1	189.7	203.4	277.6	196.6
404.2	190.3	204.0	278.4	197.2
405.3	190.9	204.7	279.2	197.8
406.4	191.5	205.3	280.0	198.4
407.6	192.0	205.9	280.8	199.0

氧化亚铜	葡萄糖	果糖	乳糖（含水）	转化糖
408.7	192.6	206.5	281.6	199.6
409.8	193.2	207.1	282.4	200.2
410.9	193.8	207.7	283.2	200.8
412.1	194.4	208.3	284.0	201.4
413.2	195.0	209.0	284.8	202.0
414.3	195.6	209.6	285.6	202.6
415.4	196.2	210.2	286.3	203.2
416.6	196.8	210.8	287.1	203.8
417.7	197.4	211.4	287.9	204.4
418.8	198.0	212.0	288.7	205.0
419.9	198.5	212.6	289.5	205.7
421.1	199.1	213.3	290.3	206.3
422.2	199.7	213.9	291.1	206.9
423.3	200.3	214.5	291.9	207.5
424.4	200.9	215.1	292.7	208.1
425.6	201.5	215.7	293.5	208.7
426.7	202.1	216.3	294.3	209.3
427.8	202.7	217.0	295.0	209.9
428.9	203.3	217.6	295.8	210.5
430.1	203.9	218.2	296.6	211.1
431.1	204.5	218.8	297.4	211.8
432.3	205.1	219.5	298.2	212.4
433.5	205.1	220.1	299.0	213.0
434.6	206.3	220.7	299.8	213.6
435.7	206.9	221.3	300.6	214.2
436.8	207.5	221.9	301.4	214.8
438.0	208.1	222.6	302.2	215.4
			303.0	216.0
439.1	208.7	232.2	303.8	216.7
440.2	209.3	223.8	304.6	217.3

氧化亚铜	葡萄糖	果糖	乳糖（含水）	转化糖
44.13	209.9	224.4	305.4	217.9
442.5	210.5	225.1	306.2	218.5
443.6	211.1	225.7	307.0	219.1
444.7	211.7	226.3	308.6	219.8
445.8	212.3	226.9	309.4	220.4
447.0	212.9	227.6	310.2	221.0
448.1	213.5	228.2	311.0	221.6
449.2	214.1	228.8	311.8	222.2
450.3	214.7	229.4	312.6	222.9
451.5	215.3	230.1	313.4	223.5
452.6	215.9	230.7	314.2	224.1
453.7	216.5	231.3	315.0	224.7
454.8	217.1	232.0	315.9	225.4
456.0	217.8	232.6	316.7	226.0
457.1	218.4	233.2	317.5	226.6
458.2	219.0	233.9	318.3	227.2
459.3	219.6	234.5	319.1	227.9
460.5	220.2	235.1	319.9	
461.6	220.8	235.8	320.7	228.5
462.7	221.4	236.4	320.7	229.1
463.8	222.0	237.1	321.6	229.7
465.0	222.6	237.7	322.4	
466.1	223.3	238.4	323.2	230.4
467.2	223.9	239.0	324.0	231.0
468.4	224.5	239.7	324.9	231.7
469.5	225.1	240.3	325.7	232.3
470.6	225.7	241.0	326.5	232.9
471.7	226.3	241.6		233.6
				234.2
472.9	227.0	242.2	327.4	234.8

氧化亚铜	葡萄糖	果糖	乳糖（含水）	转化糖
474.0	227.6	242.9	328.2	235.5
475.1	228.2	243.6	329.1	236.1
476.2	228.8	244.3	329.9	236.8
477.4	229.5	244.9	330.8	237.5
478.5	230.1	245.6	331.8	238.1
479.6	230.7	246.3	332.6	238.8
480.7	231.4	247.0	333.5	239.5
481.9	232.0	247.8	334.4	240.2
483.0	232.7	248.5	335.3	240.8
484.1	233.3	249.2	336.3	241.5
485.2	234.0	250.0	337.3	242.3
486.4	234.7	250.8	338.3	243.0
487.5	235.3	251.6	339.4	243.8
488.6	236.1	252.7	340.7	244.7
489.7	236.9	253.7	342.0	245.8